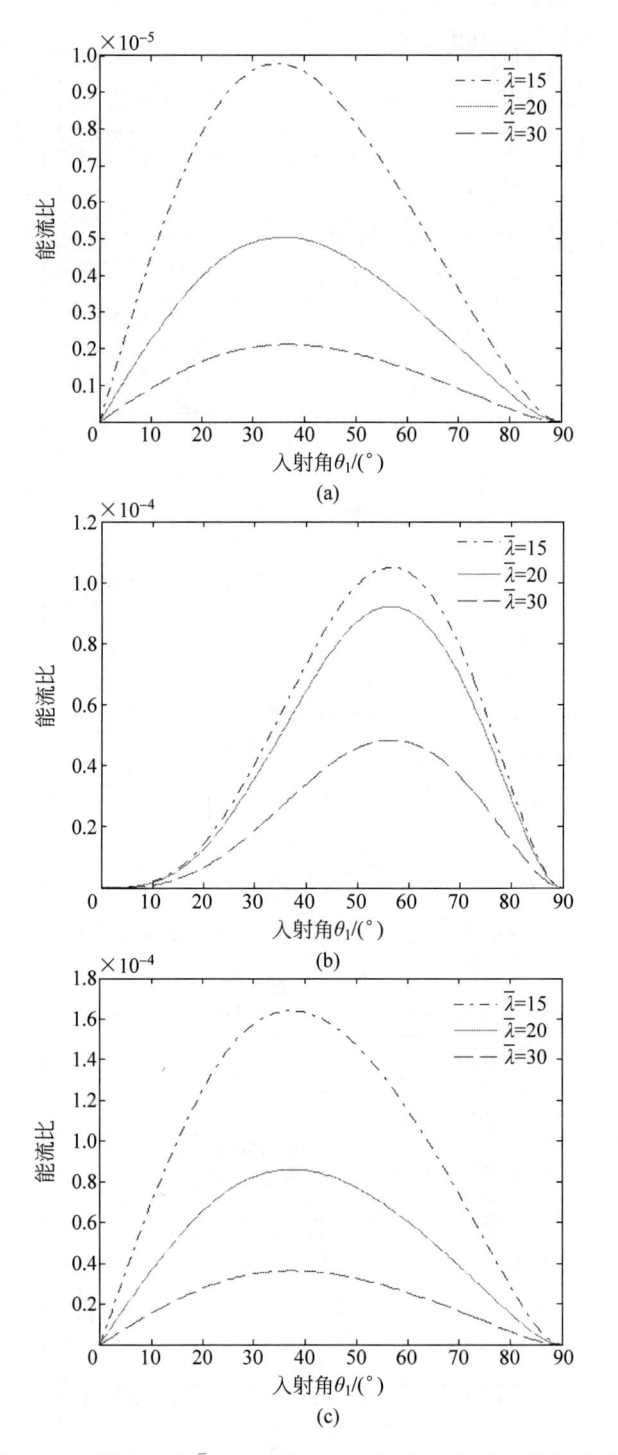

图 4-6　入射波波长 $\bar{\lambda}$ 对表面波的反射系数和透射系数的影响
（a）反射 SP 波；（b）反射 SS 波；（c）透射 SP 波；（d）透射 SS 波
$$\beta_1 = 0.05, \bar{b} = 0.5, \alpha_1 = 0.1$$

些边长为 $2d$ 的正六面体的晶胞构成，即 $d_1 = d_2 = d_3 = d$；

（2）中心对称、各向同性材料。因为 d_{ijklm}、f_{ijklm} 是奇数阶非各向同性张量，所以 $d_{ijklm} = 0$，$f_{ijklm} = 0$；

（3）微观物质相对于宏观物质没有相对变形，即 $\gamma_{ij} = 0$；

（4）宏观物质与微观物质密度相同，即 $\rho_M = \rho' = \rho$。

由于 $\gamma_{ij} = 0$，故微观变形可以由宏观变形表示，即 $u'_{j,i} = u_{j,i}$，所以微观变形张量可以表示为 $\chi_{ijk} = \varepsilon_{jk,i}$，又因为 $\varepsilon_{ij} = \varepsilon_{ji}$，故 $\chi_{ijk} = \varepsilon_{jk,i} = \chi_{ikj}$。

基于上述 4 点的考虑，动能密度简化为

$$T = \frac{1}{2}\rho \dot{u}_j \dot{u}_j + \frac{1}{6}\rho d^2 \dot{u}_{k,j} \dot{u}_{k,j} \tag{1-30}$$

势能密度简化为

$$W = \frac{1}{2}(\lambda \varepsilon_{ii} \varepsilon_{jj} + 2\mu \varepsilon_{ij} \varepsilon_{ij}) + \frac{1}{2}c(\lambda \varepsilon_{ii,k} \varepsilon_{jj,k} + 2\mu \varepsilon_{ij,k} \varepsilon_{ij,k}) \tag{1-31}$$

式(1-31)中，λ 和 μ 是经典弹性材料的拉梅（Lame）常数；c 是一个微结构参数，或称之为梯度系数，量纲是 m^2；$i,j,k = 1,2,3$。

定义本构关系

$$\tau_{ij} = \frac{\partial W}{\partial \varepsilon_{ij}} = \lambda \delta_{ij} \varepsilon_{pp} + 2\mu \varepsilon_{ij} \tag{1-32a}$$

$$\mu_{ijk} = \frac{\partial W}{\partial \varepsilon_{jk,i}} = c(\lambda \delta_{jk} \varepsilon_{pp,i} + 2\mu \varepsilon_{jk,i}) \tag{1-32b}$$

其中，τ_{ij} 是柯西应力，或称之为单极应力；μ_{ijk} 为偶极应力，量纲是 N/m。单极应力和偶极应力分别与单极力和偶极力相对应。此处的单极力和单极应力就是经典弹性力学中的力和应力的概念；偶极力是微结构连续体中的反平行力。

因为 $W = W(\varepsilon_{ij}, \chi_{ijk})$，所以势能密度函数的变分为

$$\delta W = \tau_{ij} \delta \varepsilon_{ij} + \mu_{ijk} \delta \chi_{ijk} = \tau_{ij} \delta u_{j,i} + \mu_{ijk} \delta u_{k,ij}$$
$$= [(\tau_{jk} - \mu_{ijk,i})\delta u_k]_{,j} - (\tau_{jk} - \mu_{ijk,i})_{,j} \delta u_k + (\mu_{ijk} \delta u_{k,j})_{,i} \tag{1-33a}$$

或

$$\int_V \delta W \, dV = \int_S n_j (\tau_{jk} - \mu_{ijk,i}) \delta u_k \, dS - \int_V (\tau_{jk} - \mu_{ijk,i})_{,j} \delta u_k \, dV +$$
$$\int_S n_i \mu_{ijk} \delta u_{k,j} \, dS \tag{1-33b}$$

式(1-33b)等号右边最后一项 $\int_S n_i \mu_{ijk} \delta u_{k,j} \, dS$ 中的变分 $\delta u_{k,j}$ 在 S 上不独立于 δu_j，仅它的法线部分 $n_j \delta u_{k,j}$ 是独立的，因此我们可以将 $n_i \mu_{ijk} \delta u_{k,j}$ 写成

$$n_i \mu_{ijk} \delta u_{k,j} = n_i \mu_{ijk} D_j(\delta u_k) + n_i \mu_{ijk} n_j D(\delta u_k) \tag{1-34}$$

此处，$D_j(\ ) = (\ )_{,j} - n_j D(\ )$；$D(\ ) = n_l(\ )_{,l}$。

因为 $D_j \delta u_k$ 不是独立的,因此我们将 $n_i \mu_{ijk} D_j \delta u_k$ 写成

$$n_i \mu_{ijk} D_j \delta u_k = D_j(n_i \mu_{ijk} \delta u_k) - n_i D_j \mu_{ijk} \delta u_k - (D_j n_i) \mu_{ijk} \delta u_k \quad (1\text{-}35)$$

对于式(1-35)等号右边的第一项 $D_j(n_i \mu_{ijk} \delta u_k)$,我们做如下变换:

令 $n_i \mu_{ijk} \delta u_k = \boldsymbol{F}$,其中 $\boldsymbol{F}$ 是一矢量,对 $\boldsymbol{F}$ 做双重矢量积的内积运算 $\boldsymbol{n} \cdot \nabla \times (\boldsymbol{n} \times \boldsymbol{F})$,它的分量形式可以写成 $n_q e_{qpm}(e_{mlj} n_l n_i \mu_{ijk} \delta u_k)_{,p}$,由双重矢量积的公式有

$$\begin{aligned}
\boldsymbol{n} \cdot \nabla \times (\boldsymbol{n} \times \boldsymbol{F}) &= \boldsymbol{n} \cdot (\boldsymbol{n} \nabla) \cdot \boldsymbol{F} - \boldsymbol{n} \cdot (\boldsymbol{F} \nabla) \cdot \boldsymbol{n} + \\
&\quad \boldsymbol{n} \cdot (\boldsymbol{F} \cdot \nabla) \boldsymbol{n} - \boldsymbol{n} \cdot (\boldsymbol{n} \cdot \nabla) \boldsymbol{F} \\
&= \boldsymbol{n} \cdot (\boldsymbol{n} \nabla) \cdot \boldsymbol{F} - \boldsymbol{n} \cdot (\boldsymbol{F} \nabla) \cdot \boldsymbol{n} + \\
&\quad (\boldsymbol{F} \cdot \nabla)(\boldsymbol{n} \cdot \boldsymbol{n}) - (\boldsymbol{n} \cdot \nabla)(\boldsymbol{n} \cdot \boldsymbol{F})
\end{aligned} \quad (1\text{-}36a)$$

式(1-36a)写成分量形式是

$$\begin{aligned}
n_q e_{qpm}(e_{mlj} n_l F_j)_{,p} &= n_j n_{j,l} F_l - n_l F_{l,j} n_j + F_{i,i} - n_{i,i} n_j F_j \\
&= n_l n_{l,j} n_j n_j F_j - n_{i,i} n_j F_j + F_{i,i} - n_l F_{l,j} n_j \\
&= -(n_{i,i} - n_l n_{l,j} n_j) n_j F_j + D_j(F_j)
\end{aligned}$$

$$(1\text{-}36b)$$

其中,$D_j(F_j) = (\delta_{jl} - n_j n_l)(F_j)_{,l} = F_{j,j} - n_l F_{j,l} n_j$,式(1-36a)写成矢量形式是

$$D_j(\boldsymbol{F}) = (\boldsymbol{F} \cdot \nabla)(\boldsymbol{n} \cdot \boldsymbol{n}) - \boldsymbol{n} \cdot (\boldsymbol{F} \nabla) \cdot \boldsymbol{n}$$

因此,

$$D_j(\boldsymbol{F}) = (D_l n_l)(\boldsymbol{n} \cdot \boldsymbol{F}) + \boldsymbol{n} \cdot \nabla \times (\boldsymbol{n} \times \boldsymbol{F})$$

故在表面 S 上,$D_j(n_i \mu_{ijk} \delta u_k)$ 写成下面的形式:

$$D_j(n_i \mu_{ijk} \delta u_k) = (D_l n_l) n_j n_i \mu_{ijk} \delta u_k + n_q e_{qpm}(e_{mlj} n_l n_i \mu_{ijk} \delta u_k)_{,p} \quad (1\text{-}37)$$

根据斯托克斯(Stokes)定理,有(表面 S 光滑)

$$\int_S n_q e_{qpm}(e_{mlj} n_l n_i \mu_{ijk} \delta u_k)_{,p} \, \mathrm{d}S = 0 \quad (1\text{-}38)$$

如果表面 S 是由分段光滑曲面 S_1 和 S_2 组成,也就是说,$S_1 \bigcup S_2 = S$ 且 $S_1 \bigcap S_2 = C$,C 是曲线,则有

$$\int_S n_q e_{qpm}(e_{mlj} n_l n_i \mu_{ijk} \delta u_k)_{,p} \, \mathrm{d}S = \oint_C [n_i m_j \mu_{ijk}] \delta u_k \, \mathrm{d}s \quad (1\text{-}39)$$

其中,$m_j = e_{mlj} s_m n_l$,这里,s_m 是曲线 C 的切向方向的单位向量;方括号[]中封闭的量指的是在曲面 S_1 和 S_2 上的差值。

另外,式(1-34)中的第一个表面积分可以写成

$$n_j \mu_{ijk,i} = n_j D_i \mu_{ijk} + n_i n_j D \mu_{ijk} \quad (1\text{-}40)$$

由式(1-34)~式(1-40)可以得到

$$\begin{aligned}
\int_V \delta W \, \mathrm{d}V = &-\int_V (\tau_{jk} - \mu_{ijk,i})_{,j} \delta u_k \, \mathrm{d}V + \int_S [n_j \tau_{jk} - n_i n_j D \mu_{ijk} - \\
&n_j D_i \mu_{ijk} - n_i D_j \mu_{ijk} + (n_i n_j D_l n_l - D_j n_i) \mu_{ijk}] \delta u_k \, \mathrm{d}S +
\end{aligned}$$

$$\int_S n_i n_j \mu_{ijk} D \delta u_k \, \mathrm{d}S + \oint_C [n_i m_j \mu_{ijk}] \delta u_k \, \mathrm{d}S \tag{1-41}$$

式(1-41)等号右边的第二项的积分号下可以化简为

$$n_j \tau_{jk} - n_i n_j D \mu_{ijk} - n_j D_i \mu_{ijk} - n_i D_j \mu_{ijk} + (n_i n_j D_l n_l - D_j n_i) \mu_{ijk}$$

$$= n_j \tau_{jk} + (D_l n_l) n_i n_j \mu_{ijk} - (n_i D_j \mu_{ijk} + D_j n_i \mu_{ijk}) - n_j (n_i D \mu_{ijk} + D_i \mu_{ijk})$$

$$= n_j \tau_{jk} + (D_l n_l) n_i n_j \mu_{ijk} - D_j (n_i \mu_{ijk}) - n_j \mu_{ijk,i} \tag{1-42}$$

所以式(1-41)可以写为

$$\int_V \delta W \, \mathrm{d}V = -\int_V (\tau_{jk} - \mu_{ijk,i})_{,j} \delta u_k \, \mathrm{d}V +$$

$$\int_S [n_j (\tau_{jk} - \mu_{ijk,i}) - D_j (n_i \mu_{ijk}) + (D_l n_l) n_i n_j \mu_{ijk}] \delta u_k \, \mathrm{d}S +$$

$$\int_S n_i n_j \mu_{ijk} D \delta u_k \, \mathrm{d}S + \oint_C [n_i m_j \mu_{ijk}] \delta u_k \, \mathrm{d}s \tag{1-43}$$

对于动能,有

$$T = \frac{1}{2} \rho \dot{u}_j \dot{u}_j + \frac{1}{6} \rho d^2 \dot{u}_{k,j} \dot{u}_{k,j}$$

$$= \frac{1}{2} \rho \dot{u}_j \dot{u}_j + \left(\frac{1}{6} \rho d^2 \dot{u}_{k,j} \dot{u}_k \right)_{,j} - \frac{1}{6} \rho d^2 \dot{u}_{k,jj} \dot{u}_k \tag{1-44}$$

式(1-44)在 V 上积分,得

$$\int_V T \, \mathrm{d}V = \int_V \left(\frac{1}{2} \rho \dot{u}_j \dot{u}_j - \frac{1}{6} \rho d^2 \dot{u}_{k,jj} \dot{u}_k \right) \mathrm{d}V +$$

$$\int_S \frac{1}{6} \rho d^2 n_j \dot{u}_{k,j} \dot{u}_k \, \mathrm{d}S \tag{1-45}$$

$$\delta \int_{t_0}^{t_1} \left(\int_V T \, \mathrm{d}V \right) \mathrm{d}t = -\int_{t_0}^{t_1} \mathrm{d}t \int_V \left(\rho \ddot{u}_k - \frac{1}{3} \rho d^2 \ddot{u}_{k,jj} \right) \delta u_k \, \mathrm{d}V -$$

$$\int_{t_0}^{t_1} \mathrm{d}t \int_S \frac{1}{3} \rho d^2 n_j \ddot{u}_{k,j} \delta u_k \, \mathrm{d}S \tag{1-46}$$

对于外力所做功的变分,设为

$$\delta W_1 = \int_V F_k \delta u_k \, \mathrm{d}V + \int_S P_k \delta u_k \, \mathrm{d}S + \int_S R_k D \delta u_k \, \mathrm{d}S + \oint_C E_k \delta u_k \, \mathrm{d}s \tag{1-47}$$

由式(1-41)~式(1-47)得

$$\int_V \delta(W + T) \, \mathrm{d}V = \int_V \left[-(\tau_{jk} - \mu_{ijk,i})_{,j} + \left(\rho \ddot{u}_k - \frac{\rho d^2}{3} \ddot{u}_{k,jj} \right) \right] \delta u_k \, \mathrm{d}V +$$

$$\int_S \left[n_j (\tau_{jk} - \mu_{ijk,i}) - D_j (n_i \mu_{ijk}) + \right.$$

$$\left. (D_l n_l) n_i n_j \mu_{ijk} + \frac{\rho d^2}{3} n_j \ddot{u}_{k,j} \right] \delta u_k \, \mathrm{d}S +$$

$$\int_S (n_i n_j \mu_{ijk}) D \delta u_k \, \mathrm{d}S + \oint_C [n_i n_j \mu_{ijk}] \delta u_k \, \mathrm{d}s \tag{1-48}$$

忽略体积力和边界力,得到的控制方程和边界条件分别为

在体积 V 中:

$$(\tau_{jk} - \mu_{ijk,i})_{,j} = \rho\ddot{u}_k - \frac{\rho d^2}{3}\ddot{u}_{k,jj} \tag{1-49}$$

在表面 S 上:

$$P_k = n_j(\tau_{jk} - \mu_{ijk,i}) - D_j(n_i\mu_{ijk}) + (D_l n_l)n_i n_j\mu_{ijk} + \frac{\rho d^2}{3}n_j\ddot{u}_{k,j} \tag{1-50a}$$

$$R_k = n_i n_j\mu_{ijk} \tag{1-50b}$$

其中,n_j 是物体表面外法线单位向量。

1.1.2　控制方程的解

对面内波和出平面波分别求解。

1) 面内波的解

将式(1-32)代入式(1-49)中可以得到位移形式的运动方程,即

$$(1 - c\nabla^2)\left[(\lambda + \mu)\,\nabla\nabla\cdot\boldsymbol{u} + \mu\nabla^2\boldsymbol{u}\right] = \rho\ddot{\boldsymbol{u}} - \frac{\rho d^2}{3}\,\nabla^2\ddot{\boldsymbol{u}} \tag{1-51}$$

其中,∇^2 表示拉普拉斯(Laplace)算子。如果微结构参数 $c = d = 0$,则式(1-51)退化为经典弹性理论的运动方程。对式(1-51)分别取散度和旋度运算,得到

$$V_p^2(1 - c\nabla^2)\,\nabla^2\nabla\cdot\boldsymbol{u} = \left(1 - \frac{d^2}{3}\,\nabla^2\right)\nabla\cdot\ddot{\boldsymbol{u}} \tag{1-52a}$$

$$V_s^2(1 - c\nabla^2)\,\nabla^2\nabla\times\boldsymbol{u} = \left(1 - \frac{d^2}{3}\,\nabla^2\right)\nabla\times\ddot{\boldsymbol{u}} \tag{1-52b}$$

其中,$V_p = \sqrt{(\lambda + 2\mu)/\rho}$,$V_s = \sqrt{\mu/\rho}$,分别表示经典弹性固体中 P 波和 SV 波的波速。

应用亥姆霍兹(Helmholtz)矢量分解定理

$$\boldsymbol{u}(x,y) = u_x(x,y)\boldsymbol{e}_x + u_y(x,y)\boldsymbol{e}_y = \nabla\varphi(x,y) + \nabla\times\psi(x,y)\boldsymbol{e}_z \tag{1-53}$$

将式(1-53)代入式(1-52)中,得到

$$V_p^2(1 - c\nabla^2)\,\nabla^2\varphi = \left(1 - \frac{d^2}{3}\,\nabla^2\right)\ddot{\varphi} \tag{1-54a}$$

$$V_s^2(1 - c\nabla^2)\,\nabla^2\psi = \left(1 - \frac{d^2}{3}\,\nabla^2\right)\ddot{\psi} \tag{1-54b}$$

等式(1-54)可以写成

$$(\nabla^2 + \sigma_p^2)(\nabla^2 - \tau_p^2)\varphi = 0 \tag{1-55a}$$

$$(\nabla^2 + \sigma_s^2)(\nabla^2 - \tau_s^2)\psi = 0 \tag{1-55b}$$

从式(1-55)可以看出,面内波的情况下,在应变梯度固体中存在四种波,即 P 波和 SV 波(波数分别为 σ_p 和 σ_s),以及 P 型表面波和 S 型表面波(SP 波和 SS 波,衰减

因子分别是 τ_p 和 τ_s）。在反射和透射问题中，所有的视波数（入射波、反射波和透射波）都相等。

这里用分离变量法求解势函数，设

$$\varphi(x,y,t) = \widetilde{\varphi}(y)\exp[\mathrm{i}(\xi x - \omega t)] \tag{1-56a}$$

$$\psi(x,y,t) = \widetilde{\psi}(y)\exp[\mathrm{i}(\zeta x - \omega t)] \tag{1-56b}$$

将式(1-56)代入式(1-54)中得到

$$\widetilde{\varphi}^{(4)}(y) + \left(\frac{d^2\omega^2}{3cV_p^2} - 2\xi^2 - \frac{1}{c}\right)\widetilde{\varphi}''(y) -$$

$$\left(\frac{d^2\omega^2}{3cV_p^2}\xi^2 + \frac{\omega^2}{cV_p^2} - \frac{\xi^2}{c} - \xi^4\right)\widetilde{\varphi}(y) = 0 \tag{1-57a}$$

$$\widetilde{\psi}^{(4)}(y) + \left(\frac{d^2\omega^2}{3cV_s^2} - 2\zeta^2 - \frac{1}{c}\right)\widetilde{\psi}''(y) -$$

$$\left(\frac{d^2\omega^2}{3cV_s^2}\zeta^2 + \frac{\omega^2}{cV_s^2} - \frac{\zeta^2}{c} - \zeta^4\right)\widetilde{\psi}(y) = 0 \tag{1-57b}$$

式(1-57)可以写成

$$\left(\frac{\mathrm{d}^2}{\mathrm{d}y^2} + \beta_p^2\right)\left(\frac{\mathrm{d}^2}{\mathrm{d}y^2} - \gamma_p^2\right)\widetilde{\varphi}(y) = 0 \tag{1-58a}$$

$$\left(\frac{\mathrm{d}^2}{\mathrm{d}y^2} + \beta_s^2\right)\left(\frac{\mathrm{d}^2}{\mathrm{d}y^2} - \gamma_s^2\right)\widetilde{\psi}(y) = 0 \tag{1-58b}$$

其中，$\beta_p^2 = \sigma_p^2 - \xi^2$，$\gamma_p^2 = \tau_p^2 + \xi^2$，$\beta_s^2 = \sigma_s^2 - \zeta^2$，$\gamma_s^2 = \tau_s^2 + \xi^2$

$$\sigma_p^2 = \{[1 + 2(6c/d^2 - 1)m_p + m_p^2]^{1/2} - (1 - m_p)\}/2c \tag{1-59a}$$

$$\tau_p^2 = \{[1 + 2(6c/d^2 - 1)m_p + m_p^2]^{1/2} + (1 - m_p)\}/2c \tag{1-59b}$$

$$\sigma_s^2 = \{[1 + 2(6c/d^2 - 1)m_s + m_s^2]^{1/2} - (1 - m_s)\}/2c \tag{1-59c}$$

$$\tau_s^2 = \{[1 + 2(6c/d^2 - 1)m_s + m_s^2]^{1/2} + (1 - m_s)\}/2c \tag{1-59d}$$

这里，$m_p = \dfrac{\omega^2 d^2}{3V_p^2}$，$m_s = \dfrac{\omega^2 d^2}{3V_s^2}$，$V_p^2 = \dfrac{\lambda + 2\mu}{\rho}$，$V_s^2 = \dfrac{\mu}{\rho}$。

由式(1-59)可以看出，体波 P 波、SV 波和表面波 SP 波、SS 波都是色散波，它们的色散关系可以分别表示为

$$\omega^2 = \sigma_p^2 V_p^2(1 + c\sigma_p^2)\left(1 + \frac{d^2}{3}\sigma_p^2\right)^{-1} \tag{1-60a}$$

$$\omega^2 = \sigma_s^2 V_s^2(1 + c\sigma_s^2)\left(1 + \frac{d^2}{3}\sigma_s^2\right)^{-1} \tag{1-60b}$$

$$\omega^2 = \tau_p^2 V_p^2(1 - c\tau_p^2)\left(\frac{d^2}{3}\tau_p^2 - 1\right)^{-1} \tag{1-60c}$$

$$\omega^2 = \tau_s^2 V_s^2 (1 - c\tau_s^2)\left(\frac{d^2}{3}\tau_s^2 - 1\right)^{-1} \tag{1-60d}$$

从色散关系(1-60)中,还可以得出 P 波和 SV 波的相速度和群速度,即相速度是

$$v_p^p = \frac{\omega}{\sigma_p} = V_p (1 + c\sigma_p^2)^{\frac{1}{2}}\left(1 + \frac{d^2}{3}\sigma_p^2\right)^{-\frac{1}{2}} \tag{1-61a}$$

$$v_s^p = \frac{\omega}{\sigma_s} = V_s (1 + c\sigma_s^2)^{\frac{1}{2}}\left(1 + \frac{d^2}{3}\sigma_s^2\right)^{-\frac{1}{2}} \tag{1-61b}$$

群速度是

$$v_p^g = \frac{\mathrm{d}\omega}{\mathrm{d}\sigma_p} = v_p^p + \left(c - \frac{d^2}{3}\right)V_p\sigma_p^2 (1 + c\sigma_p^2)^{-\frac{1}{2}}\left(1 + \frac{d^2}{3}\sigma_p^2\right)^{-\frac{3}{2}} \tag{1-62a}$$

$$v_s^g = \frac{\mathrm{d}\omega}{\mathrm{d}\sigma_s} = v_s^p + \left(c - \frac{d^2}{3}\right)V_s\sigma_s^2 (1 + c\sigma_s^2)^{-\frac{1}{2}}\left(1 + \frac{d^2}{3}\sigma_s^2\right)^{-\frac{3}{2}} \tag{1-62b}$$

从图 1-2 可以观察到,当 $c > d^2/3$, $c = d^2/3$ 和 $c < d^2/3$ 时,P 波和 SV 波在应变梯度固体中的相速度分别大于、等于和小于在经典弹性固体中的相速度,因此,当 $c > d^2/3$ 时,群速度大于相速度,此时发生异常色散;当 $c < d^2/3$ 时,群速度小于相速度,此时是正常色散;当 $c = d^2/3$ 时,群速度等于相速度,此时都是非色散波。无论是正常色散还是异常色散,在应变梯度弹性固体中,随着波长的逐渐增大,P 波和 SV 波的相速度趋近于 $\sqrt{3c}\,V_c/d\,(V_c = V_p, V_s)$。如果在动能密度式(1-30)中,不包含微结构参数或速度梯度项,即 $d = 0$,那么,在应变梯度弹性固体中,P 波和 SV 波的相速度趋于无限,这是不可能发生的物理现象,因此,速度梯度项在动能密度中扮演着重要角色,不容忽视。通常,对势能密度中的应变梯度项

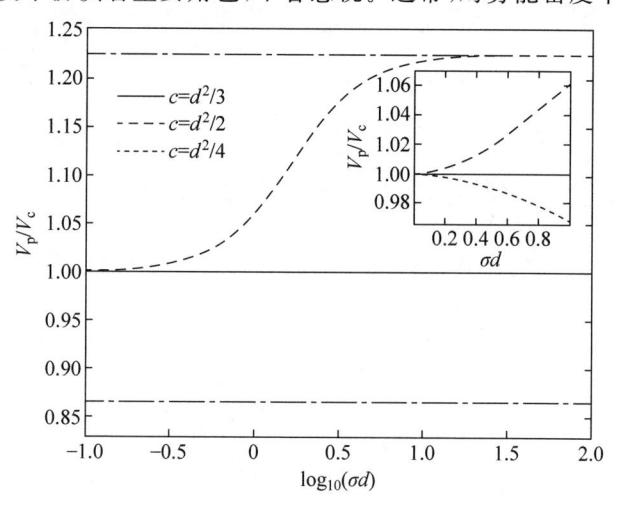

图 1-2 应变梯度固体中膨胀波和剪切波的色散性质

和动能密度中的速度梯度项同时出现的应变梯度模型,称之为动态一致性梯度模型。又因为 $\beta_p^2 = \sigma_p^2 - \xi^2$,$\beta_s^2 = \sigma_s^2 - \zeta^2$,$\sigma_p = \omega/v_p^g$,$\sigma_s = \omega/v_s^g$,对于给定的视波数 ξ,分别存在 P 波和 SV 波的截止频率,即

$$\omega_{cr}^p = \xi v_p^p \tag{1-63a}$$

$$\omega_{cr}^s = \xi v_s^p \tag{1-63b}$$

我们从式(1-59)中也注意到一些特殊情况:① 当 $\beta_p^2 = 0$ 和 $\beta_s^2 = 0$ 时,P 波和 SV 波平行于界面传播;② 当 $\beta_p^2 < 0$ 和 $\beta_s^2 < 0$ 时,体波消失;③ 当 $\beta_p^2 > 0$ 和 $\beta_s^2 > 0$ 时,体波和表面波相互耦合。本书主要讨论第三种情况。

因此,面内波的解写作

$$\varphi = A_1 \exp[i(\xi x + \beta_p y - \omega t)] + A_2 \exp[i(\xi x - \beta_p y - \omega t)] +$$
$$C_1 \exp[-\gamma_p y + i(\xi x - \omega t)] + C_2 \exp[+\gamma_p y + i(\xi x - \omega t)] \tag{1-64a}$$

$$\psi = B_1 \exp[i(\xi x + \beta_s y - \omega t)] + B_2 \exp[i(\xi x - \beta_s y - \omega t)] +$$
$$D_1 \exp[-\gamma_s y + i(\xi x - \omega t)] + D_2 \exp[+\gamma_s y + i(\xi x - \omega t)] \tag{1-64b}$$

其中,A_1、A_2 和 B_1、B_2 表示体波的振幅;C_1、C_2 和 D_1、D_2 表示表面波的振幅。

2) 出平面波的解

出平面波的位移 $\boldsymbol{u} = u_z(x, y)\boldsymbol{e}_z$,代入式(1-51)中得到

$$c\nabla^4 u_z - \left(1 - \frac{\omega^2 d^2}{3V_s^2}\right)\nabla^2 u_z - \frac{\omega^2}{V_s^2} u_z = 0 \tag{1-65}$$

式(1-65)可以写作

$$(\nabla^2 + \sigma_{sh}^2)(\nabla^2 - \tau_{sh}^2)u_z = 0 \tag{1-66}$$

其中,

$$\sigma_{sh}^2 = \{[1 + 2(6c/d^2 - 1)m_s + m_s^2]^{1/2} - (1 - m_s)\}/2c \tag{1-67a}$$

$$\tau_{sh}^2 = \{[1 + 2(6c/d^2 - 1)m_s + m_s^2]^{1/2} + (1 - m_s)\}/2c \tag{1-67b}$$

在两种不同应变梯度固体的界面上,出平面波的位移可以表示成

$$u_z = H_1 \exp[i(\xi x + \beta_{sh} y - \omega t)] + H_2 \exp[i(\xi x - \beta_{sh} y - \omega t)] +$$
$$F_1 \exp[-\gamma_{sh} y + i(\xi x - \omega t)] + F_2 \exp[+\gamma_{sh} y + i(\xi x - \omega t)] \tag{1-68}$$

其中,ξ 是视波数;$\beta_{sh}^2 = \sigma_{sh}^2 - \xi^2$;$\gamma_{sh}^2 = \tau_{sh}^2 + \xi^2$。式(1-68)说明,在界面上除了 SH 体波外,还存在 SH 型的表面波,H_1 和 H_2 是体波的振幅,γ_{sh} 是表面波的衰减系数,F_1 和 F_2 是表面波的振幅。注意到,体波和表面波都是色散波,色散关系表示为

$$\omega^2 = \sigma_{sh}^2 V_{sh}^2 (1 + c\sigma_{sh}^2)\left(1 + \frac{d^2}{3}\sigma_{sh}^2\right)^{-1} \tag{1-69a}$$

$$\omega^2 = \tau_{sh}^2 V_s^2 (1 - c\tau_{sh}^2)\left(\frac{d^2}{3}\tau_{sh}^2 - 1\right)^{-1} \tag{1-69b}$$

1.2　固体界面上的反射和透射

1.2.1　界面条件

图 1-3 中,考虑入射 P 波倾斜入射,当入射波撞击界面时,在介质 1 中产生了反射波,介质 2 中产生了透射波。根据图 1-3,所有的 P 波和 SV 波都在 Oxy 平面内传播,根据式(1-65),入射波、反射波和透射波的势函数可以分别写为如下的形式。

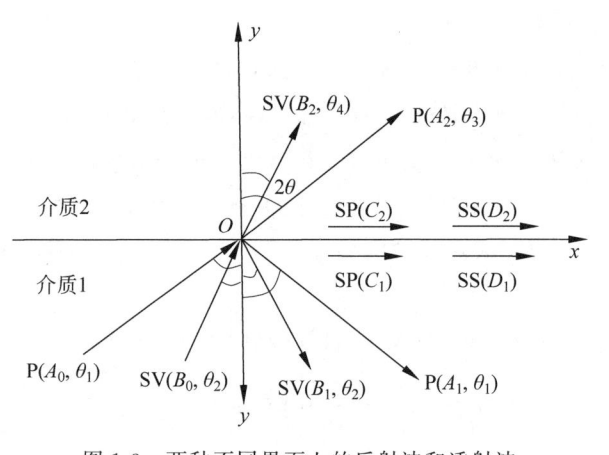

图 1-3　两种不同界面上的反射波和透射波

入射波:

$$\varphi^{(0)} = A_0 \exp[\mathrm{i}(\xi x - \beta_{p1} y - \omega t)] \tag{1-70a}$$

$$\psi^{(0)} = B_0 \exp[\mathrm{i}(\xi x - \beta_{s1} y - \omega t)] \tag{1-70b}$$

反射波:

$$\varphi^{(1)} = A_1 \exp[\mathrm{i}(\xi x + \beta_{p1} y - \omega t)] + C_1 \exp[-\gamma_{p1} y + \mathrm{i}(\xi x - \omega t)] \tag{1-71a}$$

$$\psi^{(1)} = B_1 \exp[\mathrm{i}(\xi x + \beta_{s1} y - \omega t)] + D_1 \exp[-\gamma_{s1} y + \mathrm{i}(\xi x - \omega t)] \tag{1-71b}$$

透射波:

$$\varphi^{(2)} = A_2 \exp[\mathrm{i}(\xi x - \beta_{p2} y - \omega t)] + C_2 \exp[\gamma_{p2} y + \mathrm{i}(\xi x - \omega t)] \tag{1-72a}$$

$$\psi^{(2)} = B_2 \exp[\mathrm{i}(\xi x - \beta_{s2} y - \omega t)] + D_2 \exp[\gamma_{s2} y + \mathrm{i}(\xi x - \omega t)] \tag{1-72b}$$

其中,A_0 表示入射 P 波的振幅;B_0 表示入射 SV 波的振幅;A_1 和 B_1 分别表示反射 P 波和反射 SV 波的振幅;C_1 和 D_1 分别表示反射 P 型表面波(SP 波)和反射 S 型表面波(SS 波)的振幅;A_2 和 B_2 分别表示透射 P 波和透射 SV 波的振幅;C_2 和 D_2 分别表示透射 P 型表面波和透射 S 型表面波的振幅。这些反射和透射波的振幅由非传统的界面条件确定,对于本书所考虑的微结构固体,连续的界面条件表示为

$$(u_i^{(1)} - u_i^{(2)})\big|_{y=0} = 0, \quad i = x, y \qquad (1\text{-}73\text{a})$$

$$(n_j \partial_j u_i^{(1)} - n_j \partial_j u_i^{(2)})\big|_{y=0} = 0,$$
$$i, j = x, y;\ n_x = 0;\ n_y = 1 \qquad (1\text{-}73\text{b})$$

$$(P_i^{(1)} - P_i^{(2)})\big|_{y=0} = 0, \quad i = x, y \qquad (1\text{-}73\text{c})$$

$$(R_i^{(1)} - R_i^{(2)})\big|_{y=0} = 0, \quad i = x, y \qquad (1\text{-}73\text{d})$$

其中,$(\ )^{(1)}$ 和 $(\ )^{(2)}$ 分别表示介质 1 和介质 2 中的量。式(1-73)表示位移、法向位移梯度、单极力和偶极力在界面处都是连续的,显然,这个界面条件与经典弹性固体中的界面条件是完全不同的。将式(1-70)~式(1-72)代入式(1-73)中可以得到关于各种波的振幅与入射波振幅比值的线性方程组,用矩阵形式表示如下:

$$\boldsymbol{A}\boldsymbol{x} = \boldsymbol{b} + \boldsymbol{c} \qquad (1\text{-}74)$$

其中,$\boldsymbol{x} = (A_1, C_1, B_1, D_1, A_2, C_2, B_2, D_2)/(A_0 \text{ 或 } B_0)$;矩阵 $\boldsymbol{A}$,$\boldsymbol{b}$ 和 $\boldsymbol{c}$ 中元素的显示表达式被列在附录 A 中。入射波是 P 波时,对应的常数项矩阵是 $\boldsymbol{b}$;入射波是 SV 波时,对应的常数项矩阵是 $\boldsymbol{c}$。显然,$\boldsymbol{x}$ 依赖于两个微结构固体的材料常数 $(E_i, \mu_i, \rho_i, c_i, d_i)$,以及入射波的参数 (A_0, λ, ω) 和入射角 (θ),即

$$\boldsymbol{x} = \mathrm{f}(E_1, \mu_1, \rho_1, c_1, d_1, E_2, \mu_2, \rho_2, c_2, d_2, A_0, \lambda, \omega, \theta) \qquad (1\text{-}75)$$

选择 $(\rho_1, d_1, \omega, A_0)$ 作为基本物理量,那么式(1-75)的无量纲形式是

$$\boldsymbol{x} = \mathrm{f}\!\left(\frac{E_1}{\rho_1 d_1^2 \omega^2}, \frac{\mu_1}{\rho_1 d_1^2 \omega^2}, 1, \frac{\sqrt{c_1}}{d_1}, 1, \frac{E_2}{E_1}, \frac{\nu_2}{\nu_1}, \frac{\rho_2}{\rho_1}, \frac{c_2}{c_1}, \frac{d_2}{d_1}, 1, \frac{\lambda}{d_1}, 1, \theta \right) \quad (1\text{-}76)$$

设 $\alpha_1 = \dfrac{\sqrt{c_1}}{d_1}$,$\bar{\lambda} = \dfrac{\lambda}{2d_1}$,$\bar{d} = \dfrac{d_2}{d_1}$,$\bar{c} = \dfrac{c_2}{c_1}$,$\bar{E} = \dfrac{E_2}{E_1}$,$\bar{\nu} = \dfrac{\nu_2}{\nu_1}$($\nu_1$ 和 ν_2 是泊松(Poisson)比),$\bar{\rho} = \dfrac{\rho_2}{\rho_1}$,那么

$$\boldsymbol{x} = \mathrm{f}(\nu_1, 1, 1, \alpha_1, 1, \bar{E}, \bar{\nu}, \bar{\rho}, \bar{c}, \bar{d}, 1, \bar{\lambda}, 1, \theta) \qquad (1\text{-}77)$$

在两种应变梯度固体界面上的反射和透射问题中,我们主要研究独立的无量纲微结构参数 $\bar{d}$,$\bar{c}$ 和无量纲波长 $\bar{\lambda}$ 对各种波的影响。

沿着界面的法线方向 $\boldsymbol{n}$ 传播的平面波的能流密度可以写成

$$q(\boldsymbol{n}, t) = -P_i(\boldsymbol{n})\dot{u}_i - R_i(\boldsymbol{n})n_j \dot{u}_{i,j} \qquad (1\text{-}78)$$

式(1-78)等号右边的第一项是单极力做功,第二项是偶极力做功。一个周期 T 的平均能流密度是 $\bar{q}(\boldsymbol{n}) = \dfrac{1}{T}\displaystyle\int_0^T q(\boldsymbol{n}, t)\,\mathrm{d}t$,为了验证数值计算结果,定义

$$I_{\mathrm{p1}} = \frac{\bar{q}_1^{\mathrm{p1}}(\boldsymbol{n})}{\bar{q}_0(\boldsymbol{n})}, \quad I_{\mathrm{s1}} = \frac{\bar{q}_1^{\mathrm{s1}}(\boldsymbol{n})}{\bar{q}_0(\boldsymbol{n})}, \quad I_{\mathrm{p2}} = \frac{\bar{q}_2^{\mathrm{p2}}(\boldsymbol{n})}{\bar{q}_0(\boldsymbol{n})}, \quad I_{\mathrm{s2}} = \frac{\bar{q}_2^{\mathrm{s2}}(\boldsymbol{n})}{\bar{q}_0(\boldsymbol{n})} \qquad (1\text{-}79)$$

其中,$\boldsymbol{n}$ 是界面的法线方向,能量守恒要求

$$E = I_{\mathrm{p1}} + I_{\mathrm{s1}} + I_{\mathrm{p2}} + I_{\mathrm{s2}} = 1 \qquad (1\text{-}80)$$

即在界面上入射波单位面积上通过的能流,等于在相同面积上反射和透射波通过

的能流的和。

1.2.2　数值算例与讨论

在数值算例中，介质 1 和介质 2 中的泊松比取为 $\nu_1 = \nu_2 = 1/3$，两个介质的密度比取为 $\bar{\rho}(=\rho_2/\rho_1) = 2/3$，杨氏模量比取为 $\bar{E}(=E_2/E_1) = 1/3$，介质 1 中两个微结构参数的比值取作 $\alpha_1 = \sqrt{c_1}/d_1 = 0.05$。介质 2 中两个微结构参数的比值不是独立的，可以通过 $\alpha_2 = \sqrt{c_2}/d_2$，以及 $\bar{c}(=c_2/c_1)$ 和 $\bar{d}(=d_2/d_1)$ 推导出来，即 $\alpha_2 = (\bar{c}^{1/2}\bar{d}^{-1})\alpha_1$。数值计算中主要讨论无量纲化入射波长 $\bar{\lambda}(=\lambda/2d_1)$，微观梯度系数比 $\bar{c}(=c_2/c_1)$ 和微结构固体中固有特征长度的比值 $\bar{d}(=d_2/d_1)$ 对各种波的振幅的影响。

1）P 波入射的情况

图 1-4 为无量纲化入射波波长 $\bar{\lambda}$ 对体波的反射系数和透射系数的影响。从图中可以观察到，当无量纲化入射波波长 $\bar{\lambda}$ 逐渐增大时，体波的反射系数和透射系数趋近于经典弹性固体中体波的反射系数和透射系数，这种现象意味着，如果介质中入射波的波长远大于微结构的特征长度，微结构效应就不容易被感知。如果将本书的数值计算结果与文献[*]中的图 2 相对照，就可以看出，反射 SV 波的曲线非常相似，而反射 P 波的曲线存在明显的区别。这是因为文献研究的是自由界面的弹性波的反射问题，入射 P 波携带的能量完全转化为反射波的能量。然而在反射问题和透射问题中，入射 P 波携带的能量不仅转化为反射波的能量，而且还转化为透射波的能量。文献中的图 2 与本书的图 1-4（a）相比较发现，反射 P 波的系数减小，其原因是透射波的存在，所以这种变化是合理的。

图 1-5 为无量纲化入射波波长 $\bar{\lambda}$ 对 SS 波和 SP 波的反射系数和透射系数的影响。从图中可以观察到，当 $\bar{\lambda}$ 逐渐增加时，表面波的振幅趋近于零。这是因为 SS 波和 SP 波在应变梯度固体中出现是由于微结构的影响，而该影响在经典弹性固体中是不存在的。当 $\bar{\lambda}$ 逐渐增加时，微结构效应逐渐减小，所以表面波的振幅趋近于零。从图中还可以看出，表面波比体波在数值上小一个数量级。

图 1-6 和图 1-7 分别为微结构参数的比值 $\bar{c}(=c_2/c_1)$ 对体波和表面波的反射系数和透射系数的影响。从图 1-6 可以观察到，$\bar{c}$ 对 P 波和 SV 波的影响是不同的，当 $\bar{c}$ 逐渐增大时，SV 波的反射系数和透射系数均逐渐减小；P 波的反射系数逐渐增大，透射系数却逐渐减小。从图 1-7 中可以观察到，随着 $\bar{c}$ 的增大，表面波 SS 波和 SP 波的反射系数和透射系数逐渐增大，这意味着在考虑微结构的固体中，当体波撞击界面时，入射波的能量会更多地分配给表面波。

---

* GOURGIOTIS P A，GEORGIADIS H G，NEOCLEOUS I. On the reflection of waves in half-spaces of microstructured materials governed by dipolar gradient elasticity[J]. Wave Motion，2013，50：437-455.

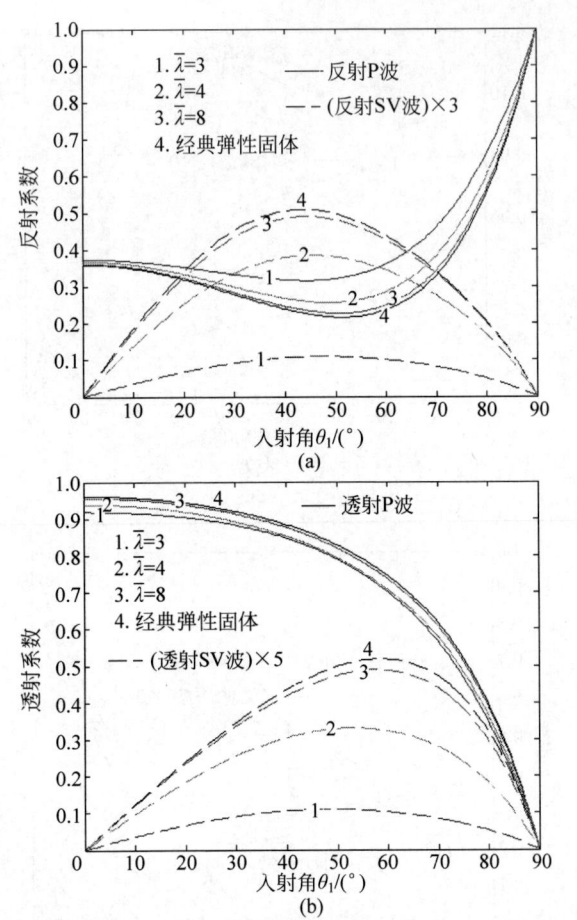

图 1-4 体波的反射系数和透射系数随无量纲化入射波波长 $\bar{\lambda}$ 变化的曲线图
(a) 反射系数；(b) 透射系数
$$\bar{c}=0.6,\bar{d}=0.8$$

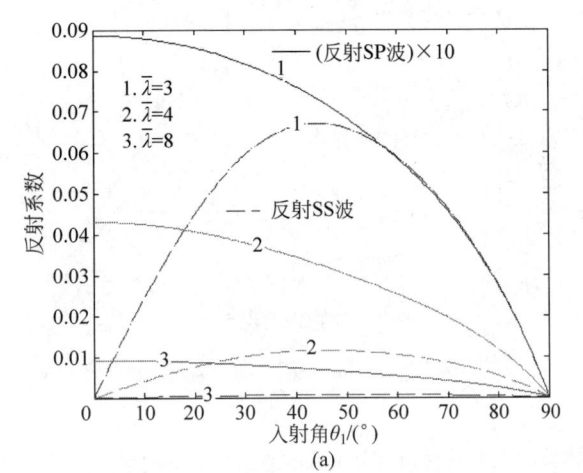

图 1-5 表面波的反射系数和透射系数随无量纲化入射波波长 $\bar{\lambda}$ 变化的曲线图
(a) 反射系数；(b) 透射系数
$$\bar{c}=0.6,\bar{d}=0.8$$

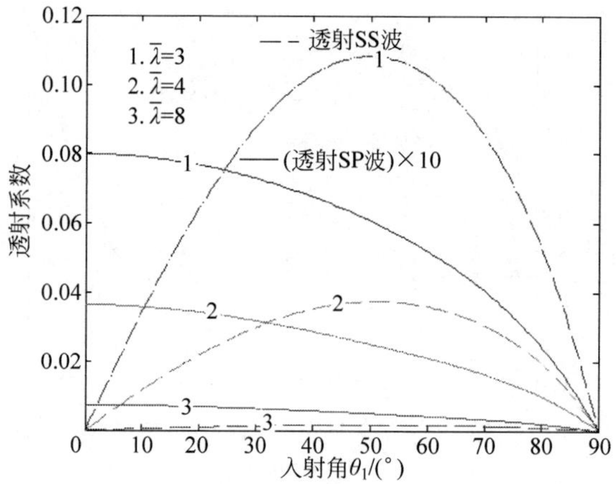

图 1-5 （续）

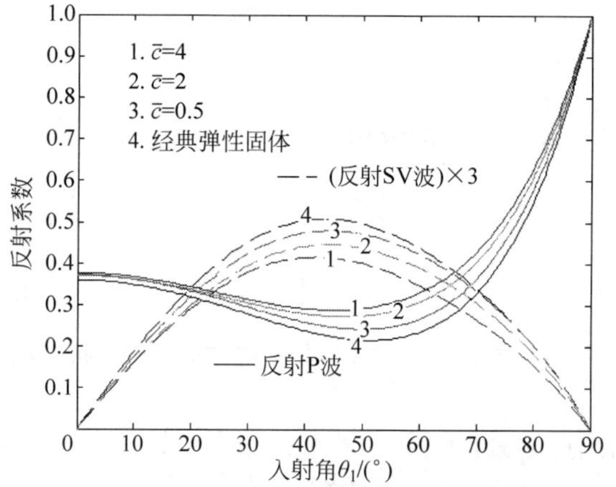

(a)

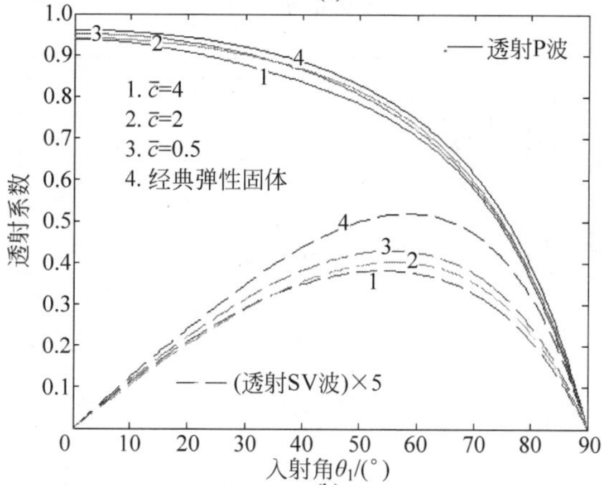

(b)

图 1-6　体波的反射系数和透射系数随微结构参数的比值 $\bar{c}$ 变化的曲线图

（a）反射系数；（b）透射系数

$\bar{\lambda}=8, \bar{d}=0.8$

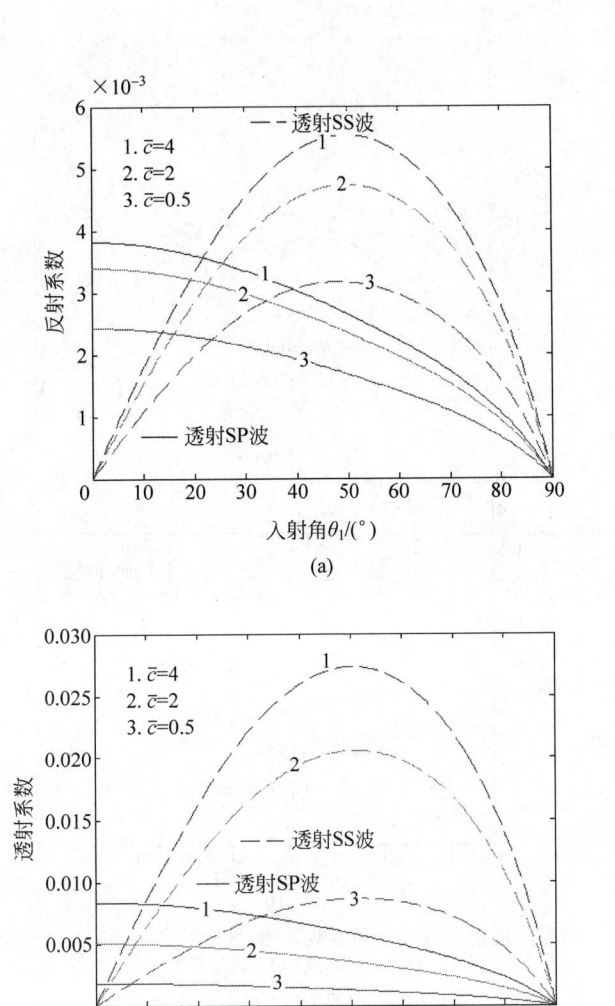

图 1-7　表面波的反射系数和透射系数随微结构参数的比值 $\bar{c}$ 变化的曲线图
(a) 反射系数；(b) 透射系数
$\bar{\lambda}=8, \bar{d}=0.8$

图 1-8 和图 1-9 分别为微结构参数的比值 $\bar{d}(=d_2/d_1)$ 对体波和表面波的反射系数和透射系数的影响。从图 1-8 可以观察到，无论是 P 波还是 SV 波，随着 $\bar{d}$ 的增大，反射系数逐渐增大，透射系数逐渐减小。从图 1-9 可以观察到，两个微结构参数 $\bar{c}$ 和 $\bar{d}$ 对 P 波和 SV 波的影响显然是不相同的，但是对表面波 SS 波和 SP 波的影响是相同的，其反射系数和透射系数都是随着 $\bar{d}$ 的增大而增大。

图 1-10 为无量纲化入射波波长 $\bar{\lambda}$ 对反射角和透射角的影响。P 波的反射角

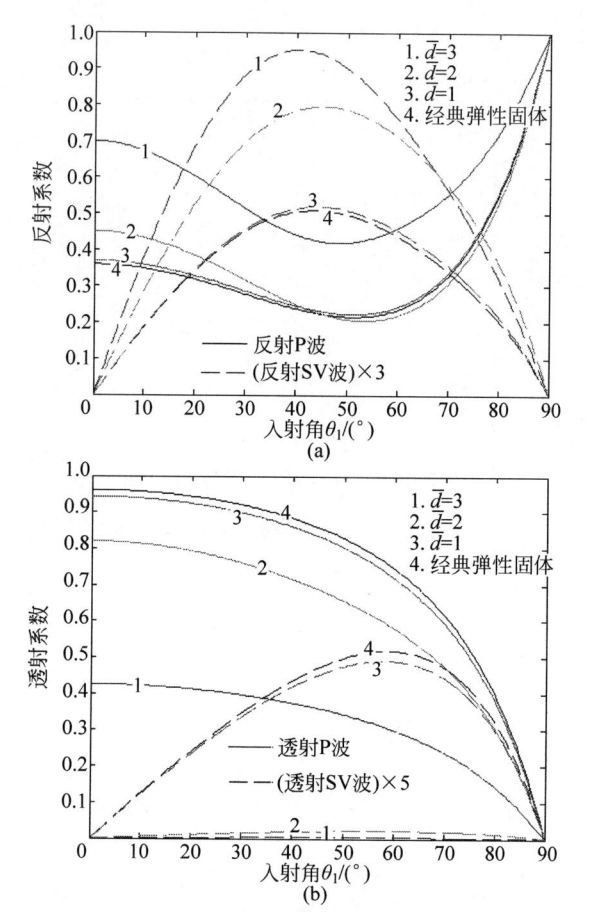

图 1-8　体波的反射系数和透射系数随微结构参数的比值 $\bar{d}$ 变化的曲线图

(a) 反射系数；(b) 透射系数

$$\bar{\lambda}=8,\bar{c}=0.6$$

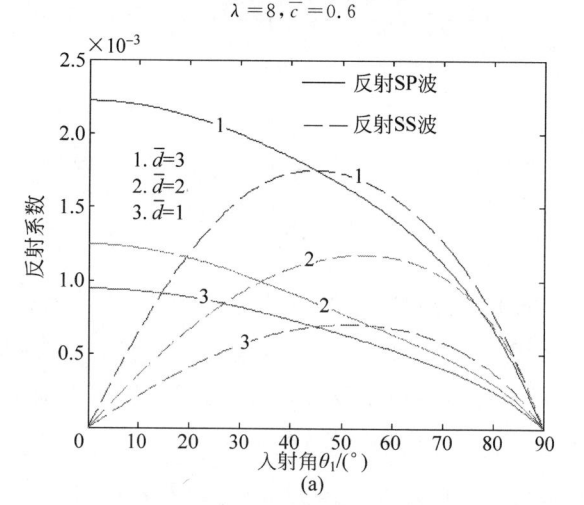

图 1-9　表面波的反射系数和透射系数随微结构参数的比值 $\bar{d}$ 变化的曲线图

(a) 反射系数；(b) 透射系数

$$\bar{\lambda}=8,\bar{c}=0.6$$

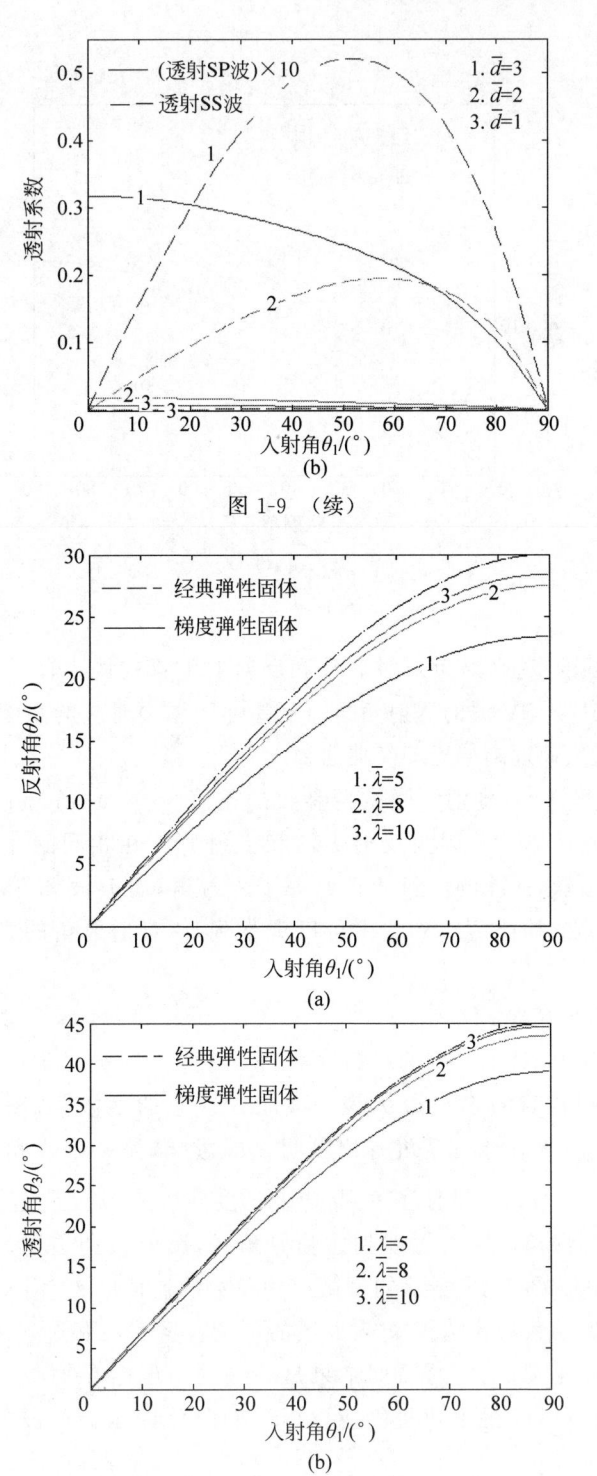

图 1-9　（续）

图 1-10　反射角和透射角随无量纲化入射波波长 $\bar{\lambda}$ 变化的曲线图

（a）反射 SV 波；（b）透射 P 波；（c）透射 SV 波

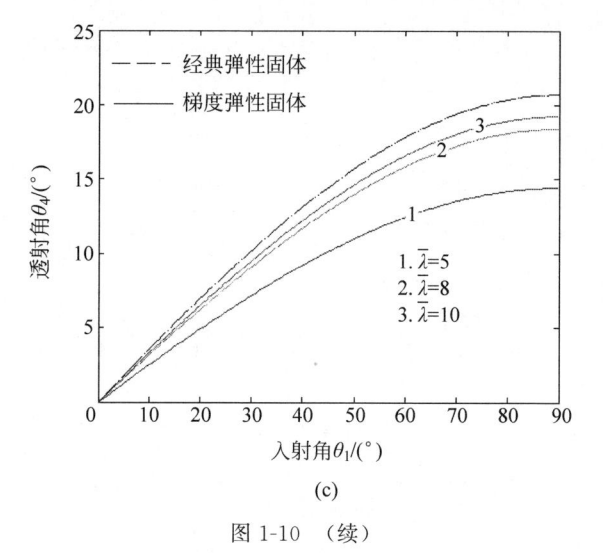

图 1-10　（续）

和入射角是相同的,这是因为入射 P 波和反射 P 波都在同一种介质中。然而,SV 波的反射角和 P 波、SV 波的透射角与经典弹性固体中对应的角度是不相同的,显然,随着 $\bar{\lambda}$ 的增大而逐渐接近于经典曲线。

图 1-11 和图 1-12 分别为微结构参数的比值 $\bar{c}(=c_2/c_1)$ 和 $\bar{d}(=d_2/d_1)$ 对反射角和透射角的影响。因为反射 P 波和入射 P 波在相同的介质中,所以对于不同的微结构参数,P 波的反射角仍然等于入射角,而 P 波和 SV 波的透射角则依赖于微结构参数的比值。从图中可以观察到,$\bar{d}$ 对透射角的影响比 $\bar{c}$ 对透射角的影响显著。

2) SV 波入射情况

在数值计算中,对于给定的材料常数,SV 波入射时会出现两个临界角,分别是反射的 P 波和透射的 P 波成为表面波时入射角的度数,从图 1-13 可以观察到,微结构参数的比值对临界角有比较明显的影响,第一临界角依赖于 α_1 而第二临界角依赖于 $\bar{c}$ 和 $\bar{d}$,同时注意到,应变梯度介质中的临界角大于或小于经典弹性介质中的临界角。当入射波到达临界角时,反射波和透射波在临界角处会发生剧烈的变化。图 1-14 显示的是微结构参数的比值 $\bar{c}$ 对体波的影响,图 1-15 显示的是微结构参数的比值 $\bar{c}$ 对表面波的影响。反射波和透射波在两个临界角处发生急剧的变化,与我们的预期结果是一致的。虽然 $\bar{c}$ 对体波和表面波都有影响,但是表面波对 $\bar{c}$ 的变化更敏感,这不难理解,因为表面波的出现是微结构效应导致的。

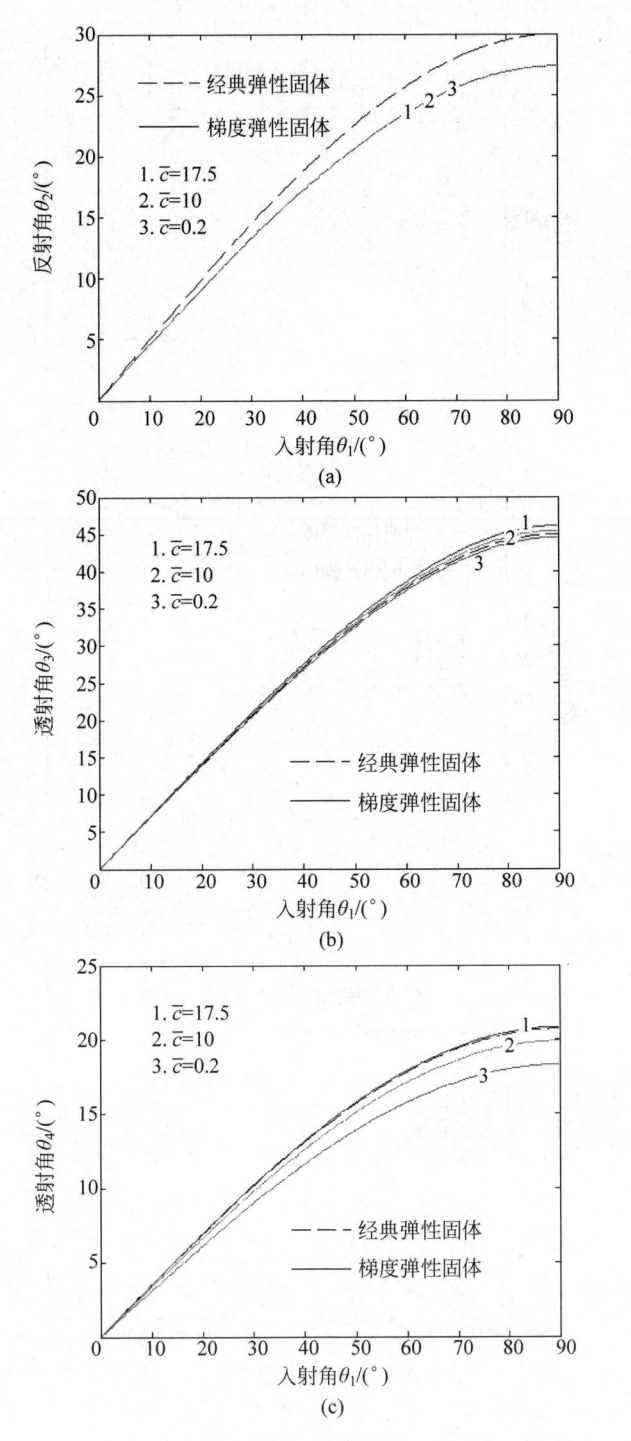

图 1-11 反射角和透射角随微结构参数的比值 $\bar{c}$ 变化的曲线图

（a）反射 SV 波；（b）透射 P 波；（c）透射 SV 波

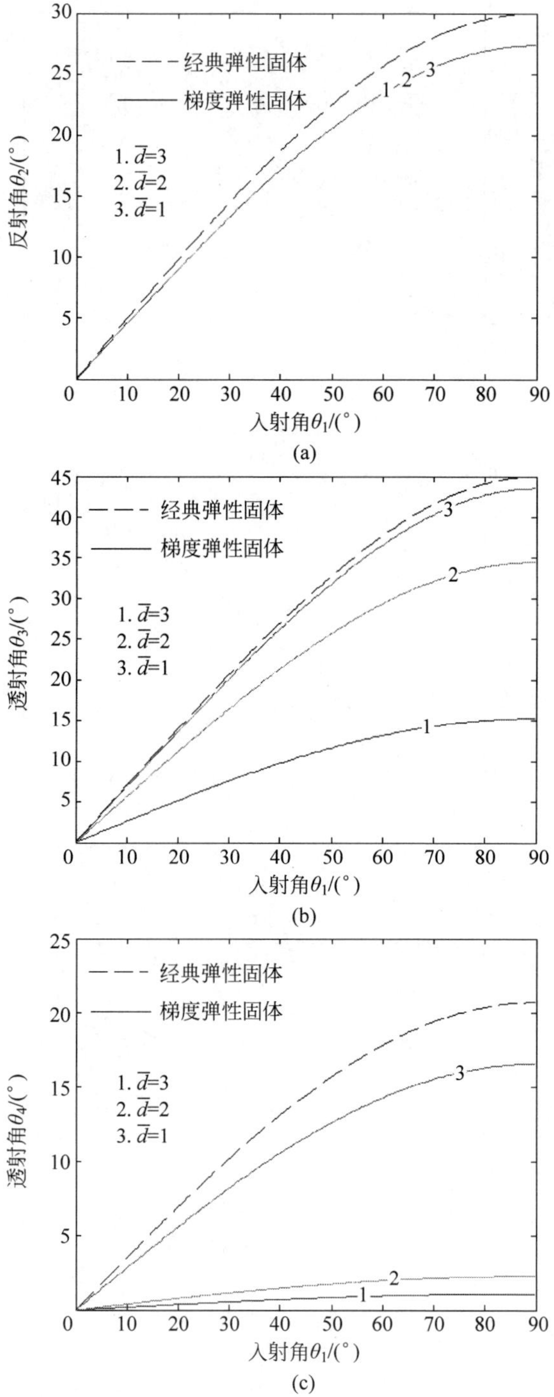

图 1-12 反射角和透射角随微结构参数的比值 $\overline{d}$ 变化的曲线图

(a) 反射 SV 波；(b) 透射 P 波；(c) 透射 SV 波

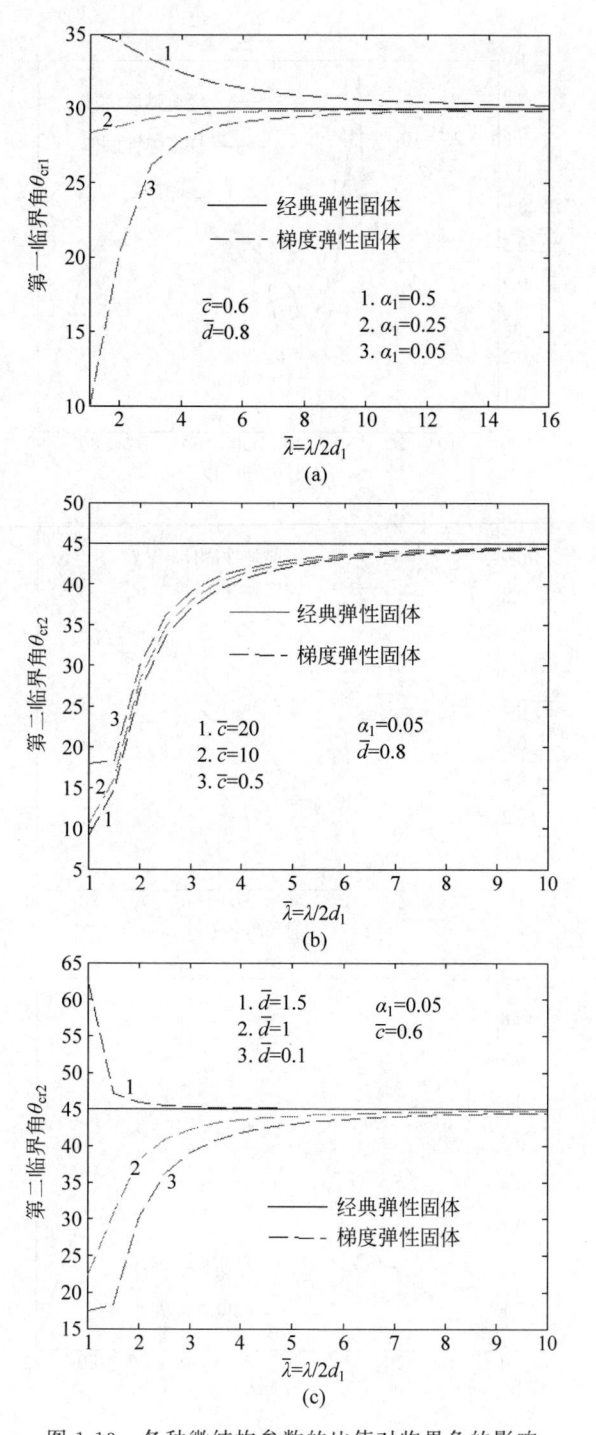

图 1-13 各种微结构参数的比值对临界角的影响

（a）α_1 对第一临界角的影响；（b）$\overline{c}$ 对第二临界角的影响；（c）$\overline{d}$ 对第二临界角的影响

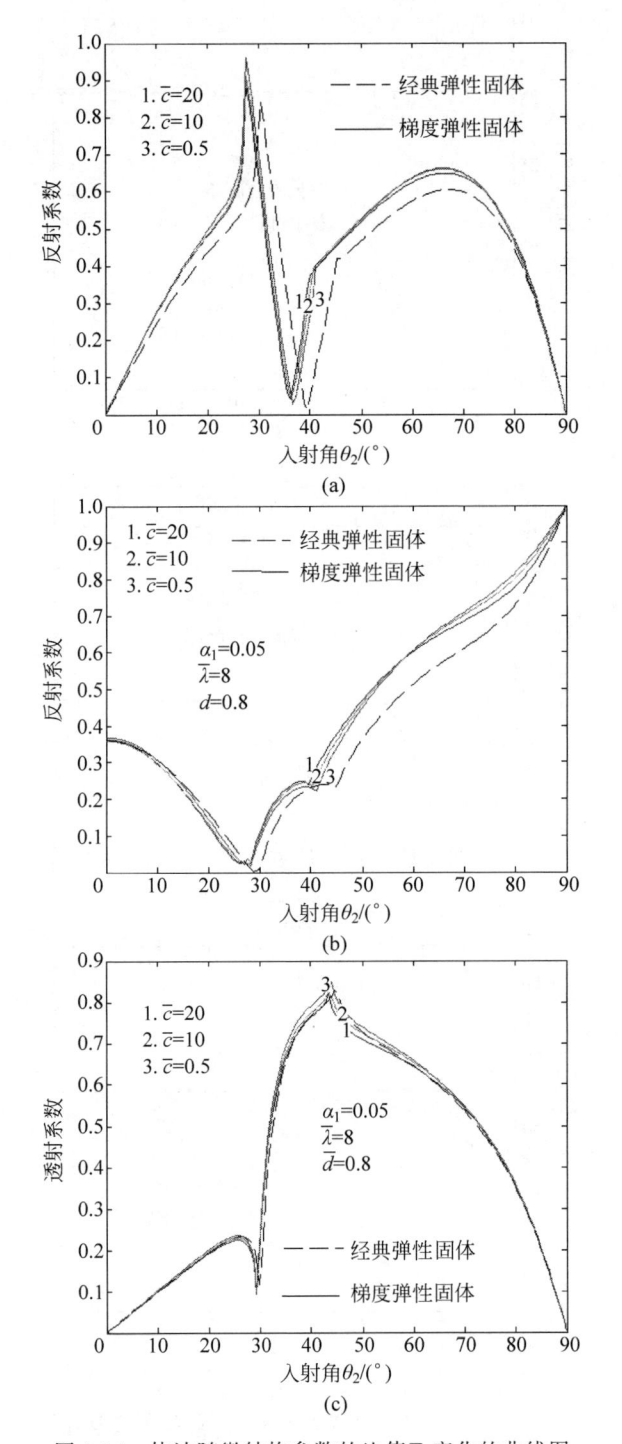

图 1-14　体波随微结构参数的比值 $\bar{c}$ 变化的曲线图

（a）P 波的反射系数；（b）SV 波的反射系数；（c）P 波的透射系数；（d）SV 波的透射系数

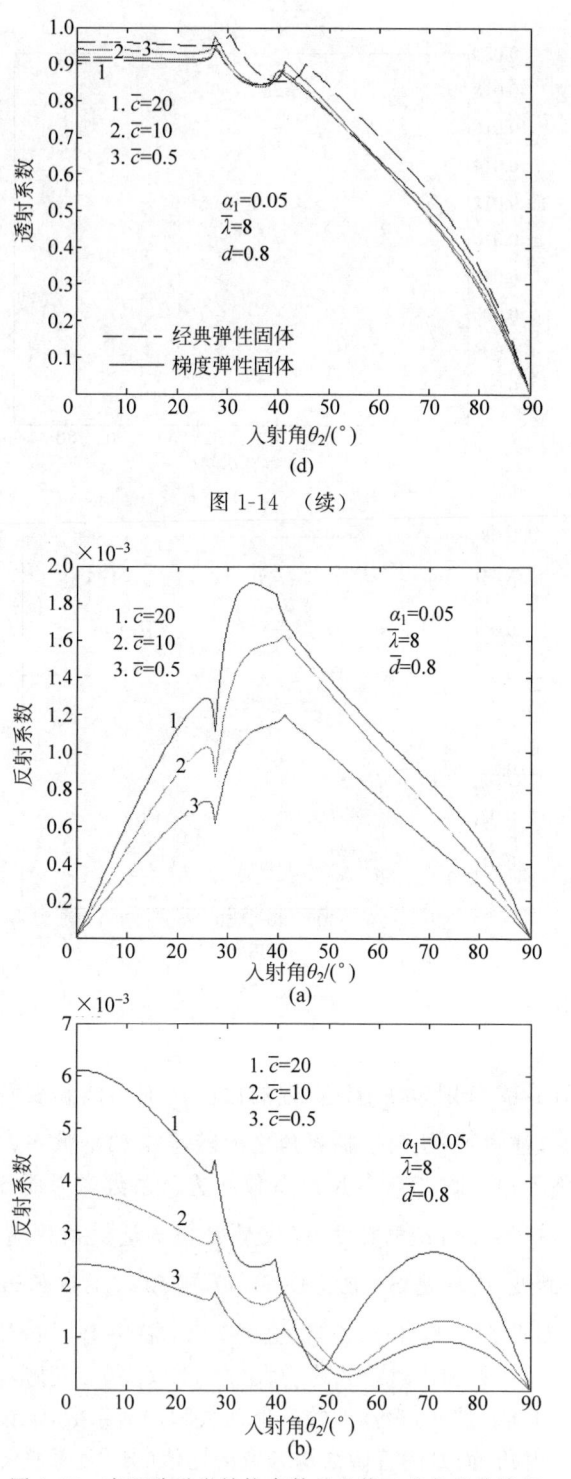

图 1-14 （续）

图 1-15 表面波随微结构参数的比值 $\overline{c}$ 变化的曲线图

（a）SP 波的反射系数；（b）SS 波的反射系数；（c）SP 波的透射系数；（d）SS 波的透射系数

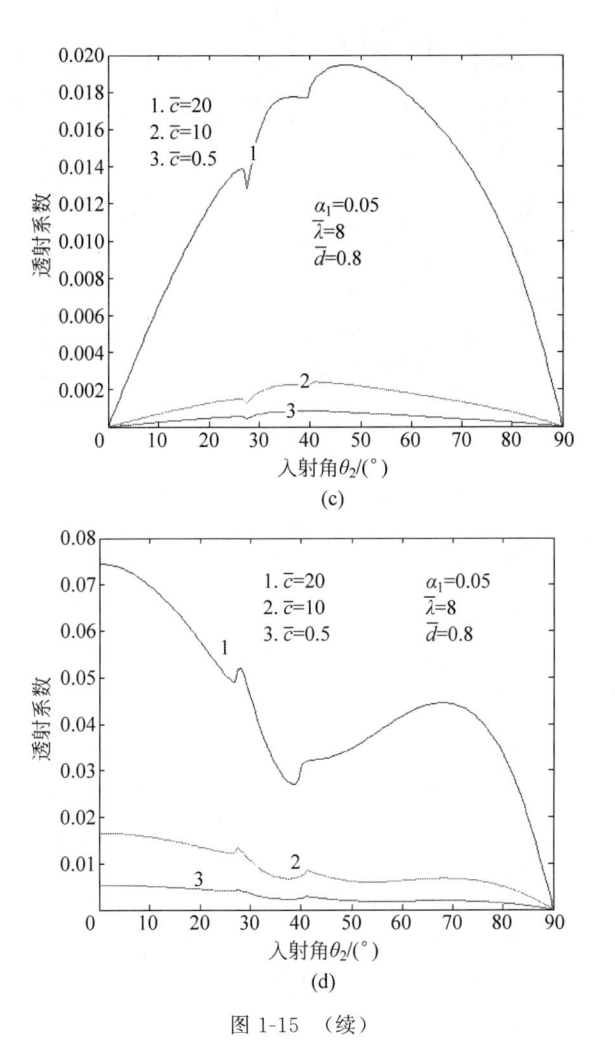

图 1-15 （续）

图 1-16 和图 1-17 分别为微结构参数的比值 $\bar{d}$ 对体波和表面波的反射系数和透射系数的影响。注意到，在第一临界角之前随着 $\bar{d}$ 的增大 SV 波的透射系数逐渐减小，在两个临界角之间，P 波的反射系数和透射系数增大而 SV 波的反射系数和透射系数减小，在第二临界角之后，仅仅是 P 波的透射系数随着 $\bar{d}$ 的增大而增大。然而对于表面波，无论是 SS 波还是 SP 波，其反射系数和透射系数都随着 $\bar{d}$ 的增大而增大。对照图 1-14 和图 1-15，显然，$\bar{d}$ 比 $\bar{c}$ 对体波的影响大，当 $\bar{c}$ 和 $\bar{d}$ 增大时，体波的反射系数和透射系数的增大与减小取决于入射角，这种现象显然不同于 P 波入射的情况。然而，表面波的反射系数和透射系数，无论是 SS 波还是 SP 波，都不依赖于入射角，而是随着微结构参数的比值的增大而增大。

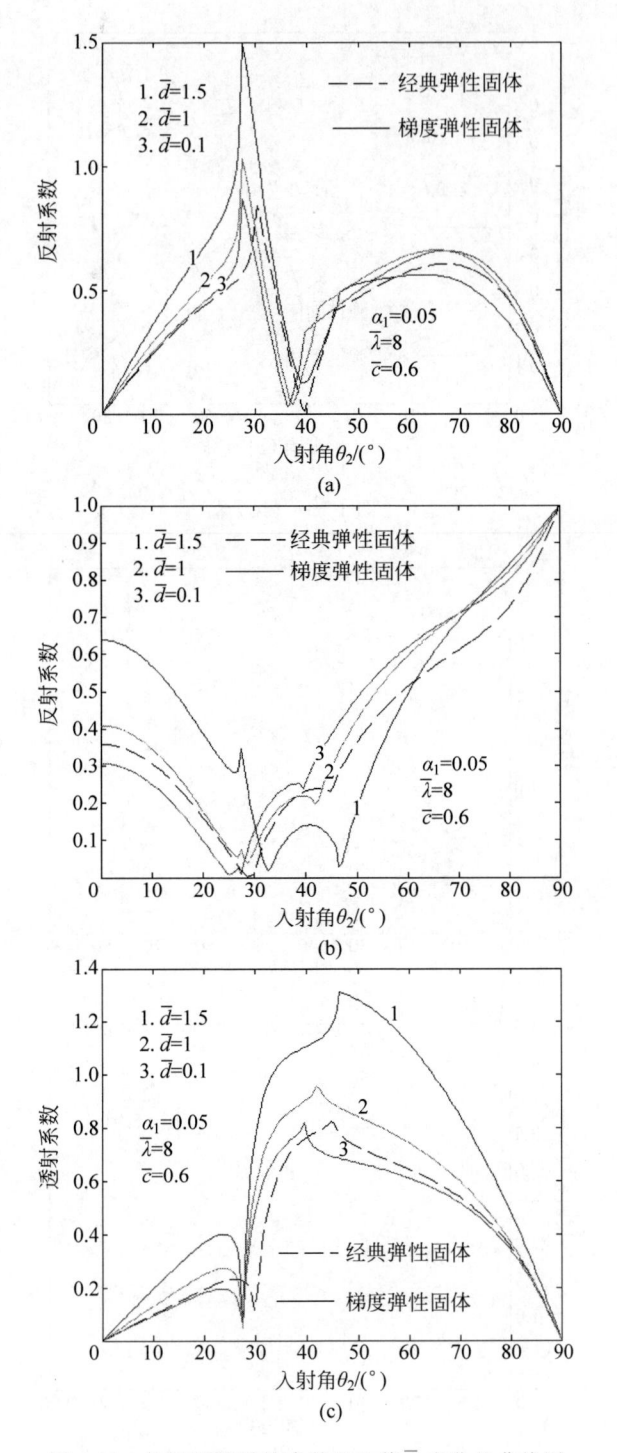

图 1-16 体波随微结构参数的比值 $\bar{d}$ 变化的曲线图

(a) P 波的反射系数；(b) SV 波的反射系数；(c) P 波的透射系数；(d) SV 波的透射系数

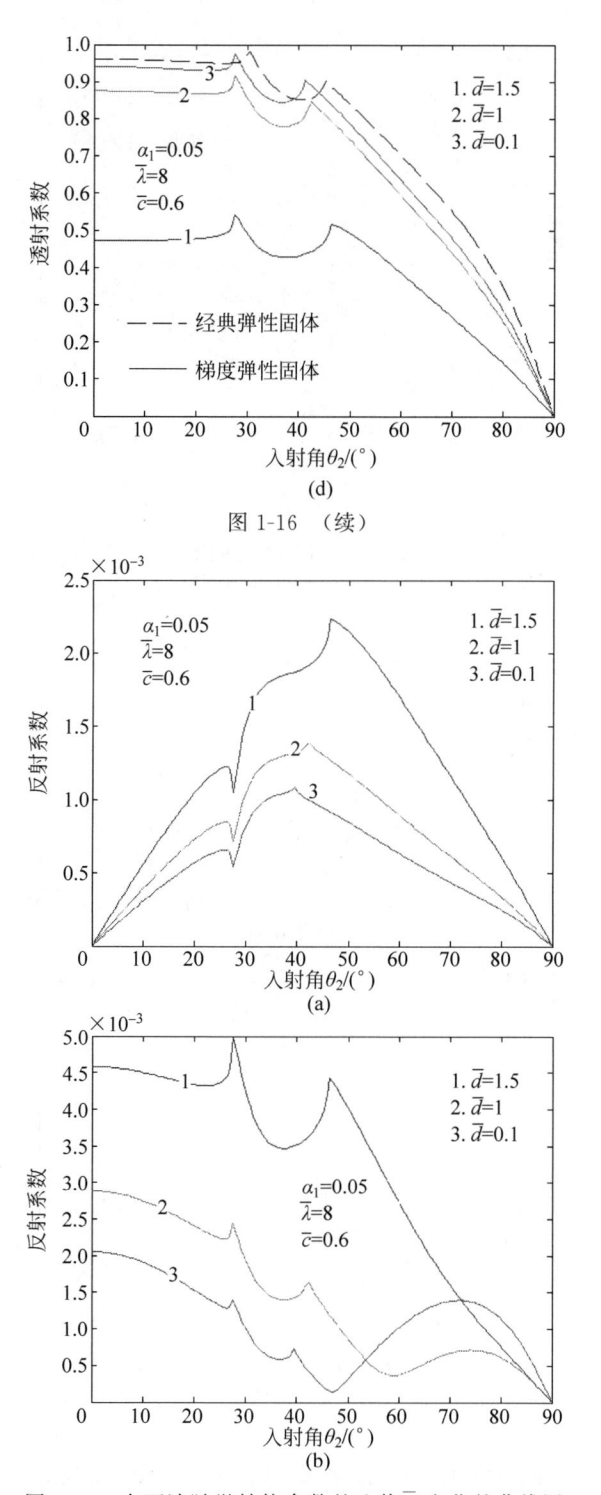

图 1-16 （续）

图 1-17 表面波随微结构参数的比值 $\overline{d}$ 变化的曲线图

（a）SP 波的反射系数；（b）SS 波的反射系数；（c）SP 波的透射系数；（d）SS 波的透射系数

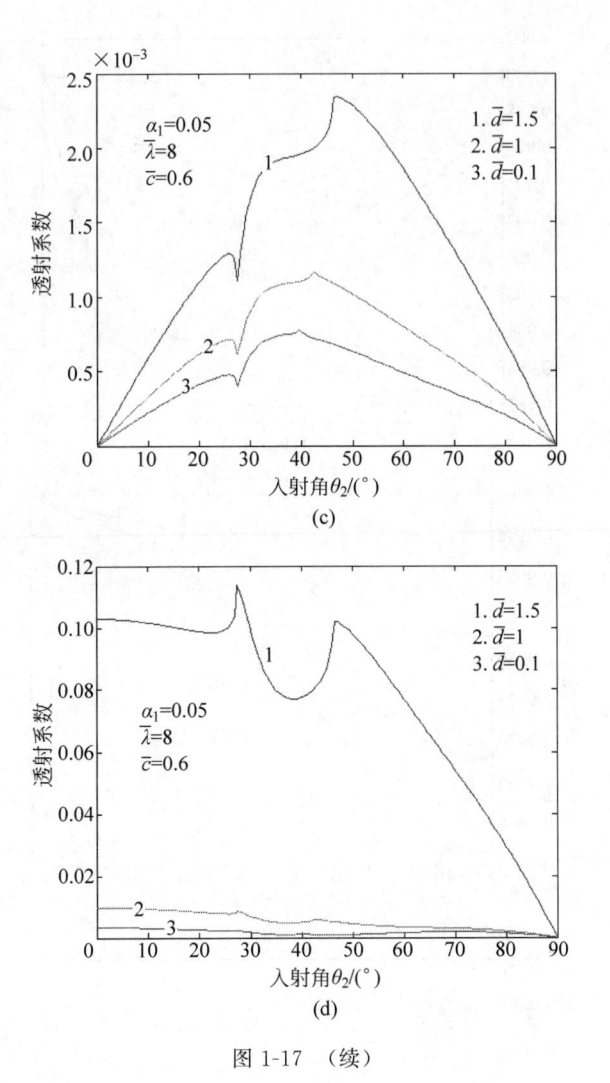

图 1-17 （续）

3）能量守恒

能量守恒要求，在界面上从单位面积上流出的能量等于在相同面积上流入的能量。换言之，由反射波和透射波带走的能量应该等于入射波带来的能量。图 1-18 为 P 波入射时能量守恒因子 E（$E=1$ 表示能量完全守恒）的值。从图中可以看到，在目前的数值计算中，对于各种不同的情况，能量守恒因子都非常接近于 1，误差不超过 3%。图 1-19 显示的是 SV 波入射时能量守恒因子 E 的值。虽然在两个临界角处能量守恒的偏差有点大，但是对于各种不同的情况，误差都不超过 5%，所以数值计算结果是可以信赖的。

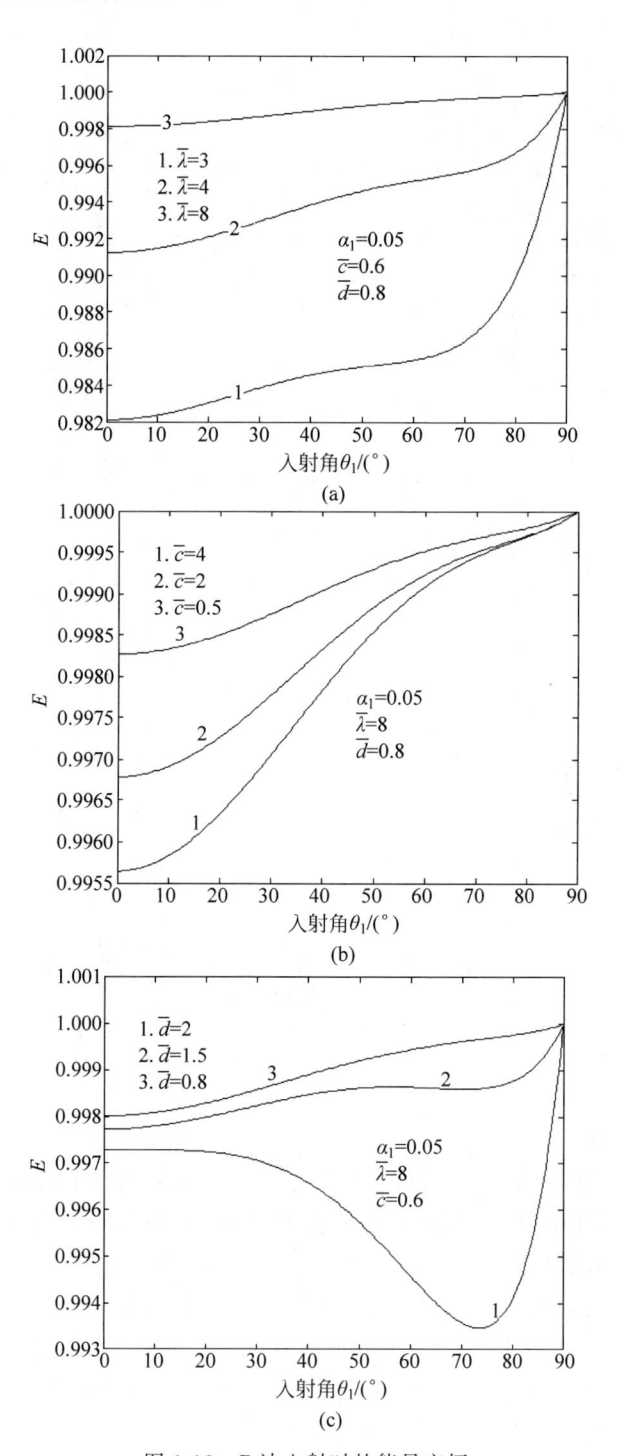

图 1-18 P 波入射时的能量守恒

（a）对于不同的 $\overline{\lambda}$ ；（b）对于不同的 $\overline{c}$ ；（c）对于不同的 $\overline{d}$

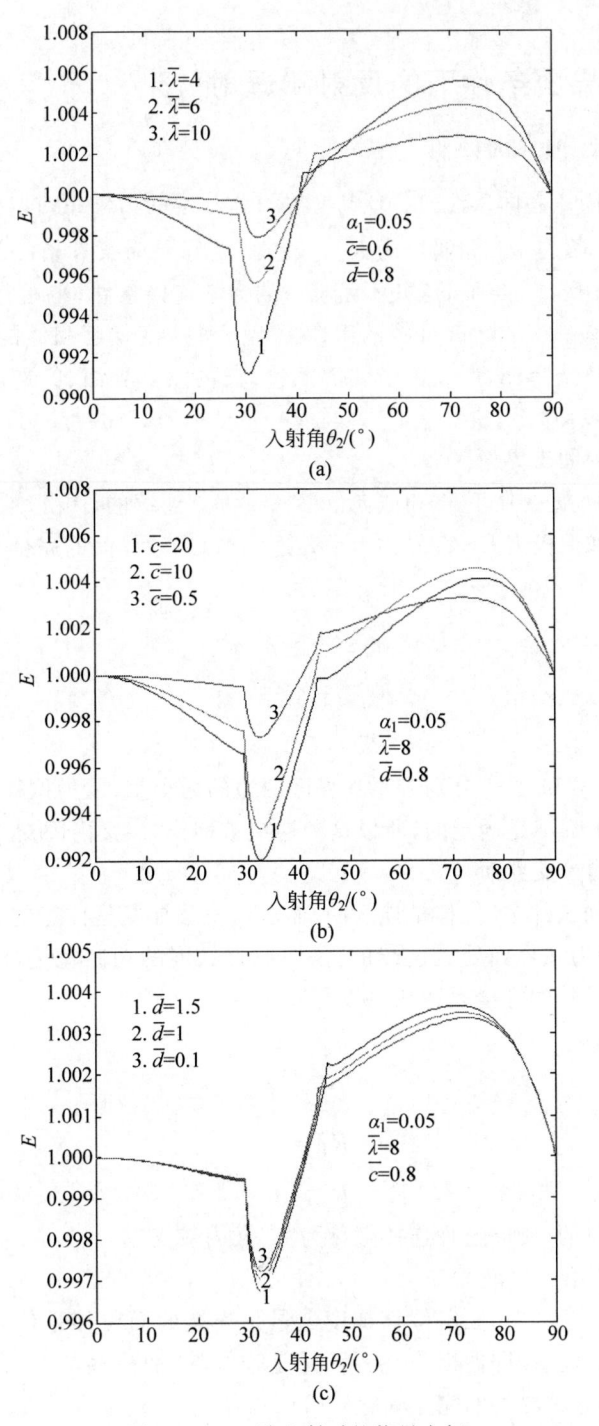

图 1-19　SV 波入射时的能量守恒

（a）对于不同的 $\bar{\lambda}$ ；（b）对于不同的 $\bar{c}$ ；（c）对于不同的 $\bar{d}$

1.3　五种界面条件下的反射和透射

1.3.1　五种界面条件

应变梯度固体界面条件(1-50)中包括四个基本的力学量,即,位移 u_k、法向位移梯度 Du_k、单极力 P_k 和偶极力 R_k。通常,完好界面条件指的是这四个力学量在界面上都是连续的,然而,这并不是唯一的力学连接条件,实际上,我们可以按照位移和法向位移梯度的所有可能的组合提出五种应变梯度固体的界面条件,分别命名为广义内固支界面、广义内铰支界面、广义内滚支界面、广义内自由端界面和广义内固定端界面。

(1) 广义内固支界面

在这种界面条件中,位移和法向位移梯度都是连续的,因此,它们的功共轭量,即单极力 P_k 和偶极力 R_k 在界面上也是连续的,这种界面的完全表达式可以写成

$$u_k^+ = u_k^- \tag{1-81a}$$

$$n_j^+ u_{k,j}^+ = n_j^- u_{k,j}^- \tag{1-81b}$$

$$P_k^+ = P_k^- \tag{1-81c}$$

$$R_k^+ = R_k^- \tag{1-81d}$$

其中,上角标"+"和"−"分别表示在界面两边的力学量,因为位移和旋转(由法向位移梯度表示)都不是固定的,所以这种连接被称作"广义内固支"。

(2) 广义内铰支界面

在这种界面条件中,位移是连续的,而法向位移梯度是任意的,因此,位移的功共轭量,即单极力在界面处是连续的,法向位移梯度的功共轭量,即偶极力一定消失。这种界面条件的完全表达式可以写成

$$u_k^+ = u_k^- \tag{1-82a}$$

$$P_k^+ = P_k^- \tag{1-82b}$$

$$R_k^+ = 0 \tag{1-82c}$$

$$R_k^- = 0 \tag{1-82d}$$

因为旋转是任意的,所以这种连接被称为"广义内铰支"。

(3) 广义内滚支界面

在这种界面条件中,法向位移梯度矢量是连续的而位移是任意的,因此,法向位移梯度的功共轭量,即偶极力在界面处是连续的,而位移的功共轭量,即单极力一定是消失的,这种界面的完全表达式可以写作

$$n_j^+ u_{k,j}^+ = n_j^- u_{k,j}^- \tag{1-83a}$$

$$P_k^+ = 0 \tag{1-83b}$$

$$P_k^- = 0 \tag{1-83c}$$

$$R_k^+ = R_k^- \tag{1-83d}$$

虽然位移不连续但是旋转部分是连续的,这意味着两个固体不是完全分离状态,换言之,两个固体在微尺度范围连接着。

(4) 广义内自由端界面

在这类界面条件中,位移和法向位移梯度矢量都是任意的,因此,它们的功共轭量,即单极力和偶极力一定消失。这种界面完全的表达式可以写作

$$P_k^+ = P_k^- = 0 \tag{1-84a}$$

$$R_k^+ = R_k^- = 0 \tag{1-84b}$$

因为在界面两边的位移和旋转都是任意的,所以这两个固体是完全的分离状态。

(5) 广义内固定端界面

在这种界面条件中,位移和法向位移梯度矢量都是零,它们的功共轭量,即单极力和偶极力是未知的,这类界面的完全表达式可以写作

$$u_k^+ = u_k^- = 0 \tag{1-85a}$$

$$n_j^+ u_{k,j}^+ = n_j^- u_{k,j}^- = 0 \tag{1-85b}$$

因为位移和旋转在界面的两侧都是零,所以两个半无限大固体的边界在界面处分别是固定的。

根据式(1-53)$u_x = \varphi_{,x} + \psi_{,y}$,$u_y = \varphi_{,y} - \psi_{,x}$,可将五种界面条件用势函数表示,即在 $y=0$ 处,五种界面条件的势函数表达式分别如下所列。

(1) 广义内固支界面

$$\varphi_{,x}^{(1)+(0)} + \psi_{,y}^{(1)+(0)} - \varphi_{,x}^{(2)} - \psi_{,y}^{(2)} = 0 \tag{1-86a}$$

$$\varphi_{,y}^{(1)+(0)} - \psi_{,x}^{(1)+(0)} - \varphi_{,y}^{(2)} + \psi_{,x}^{(2)} = 0 \tag{1-86b}$$

$$\varphi_{,xy}^{(1)+(0)} + \psi_{,yy}^{(1)+(0)} - \varphi_{,xy}^{(2)} - \psi_{,yy}^{(2)} = 0 \tag{1-86c}$$

$$\varphi_{,yy}^{(1)+(0)} - \psi_{,xy}^{(1)+(0)} - \varphi_{,yy}^{(2)} + \psi_{,xy}^{(2)} = 0 \tag{1-86d}$$

$$(1 - c_1 \nabla^2)[\mu_1 \nabla^2 \psi^{(1)+(0)} + 2\mu_1 (\varphi_{,yx}^{(1)+(0)} - \psi_{,xx}^{(1)+(0)})] -$$
$$c_1 [\lambda_1 \nabla^2 \varphi^{(1)+(0)} + 2\mu_1 (\varphi_{,xx}^{(1)+(0)} + \psi_{,xy}^{(1)+(0)})]_{,xy} - \mu_1 m_{s1} (\varphi_{,xy}^{(1)+(0)} + \psi_{,yy}^{(1)+(0)}) -$$
$$(1 - c_2 \nabla^2)[\mu_2 \nabla^2 \psi^{(2)} + 2\mu_2 (\varphi_{,yx}^{(2)} - \psi_{,xx}^{(2)})] +$$
$$c_2 [\lambda_2 \nabla^2 \varphi^{(2)} + 2\mu_2 (\varphi_{,xx}^{(2)} + \psi_{,xy}^{(2)})]_{,xy} + \mu_2 m_{s2} (\varphi_{,xy}^{(2)} + \psi_{,yy}^{(2)}) = 0 \tag{1-86e}$$

$$(1 - c_1 \nabla^2)[\lambda_1 \nabla^2 \varphi^{(1)+(0)} + 2\mu_1 (\varphi_{,yy}^{(1)+(0)} - \psi_{,xy}^{(1)+(0)})] -$$
$$c_1 [\mu_1 \nabla^2 \psi^{(1)+(0)} + 2\mu_1 (\varphi_{,yx}^{(1)+(0)} - \psi_{,xx}^{(1)+(0)})]_{,xy} - \mu_1 m_{s1} (\varphi_{,yy}^{(1)+(0)} - \psi_{,xy}^{(1)+(0)}) -$$
$$(1 - c_2 \nabla^2)[\lambda_2 \nabla^2 \varphi^{(2)} + 2\mu_2 (\varphi_{,yy}^{(2)} - \psi_{,xy}^{(2)})] +$$
$$c_2 [\mu_2 \nabla^2 \psi^{(2)} + 2\mu_2 (\varphi_{,yx}^{(2)} - \psi_{,xx}^{(2)})]_{,xy} + \mu_2 m_{s2} (\varphi_{,yy}^{(2)} - \psi_{,xy}^{(2)}) = 0 \tag{1-86f}$$

$$c_1 [\mu_1 \nabla^2 \psi^{(1)+(0)} + 2\mu_1 (\varphi_{,xy}^{(1)+(0)} - \psi_{,xx}^{(1)+(0)})]_{,y} -$$
$$c_2 [\mu_2 \nabla^2 \psi^{(2)} + 2\mu_2 (\varphi_{,xy}^{(2)} - \psi_{,xx}^{(2)})]_{,y} = 0 \tag{1-86g}$$

$$c_1[\lambda_1\nabla^2\varphi^{(1)+(0)} + 2\mu_1(\varphi_{,yy}^{(1)+(0)} - \psi_{,xy}^{(1)+(0)})]_{,y} -$$

$$c_2[\lambda_2\nabla^2\varphi^{(2)} + 2\mu_2(\varphi_{,yy}^{(2)} - \psi_{,xy}^{(2)})]_{,y} = 0 \tag{1-86h}$$

（2）广义内铰支界面

$$\varphi_{,x}^{(1)+(0)} + \psi_{,y}^{(1)+(0)} - \varphi_{,x}^{(2)} - \psi_{,y}^{(2)} = 0 \tag{1-87a}$$

$$\varphi_{,y}^{(1)+(0)} - \psi_{,x}^{(1)+(0)} - \varphi_{,y}^{(2)} + \psi_{,x}^{(2)} = 0 \tag{1-87b}$$

$$(1 - c_1\nabla^2)[\mu_1\nabla^2\psi^{(1)+(0)} + 2\mu_1(\varphi_{,yx}^{(1)+(0)} - \psi_{,xx}^{(1)+(0)})] -$$

$$c_1[\lambda_1\nabla^2\varphi^{(1)+(0)} + 2\mu_1(\varphi_{,xx}^{(1)+(0)} + \psi_{,xy}^{(1)+(0)})]_{,xy} - \mu_1 m_{s1}(\varphi_{,xy}^{(1)+(0)} + \psi_{,yy}^{(1)+(0)}) -$$

$$(1 - c_2\nabla^2)[\mu_2\nabla^2\psi^{(2)} + 2\mu_2(\varphi_{,yx}^{(2)} - \psi_{,xx}^{(2)})] +$$

$$c_2[\lambda_2\nabla^2\varphi^{(2)} + 2\mu_2(\varphi_{,xx}^{(2)} + \psi_{,xy}^{(2)})]_{,xy} + \mu_2 m_{s2}(\varphi_{,xy}^{(2)} + \psi_{,yy}^{(2)}) = 0 \tag{1-87c}$$

$$(1 - c_1\nabla^2)[\lambda_1\nabla^2\varphi^{(1)+(0)} + 2\mu_1(\varphi_{,yy}^{(1)+(0)} - \psi_{,xy}^{(1)+(0)})] -$$

$$c_1[\mu_1\nabla^2\psi^{(1)+(0)} + 2\mu_1(\varphi_{,yx}^{(1)+(0)} - \psi_{,xx}^{(1)+(0)})]_{,xy} - \mu_1 m_{s1}(\varphi_{,yy}^{(1)+(0)} - \psi_{,xy}^{(1)+(0)}) -$$

$$(1 - c_2\nabla^2)[\lambda_2\nabla^2\varphi^{(2)} + 2\mu_2(\varphi_{,yy}^{(2)} - \psi_{,xy}^{(2)})] +$$

$$c_2[\mu_2\nabla^2\psi^{(2)} + 2\mu_2(\varphi_{,yx}^{(2)} - \psi_{,xx}^{(2)})]_{,xy} + \mu_2 m_{s2}(\varphi_{,yy}^{(2)} - \psi_{,xy}^{(2)}) = 0 \tag{1-87d}$$

$$c_1[\mu_1\nabla^2\psi^{(1)+(0)} + 2\mu_1(\varphi_{,xy}^{(1)+(0)} - \psi_{,xx}^{(1)+(0)})]_{,y} = 0 \tag{1-87e}$$

$$c_2[\mu_2\nabla^2\psi^{(2)} + 2\mu_2(\varphi_{,xy}^{(2)} - \psi_{,xx}^{(2)})]_{,y} = 0 \tag{1-87f}$$

$$c_1[\lambda_1\nabla^2\varphi^{(1)+(0)} + 2\mu_1(\varphi_{,yy}^{(1)+(0)} - \psi_{,xy}^{(1)+(0)})]_{,y} = 0 \tag{1-87g}$$

$$c_2[\lambda_2\nabla^2\varphi^{(2)} + 2\mu_2(\varphi_{,yy}^{(2)} - \psi_{,xy}^{(2)})]_{,y} = 0 \tag{1-87h}$$

（3）广义内滚支界面

$$\varphi_{,xy}^{(1)+(0)} + \psi_{,yy}^{(1)+(0)} - \varphi_{,xy}^{(2)} - \psi_{,yy}^{(2)} = 0 \tag{1-88a}$$

$$\varphi_{,yy}^{(1)+(0)} - \psi_{,xy}^{(1)+(0)} - \varphi_{,yy}^{(2)} + \psi_{,xy}^{(2)} = 0 \tag{1-88b}$$

$$(1 - c_1\nabla^2)[\mu_1\nabla^2\psi^{(1)+(0)} + 2\mu_1(\varphi_{,yx}^{(1)+(0)} - \psi_{,xx}^{(1)+(0)})] -$$

$$c_1[\lambda_1\nabla^2\varphi^{(1)+(0)} + 2\mu_1(\varphi_{,xx}^{(1)+(0)} + \psi_{,xy}^{(1)+(0)})]_{,xy} -$$

$$\mu_1 m_{s1}(\varphi_{,xy}^{(1)+(0)} + \psi_{,yy}^{(1)+(0)}) = 0 \tag{1-88c}$$

$$(1 - c_2\nabla^2)[\mu_2\nabla^2\psi^{(2)} + 2\mu_2(\varphi_{,yx}^{(2)} - \psi_{,xx}^{(2)})] -$$

$$c_2[\lambda_2\nabla^2\varphi^{(2)} + 2\mu_2(\varphi_{,xx}^{(2)} + \psi_{,xy}^{(2)})]_{,xy} -$$

$$\mu_2 m_{s2}(\varphi_{,xy}^{(2)} + \psi_{,yy}^{(2)}) = 0 \tag{1-88d}$$

$$(1 - c_1\nabla^2)[\lambda_1\nabla^2\varphi^{(1)+(0)} + 2\mu_1(\varphi_{,yy}^{(1)+(0)} - \psi_{,xy}^{(1)+(0)})] -$$

$$c_1[\mu_1\nabla^2\psi^{(1)+(0)} + 2\mu_1(\varphi_{,yx}^{(1)+(0)} - \psi_{,xx}^{(1)+(0)})]_{,xy} -$$

$$\mu_1 m_{s1}(\varphi_{,yy}^{(1)+(0)} - \psi_{,xy}^{(1)+(0)}) = 0 \tag{1-88e}$$

$$(1 - c_2\nabla^2)[\lambda_2\nabla^2\varphi^{(2)} + 2\mu_2(\varphi_{,yy}^{(2)} - \psi_{,xy}^{(2)})] -$$

$$c_2[\mu_2\nabla^2\psi^{(2)} + 2\mu_2(\varphi_{,yx}^{(2)} - \psi_{,xx}^{(2)})]_{,xy} -$$

$$\mu_2 m_{s2}(\varphi_{,yy}^{(2)} - \psi_{,xy}^{(2)}) = 0 \tag{1-88f}$$

$$c_1[\mu_1 \nabla^2 \psi^{(1)+(0)} + 2\mu_1(\varphi_{,xy}^{(1)+(0)} - \psi_{,xx}^{(1)+(0)})]_{,y} -$$
$$c_2[\mu_2 \nabla^2 \psi^{(2)} + 2\mu_2(\varphi_{,xy}^{(2)} - \psi_{,xx}^{(2)})]_{,y} = 0 \tag{1-88g}$$

$$c_1[\lambda_1 \nabla^2 \varphi^{(1)+(0)} + 2\mu_1(\varphi_{,yy}^{(1)+(0)} - \psi_{,xy}^{(1)+(0)})]_{,y} -$$
$$c_2[\lambda_2 \nabla^2 \varphi^{(2)} + 2\mu_2(\varphi_{,yy}^{(2)} - \psi_{,xy}^{(2)})]_{,y} = 0 \tag{1-88h}$$

（4）广义内自由端界面

$$(1 - c_1 \nabla^2)[\mu_1 \nabla^2 \psi^{(1)+(0)} + 2\mu_1(\varphi_{,yx}^{(1)+(0)} - \psi_{,xx}^{(1)+(0)})] -$$
$$c_1[\lambda_1 \nabla^2 \varphi^{(1)+(0)} + 2\mu_1(\varphi_{,xx}^{(1)+(0)} + \psi_{,xy}^{(1)+(0)})]_{,xy} -$$
$$\mu_1 m_{s1}(\varphi_{,xy}^{(1)+(0)} + \psi_{,yy}^{(1)+(0)}) = 0 \tag{1-89a}$$

$$(1 - c_2 \nabla^2)[\mu_2 \nabla^2 \psi^{(2)} + 2\mu_2(\varphi_{,yx}^{(2)} - \psi_{,xx}^{(2)})] -$$
$$c_2[\lambda_2 \nabla^2 \varphi^{(2)} + 2\mu_2(\varphi_{,xx}^{(2)} + \psi_{,xy}^{(2)})]_{,xy} -$$
$$\mu_2 m_{s2}(\varphi_{,xy}^{(2)} + \psi_{,yy}^{(2)}) = 0 \tag{1-89b}$$

$$(1 - c_1 \nabla^2)[\lambda_1 \nabla^2 \varphi^{(1)+(0)} + 2\mu_1(\varphi_{,yy}^{(1)+(0)} - \psi_{,xy}^{(1)+(0)})] -$$
$$c_1[\mu_1 \nabla^2 \psi^{(1)+(0)} + 2\mu_1(\varphi_{,yx}^{(1)+(0)} - \psi_{,xx}^{(1)+(0)})]_{,xy} -$$
$$\mu_1 m_{s1}(\varphi_{,yy}^{(1)+(0)} - \psi_{,xy}^{(1)+(0)}) = 0 \tag{1-89c}$$

$$(1 - c_2 \nabla^2)[\lambda_2 \nabla^2 \varphi^{(2)} + 2\mu_2(\varphi_{,yy}^{(2)} - \psi_{,xy}^{(2)})] -$$
$$c_2[\mu_2 \nabla^2 \psi^{(2)} + 2\mu_2(\varphi_{,yx}^{(2)} - \psi_{,xx}^{(2)})]_{,xy} -$$
$$\mu_2 m_{s2}(\varphi_{,yy}^{(2)} - \psi_{,xy}^{(2)}) = 0 \tag{1-89d}$$

$$c_1[\mu_1 \nabla^2 \psi^{(1)+(0)} + 2\mu_1(\varphi_{,xy}^{(1)+(0)} - \psi_{,xx}^{(1)+(0)})]_{,y} = 0 \tag{1-89e}$$

$$c_2[\mu_2 \nabla^2 \psi^{(2)} + 2\mu_2(\varphi_{,xy}^{(2)} - \psi_{,xx}^{(2)})]_{,y} = 0 \tag{1-89f}$$

$$c_1[\lambda_1 \nabla^2 \varphi^{(1)+(0)} + 2\mu_1(\varphi_{,yy}^{(1)+(0)} - \psi_{,xy}^{(1)+(0)})]_{,y} = 0 \tag{1-89g}$$

$$c_2[\lambda_2 \nabla^2 \varphi^{(2)} + 2\mu_2(\varphi_{,yy}^{(2)} - \psi_{,xy}^{(2)})]_{,y} = 0 \tag{1-89h}$$

（5）广义内固定端界面

$$\varphi_{,x}^{(1)+(0)} + \psi_{,y}^{(1)+(0)} = 0 \tag{1-90a}$$

$$\varphi_{,x}^{(2)} + \psi_{,y}^{(2)} = 0 \tag{1-90b}$$

$$\varphi_{,y}^{(1)+(0)} - \psi_{,x}^{(1)+(0)} = 0 \tag{1-90c}$$

$$\varphi_{,y}^{(2)} - \psi_{,x}^{(2)} = 0 \tag{1-90d}$$

$$\varphi_{,xy}^{(1)+(0)} + \psi_{,yy}^{(1)+(0)} = 0 \tag{1-90e}$$

$$\varphi_{,xy}^{(2)} + \psi_{,yy}^{(2)} = 0 \tag{1-90f}$$

$$\varphi_{,yy}^{(1)+(0)} - \psi_{,xy}^{(1)+(0)} = 0 \tag{1-90g}$$

$$\varphi_{,yy}^{(2)} - \psi_{,xy}^{(2)} = 0 \tag{1-90h}$$

其中，$\varphi^{(1)+(0)} = \varphi^{(1)} + \varphi^{(0)}$ 和 $\psi^{(1)+(0)} = \psi^{(1)} + \psi^{(0)}$。

将入射波、反射波和透射波,即式(1-70)~式(1-72)代入五种界面条件式(1-86)~式(1-90)中,可以得到五个线性方程组,每个线性方程组都可以写成矩阵形式(式(1-74)),通过求解式(1-74)得到五种界面上的反射波和透射波的振幅。

1.3.2 能流比表示的反射系数和透射系数

应用式(1-78)计算各种波的平均能流密度。

入射波的平均能流密度:

$$\bar{q}_0^{\,p}(\boldsymbol{n}_0) = \frac{1}{2}\omega\sigma_{p1}^3(\lambda_1+2\mu_1)(1-m_{p1}+2c_1\sigma_{p1}^2)\mid A_0\mid^2 \tag{1-91a}$$

$$\bar{q}_0^{\,s}(\boldsymbol{n}_0) = \frac{1}{2}\omega\sigma_{s1}^3\mu_1(1-m_{s1}+2c_1\sigma_{s1}^2)\mid B_0\mid^2 \tag{1-91b}$$

反射体波的平均能流密度:

$$\bar{q}_1^{\,p1}(\boldsymbol{n}_{p1}) = \frac{1}{2}\omega\sigma_{p1}^3(\lambda_1+2\mu_1)(1-m_{p1}+2c_1\sigma_{p1}^2)\mid A_1\mid^2 \tag{1-91c}$$

$$\bar{q}_1^{\,s1}(\boldsymbol{n}_{s1}) = \frac{1}{2}\omega\sigma_{s1}^3\mu_1(1-m_{s1}+2c_1\sigma_{s1}^2)\mid B_1\mid^2 \tag{1-91d}$$

透射体波的平均能流密度:

$$\bar{q}_2^{\,p2}(\boldsymbol{n}_{p2}) = \frac{1}{2}\omega\sigma_{p2}^3(\lambda_2+2\mu_2)(1-m_{p2}+2c_2\sigma_{p2}^2)\mid A_2\mid^2 \tag{1-91e}$$

$$\bar{q}_2^{\,s2}(\boldsymbol{n}_{s2}) = \frac{1}{2}\omega\sigma_{s2}^3\mu_2(1-m_{s2}+2c_2\sigma_{s2}^2)\mid B_2\mid^2 \tag{1-91f}$$

对于 SP 型和 SS 型表面波,因为波振面上位移分布不均匀,能流密度在波振面上随着$|y|$值的增大而逐渐减小,所以,我们在表面附近取定的单位面积是 $l_z\times l_y=\gamma_p\times1/\gamma_p$ 或 $l_z\times l_y=\gamma_s\times1/\gamma_s$,那么,通过选定的单位面积上的平均能流密度是

$$\bar{q}_1^{\,sp1}(\boldsymbol{n}) = \frac{1}{2}M\omega\xi J_1^{\,sp1}\mid C_1\mid^2 \tag{1-92a}$$

$$\bar{q}_1^{\,ss1}(\boldsymbol{n}) = \frac{1}{2}M\omega\xi J_1^{\,ss1}\mid C_2\mid^2 \tag{1-92b}$$

$$\bar{q}_2^{\,sp2}(\boldsymbol{n}) = \frac{1}{2}M\omega\xi J_2^{\,sp2}\mid D_1\mid^2 \tag{1-92c}$$

$$\bar{q}_2^{\,ss2}(\boldsymbol{n}) = \frac{1}{2}M\omega\xi J_2^{\,ss2}\mid D_2\mid^2 \tag{1-92d}$$

其中,

$$J_1^{\,sp1} = \lambda_1\tau_{p1}^2-2\mu_1(\tau_{p1}^2+\xi^2)+\mu_1 m_{s1}(\tau_{p1}^2+2\xi^2)+$$
$$2c_1\tau_{p1}^2[\lambda_1\xi^2+2\mu_1(\tau_{p1}^2+2\xi^2)]$$
$$J_1^{\,ss1} = \mu_1[-(3\tau_{s1}^2+4\xi^2)+m_{s1}(\tau_{s1}^2+2\xi^2)+2c_1\tau_{s1}^2(2\tau_{s1}^2+3\xi^2)]$$
$$J_2^{\,sp2} = \lambda_2\tau_{p2}^2-2\mu_2(\tau_{p2}^2+\xi^2)+\mu_2 m_{s2}(\tau_{p2}^2+2\xi^2)+$$
$$2c_2\tau_{p2}^2[\lambda_2\xi^2+2\mu_2(\tau_{p2}^2+2\xi^2)]$$

$$J_2^{ss2} = \mu_2 \left[-(3\tau_{s2}^2 + 4\xi^2) + m_{s2}(\tau_{s2}^2 + 2\xi^2) + 2c_2\tau_{s2}^2(2\tau_{s2}^2 + 3\xi^2) \right]$$

$$M = \frac{1 - \exp(-2)}{2}$$

各种反射波的平均能流与入射波的平均能流的比值定义为反射系数,即,P 波入射时,反射系数分别为 $\bar{q}_1^{p1}/\bar{q}_0^{p}$、$\bar{q}_1^{s1}/\bar{q}_0^{p}$、$\bar{q}_1^{sp1}/\bar{q}_0^{p}$ 和 $\bar{q}_1^{ss1}/\bar{q}_0^{p}$,相似地,各种透射波的平均能流与入射波的平均能流的比值定义为透射系数,即,透射系数分别为 $\bar{q}_2^{p2}/\bar{q}_0^{p}$、$\bar{q}_2^{s2}/\bar{q}_0^{p}$、$\bar{q}_2^{sp2}/\bar{q}_0^{p}$ 和 $\bar{q}_2^{ss2}/\bar{q}_0^{p}$。SV 波入射时,将分母换成 $\bar{q}_0^{s}$。用能流比定义反射系数和透射系数的优势有两方面。一是由反射系数和透射系数可以看到比较清晰的力学意义,实际上,势能函数的振幅是不可测的力学量而能流是可测的力学量。二是能比较方便地对数值结果进行能量守恒验证。因为在界面上,入射波携带的能量要分配给反射和透射波,如果界面不吸收能量,那么入射波、反射波和透射波之间应该满足能量守恒。考虑到各种表面波的能流矢量的方向是沿着界面的,因此能量守恒要求

$$E = \frac{\bar{q}^{p1}\cos\theta_{p1} + \bar{q}^{s1}\cos\theta_{s1} + \bar{q}^{p2}\cos\theta_{p2} + \bar{q}^{s2}\cos\theta_{s2}}{\bar{q}_0 \cos\theta} = 1 \tag{1-93}$$

这表示,入射波流过单位面积上的能流应该等于反射和透射波流过相同面积上的能流,E 被称为能量守恒因子,式(1-93)可被用来验证数值计算结果。

1.3.3　数值算例和讨论

反射系数和透射系数依赖于两个微结构固体的材料常数($\nu_i, \mu_i, \rho_i, c_i, d_i$)和入射波的参数($A_0, \omega, \theta$),即

$$\boldsymbol{x} = \mathrm{f}(\nu_1, \mu_1, \rho_1, c_1, d_1, \nu_2, \mu_2, \rho_2, c_2, d_2, \omega, \theta) \tag{1-94}$$

选择(ρ_1, d_1, ω)作为基本物理量,那么,式(1-94)的无量纲形式是

$$\boldsymbol{x} = \mathrm{f}\left(\nu_1, \frac{\mu_1}{\rho_1 d_1^2 \omega^2}, 1, \frac{\sqrt{c_1}}{d_1}, 1, \frac{\nu_2}{\nu_1}, \frac{\mu_2}{\mu_1}, \frac{\rho_2}{\rho_1}, \frac{c_2}{c_1}, \frac{d_2}{d_1}, 1, \theta\right) \tag{1-95}$$

设 $\bar{\omega} = \dfrac{\omega d_1}{V_{s1}}, \alpha_1 = \dfrac{\sqrt{c_1}}{d_1}, \bar{d} = \dfrac{d_2}{d_1}, \bar{c} = \dfrac{c_2}{c_1}, \bar{\mu} = \dfrac{\mu_2}{\mu_1}, \nu = \dfrac{\nu_2}{\nu_1}$($\nu_1$ 和 ν_2 是泊松比),

$\bar{\rho} = \dfrac{\rho_2}{\rho_1}$,那么

$$\boldsymbol{x} = \mathrm{f}(\nu_1, \bar{\omega}, 1, \alpha_1, 1, \nu, \bar{\mu}, \bar{\rho}, \bar{c}, \bar{d}, 1, \theta) \tag{1-96}$$

式(1-96)意味着,当两个固体的无量纲参数给定时,反射系数和透射系数依赖于入射角角度和入射角频率。此处,我们主要研究界面条件对反射系数和透射系数的影响,在数值算例中,给出的无量纲参数是 $\alpha_1 = 0.05, \bar{d} = 0.8, \bar{c} = 0.8$,$\bar{\mu} = 1/3, \bar{\rho} = 1, \nu_1 = \nu_2 = 1/3$。

1) P 波入射情况

图 1-20 显示的是 P 波入射时以能流表示的体波的反射系数和透射系数。为

了便于比较,每一种波在五种界面上的曲线画在一个图中,从图中可以观察到,入射 P 波比较容易地通过界面 Ⅰ 和界面 Ⅱ,然而,入射 P 波不能通过界面 Ⅳ 和界面 Ⅴ,换言之,界面 Ⅳ 和界面 Ⅴ 能完全屏蔽入射波,这不难理解,因为界面 Ⅳ 表示两个固体是分离状态,界面 Ⅴ 表示边界固定。然而 SV 波在界面 Ⅴ 上的反射系数比在界面 Ⅳ 上的反射系数大,这说明在界面 Ⅴ 上比在界面 Ⅳ 上发生波型转换更为容易,我们知道,在应变梯度固体中不仅存在单极力而且存在偶极力,因此入射波携带的能量通过界面不仅有单极力的作用而且还有偶极力的作用,换言之,存在两个通道可以使得入射波的能量通过界面。对界面 Ⅱ 而言,单极力是零,所以,对于界面 Ⅰ 有两个能量传递的通道,而界面 Ⅱ 仅有一个通道传递能量,就是这个原因使得界面 Ⅰ 和界面 Ⅱ 之间产生了差异。也可以观察到,对界面 Ⅰ 和界面 Ⅱ 而言,P 波的透射系数几乎相同,但是 SV 波的透射系数存在明显的差异,这说明,第一能量传送通道(由单极力的作用产生的能量通道)主要传送 P 波的能量,而第二能量传送通道

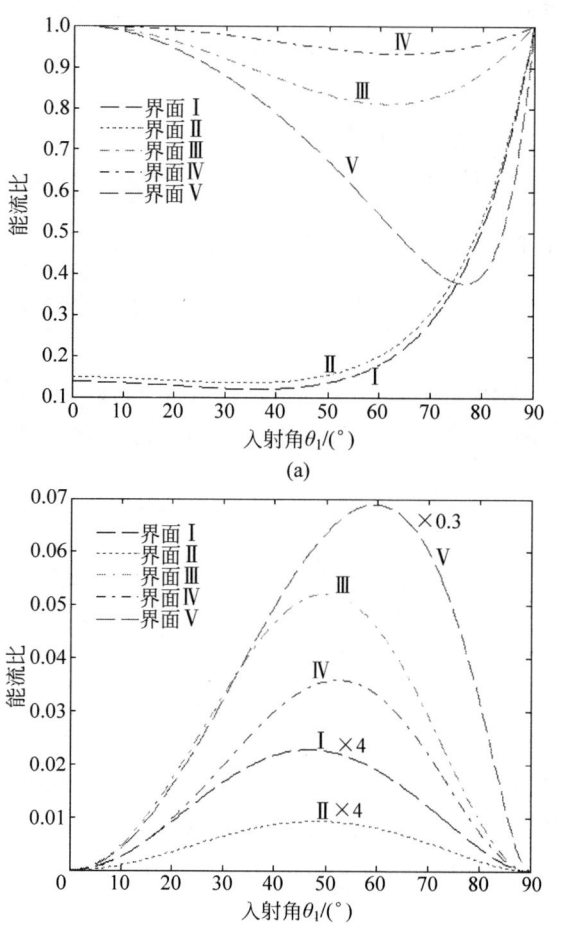

图 1-20　P 波入射时以能流表示的体波的反射系数和透射系数
(a) 反射 P 波；(b) 反射 SV 波；(c) 透射 P 波；(d) 透射 SV 波
$\bar{\omega} = 1.8974$

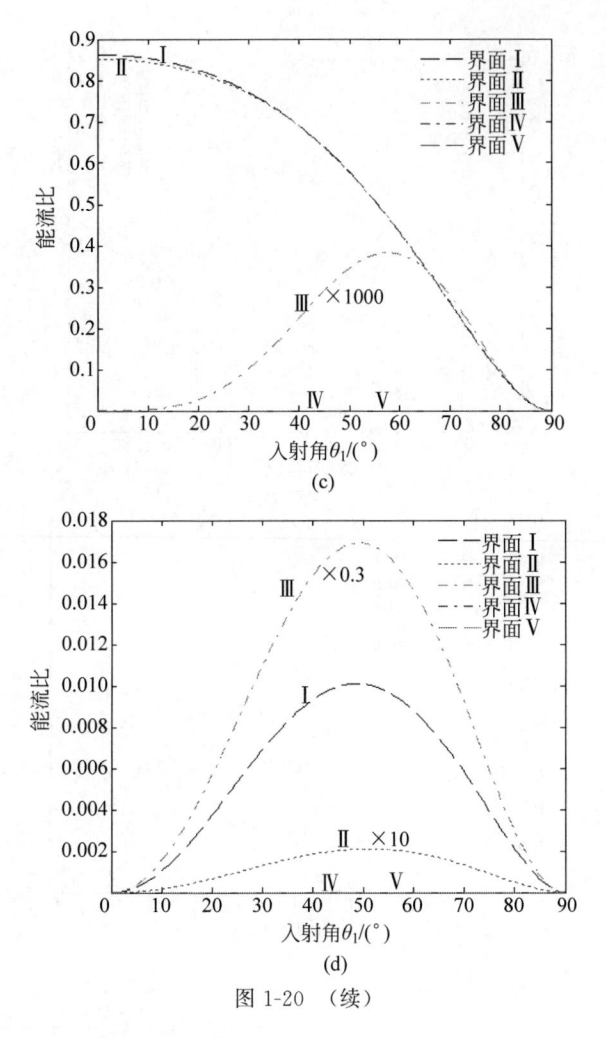

图 1-20 　（续）

（由偶极力的作用产生的能量通道）主要传送 SV 波的能量。通过仔细观察，还会注意到 SV 波的透射系数比 P 波的小两个数量级，因此，入射波的能量大部分都是通过第一能量传送通道，只有小部分通过第二能量通道。界面Ⅱ是第一能量传送通道开通而第二能量传送通道关闭；不同于界面Ⅱ，界面Ⅲ是第一能量传送通道关闭而第二能量传送通道开通，这就可以解释为什么在界面Ⅲ处 P 波的透射系数比在界面Ⅰ和界面Ⅱ处的小很多。

　　图 1-21 显示的是 P 型和 S 型以能流表示的表面波的反射系数和透射系数，从图中可以观察到，在界面Ⅳ和界面Ⅴ的条件下，P 型和 S 型表面波的透射系数都是零，这是由于界面Ⅳ和界面Ⅴ的屏蔽效果。对于界面Ⅰ，两个能量传送通道都是开通的，因此，P 型表面波和 S 型表面波很容易通过界面透射过去；对于界面Ⅱ，第一能量传送通道是开通的，而第二能量传送通道是关闭的，观察到 S 型表面波的透射系数比 P 型表面波的大，这说明第一能量传送通道主要传送 S 型表面波的能量；对于界面Ⅲ，第一能量传送通道是闭合的，而第二能量传送通道是开通的，可以观

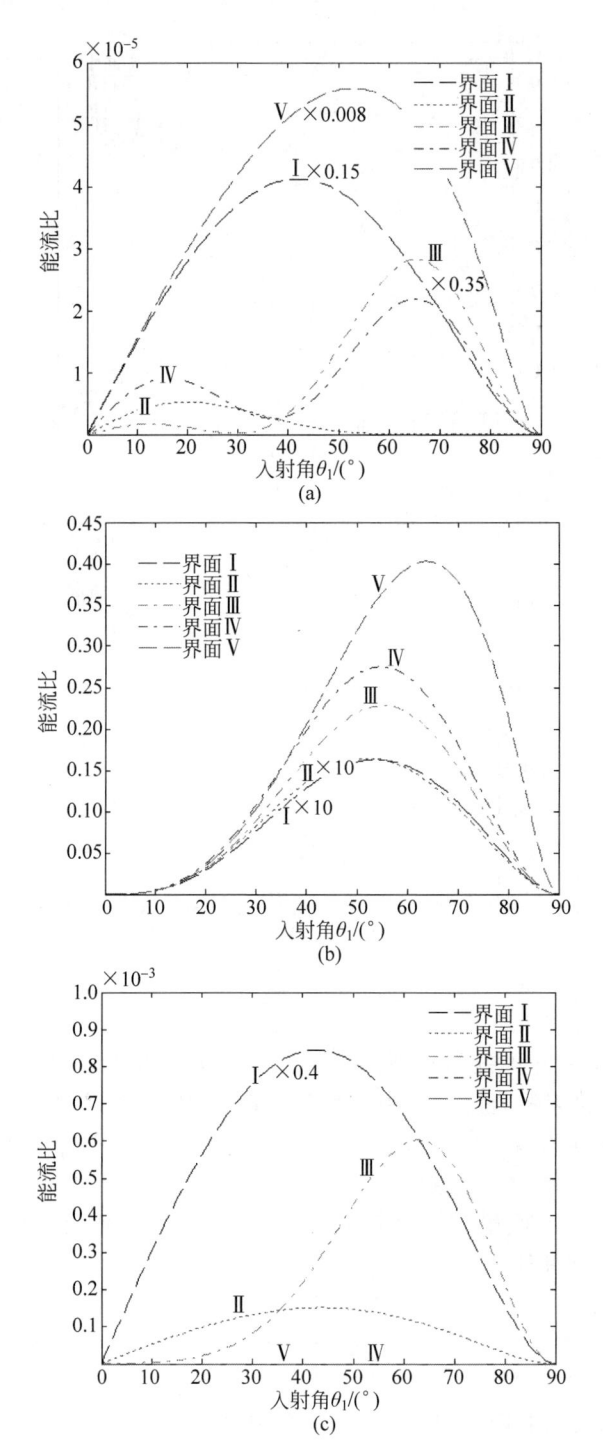

图 1-21　P 波入射时以能流表示的表面波的反射系数和透射系数

（a）反射 SP 波；（b）反射 SS 波；（c）透射 SP 波；（d）透射 SS 波

$$\bar{\omega} = 1.8974$$

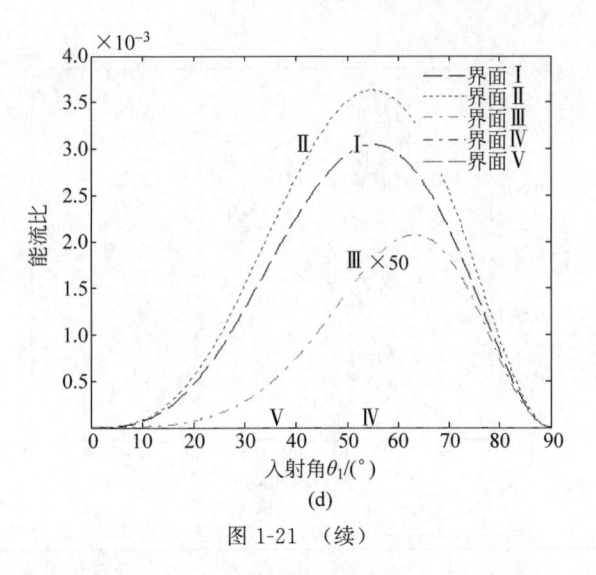

图 1-21 （续）

察到 P 型表面波的透射系数比 S 型表面波的透射系数大,这说明第二能量传送通道主要传送 P 型表面波的能量。

　　我们知道,应变梯度固体中的体波和表面波都是色散波,因此,各种体波和表面波的反射系数和透射系数都依赖于入射波的角频率。为了研究入射角频率的影响,我们用无量纲化的角频率 $\bar{\omega} = 2.1909$ 代替 $\bar{\omega} = 1.8974$。图 1-22 和图 1-23 分别为在 $\bar{\omega} = 2.1909$ 情况下体波和表面波的反射系数和透射系数。将图 1-22 和图 1-20 相对照,图 1-23 和图 1-21 相对照,可以观察到,反射系数和透射系数在 $\bar{\omega} = 1.8974$ 和 $\bar{\omega} = 2.1909$ 的情况下基本上相同,但是随着入射频率的增大,体波和表面波的透射系数减小,同时,SV 波和 S 型表面波的反射系数减小,这表示当入射频率增大时,入射波的能量主要集中在反射 P 波和反射 P 型表面波上。

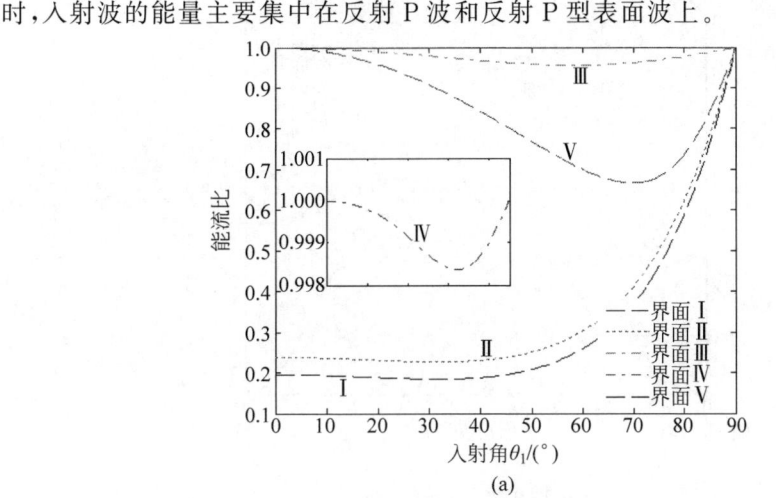

图 1-22　P 波入射时以能流表示的体波的反射系数和透射系数
(a) 反射 P 波；(b) 反射 SV 波；(c) 透射 P 波；(d) 透射 SV 波
$\bar{\omega} = 2.1909$

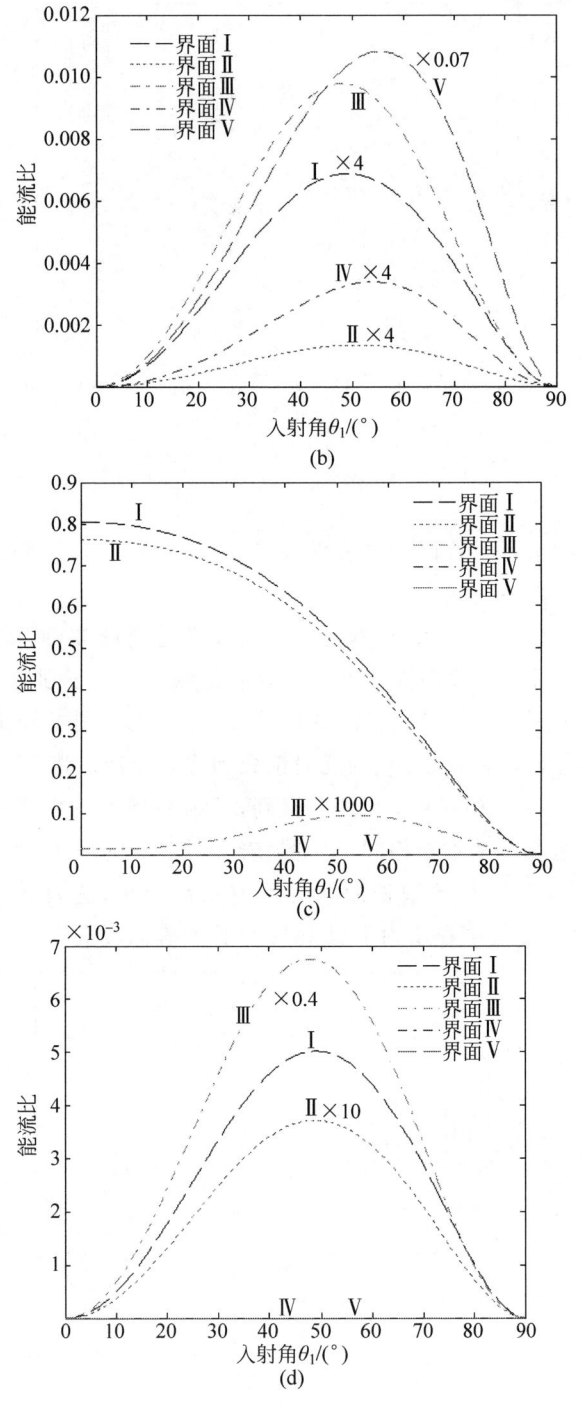

图 1-22 （续）

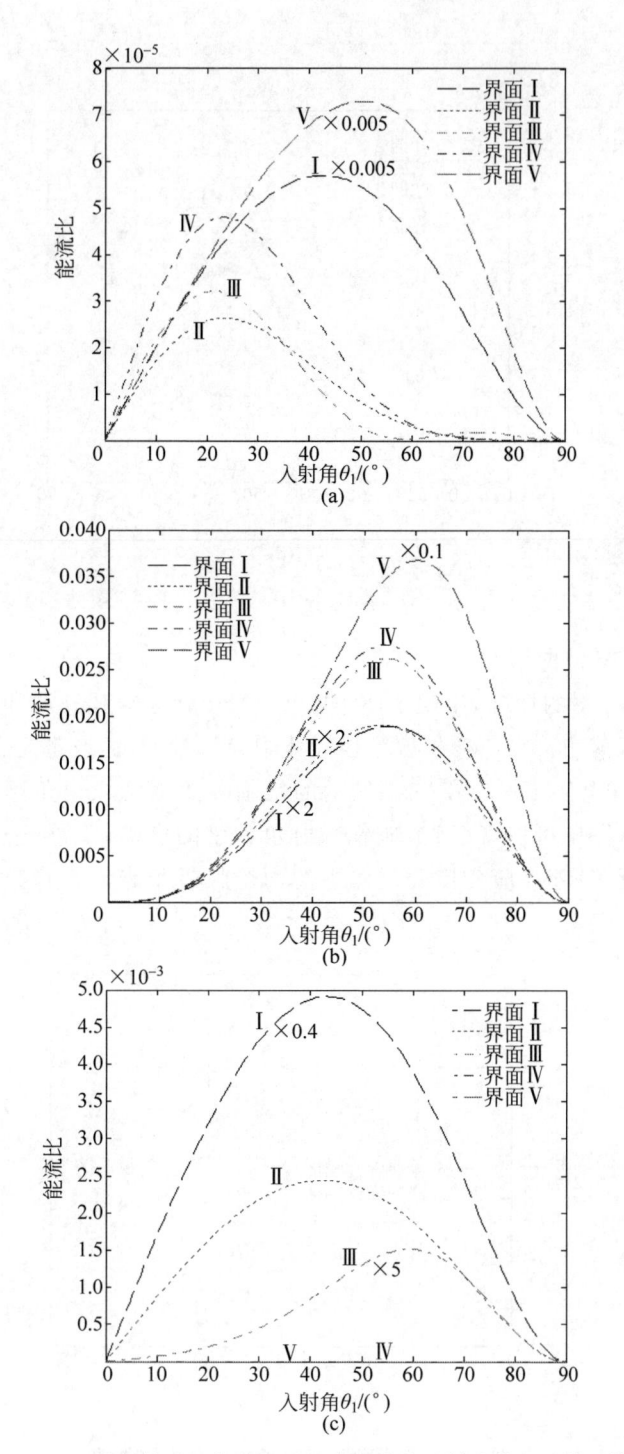

图 1-23 P 波入射时以能流表示的表面波的反射系数和透射系数

（a）反射 SP 波；（b）反射 SS 波；（c）透射 SP 波；（d）透射 SS 波

$$\bar{\omega} = 2.1909$$

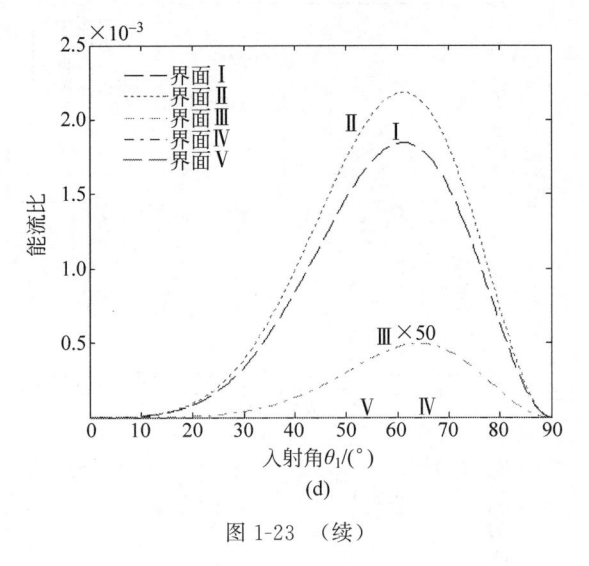

图 1-23　（续）

2）入射 SV 波的情况

在 SV 波入射的情况，出现了两个临界角，分别是反射 P 波和透射 P 波成为表面波时的入射角。在应变梯度弹性固体中，因为所有的波都是色散波，所以临界角依赖于入射角频率。图 1-24 显示的是临界角随着入射角频率的变化而变化的曲线。从图中可以观察到，随着入射角频率的增加，临界角逐渐减小，当入射角频率趋近于零时，应变梯度固体中的两个临界角趋近于经典弹性固体中的临界角。

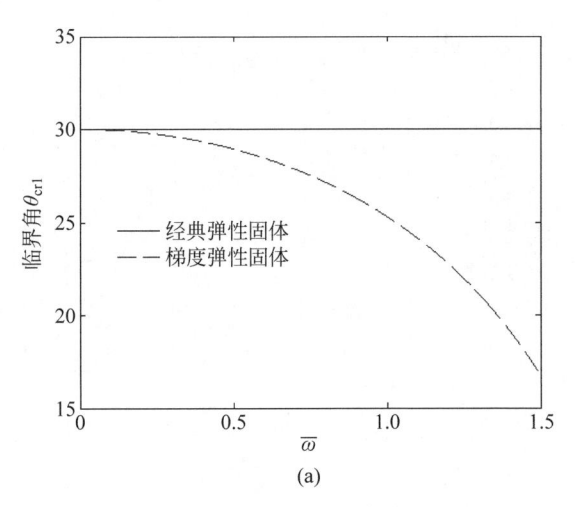

图 1-24　临界角随入射角频率变化的曲线

（a）反射 P 波成为表面波时的临界角 θ_{cr1}；（b）透射 P 波成为表面波时的临界角 θ_{cr2}

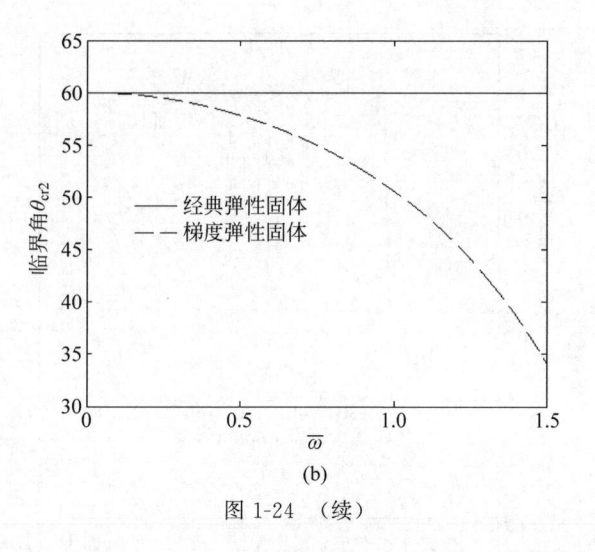

(b)

图 1-24 （续）

图 1-25 显示的是在 SV 波入射时，五种界面条件下的体波的反射系数和透射系数，在入射角频率 $\bar{\omega}=1.2247$ 时两个临界角的度数大概是 $\theta_{cr1}=22.3656°$ 和 $\theta_{cr2}=44.93°$。从图中可以看到，反射系数和透射系数在临界角处的变化比较显著，因此在两个临界角处反射曲线和透射曲线出现了两个转折点，这种现象在 P 波入射时是不存在的。与 P 波入射时一样，入射能量通过两个通道被传递，一个通道与单极力相联系，而另外一个通道与偶极力相联系，但是这两个能量传送通道的函数与 P 波入射的情况是不同的，与界面 I 相对照，P 波和 SV 波的透射系数在界面 III 上明显地减小，这就说明第一能量传送通道不仅传送 P 波而且也传送 SV 波，界面 I 和界面 II 在 SV 波入射时比 P 波入射时的变化显著，这表示第二能量传送通道在 SV 波入射时发挥着更重要的作用。

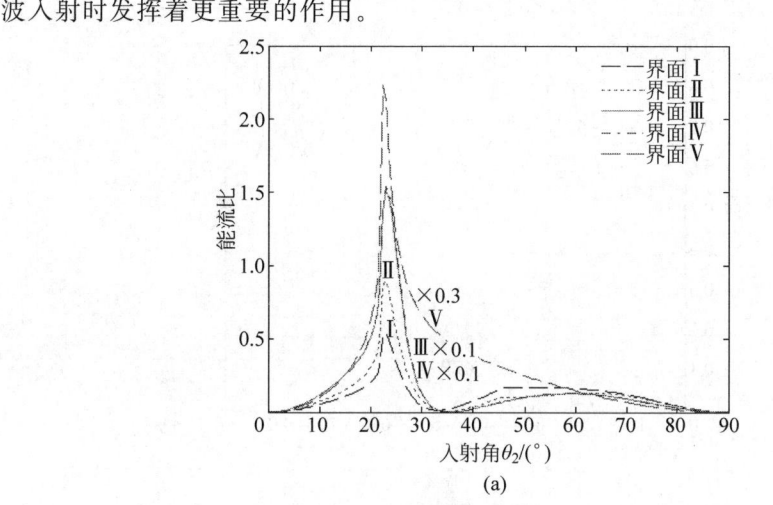

(a)

图 1-25　SV 波入射时以能流表示的体波的反射系数和透射系数
(a) 反射 P 波；(b) 反射 SV 波；(c) 透射 P 波；(d) 透射 SV 波
$\bar{\omega}=1.2247$

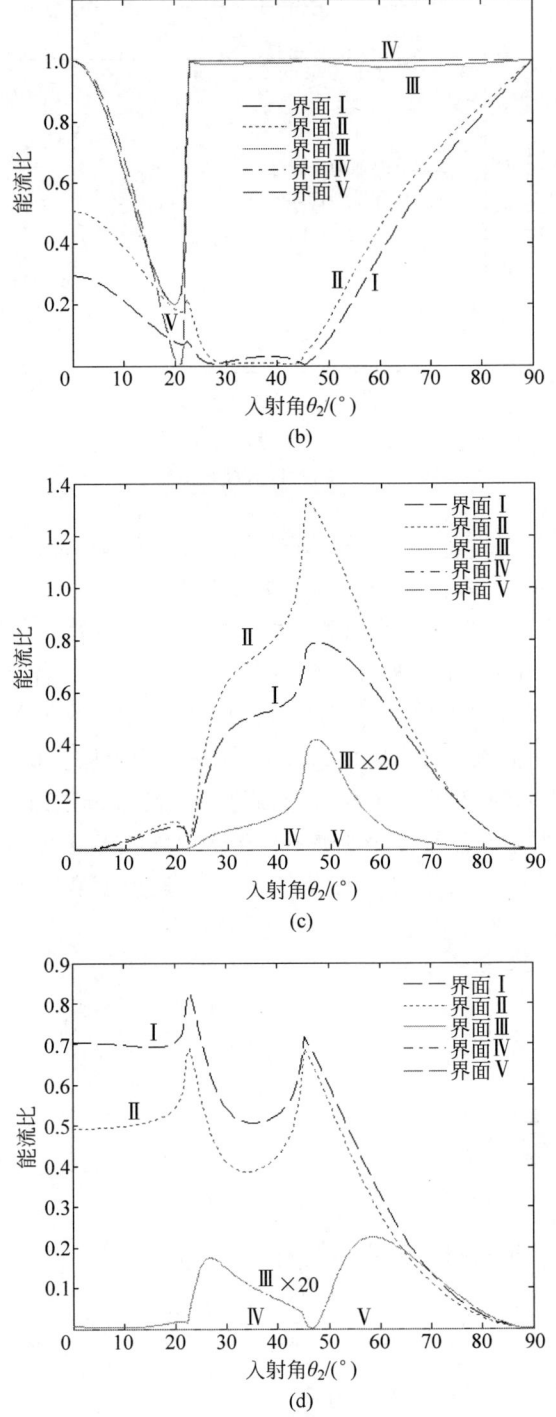

图 1-25 （续）

图 1-26 显示的是在 SV 波入射时,五种界面条件下表面波的反射系数和透射系数。从图中可以观察到,当界面Ⅰ和界面Ⅲ(由于单极力的值是零,所以第一能量传送通道是关闭的)相对照时,P 型和 S 型表面波的透射系数有显著变化,然而,当界面Ⅰ和界面Ⅱ(由于偶极力的值是零,所以第二能量传送通道是关闭的)相对照时,仅 P 型表面波的透射系数有显著变化,这说明第一能量传送通道不仅传送 P 型表面波而且传送 S 型表面波,而第二能量传送通道主要传送 P 型表面波的能量。

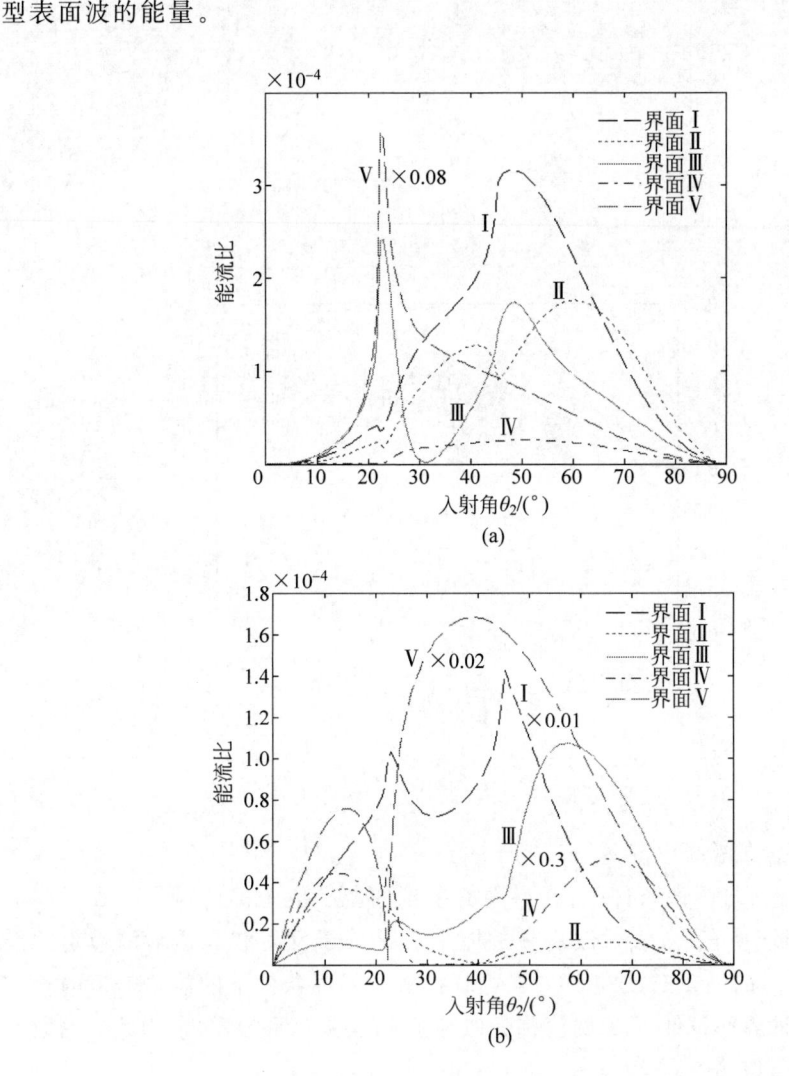

图 1-26 SV 波入射时以能流表示的表面波的反射系数和透射系数

(a) 反射 SP 波;(b) 反射 SS 波;(c) 透射 SP 波;(d) 透射 SS 波

$$\bar{\omega} = 1.2247$$

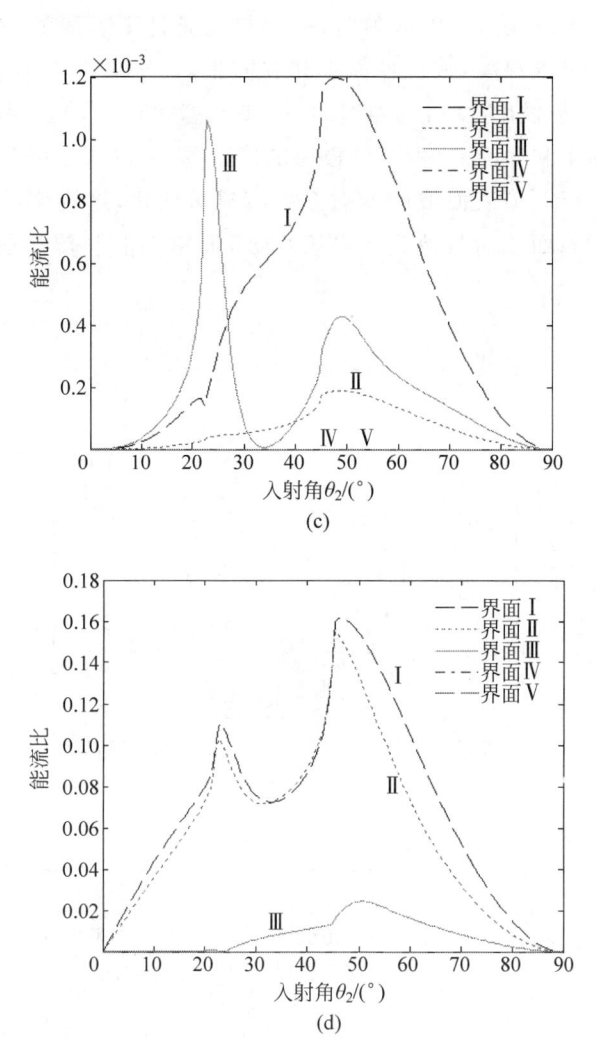

图 1-26 （续）

3）能量守恒的验证

我们验证：五种界面条件下，在界面的单位面积上流入的能量等于在相同面积上流出的能量，换言之，入射波携带的能量应该等于反射波和透射波带走的能量。图 1-27 显示的是在 P 波和 SV 波入射时，五种界面条件下的能量守恒因子 E 的值，显然，五种界面条件下 E 的值都近似等于 1，误差几乎为零，说明此处的数值计算结果是可以信赖的。

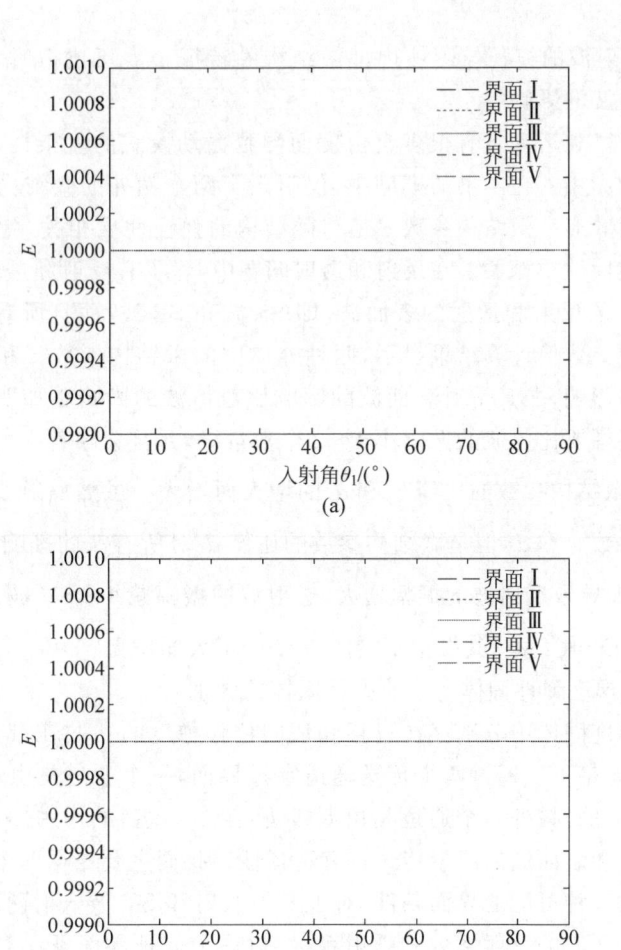

图 1-27 能量守恒

（a）P 波入射（入射角频率 $\overline{\omega} = 1.8974$）；（b）SV 波入射（入射角频率 $\overline{\omega} = 1.2247$）

1.4 本章小结

本章主要基于明德林的线弹性理论推导了应变梯度弹性理论的一种简化形式。首先,假设微观物质和宏观物质没有相对变形,而且微观物质密度和宏观物质密度相同;然后,在均匀和各项同性介质中给出了应变能密度函数和动能密度函数,应用哈密顿变分原理得出控制方程和边界条件,计算出面内波和出平面波的位移表达式,讨论了弹性波的色散关系;最后,应用推导的应变梯度定理主要研究了微结构参数和界面条件对反射系数和透射系数的影响,从中得出以下的结论。

（1）当入射波的波长与固体内部微结构的特征长度可比拟时，必须考虑微结构效应对各种波的影响

通常因为微观运动具有很多自由度而导致振动模式的复杂性，从而限制了该理论的研究和应用。在本书的模型中，仅引入了两个额外的微结构参数 c 和 d 用来描述微结构效应。微结构参数 c 是与微结构的弹性性质相关，微结构参数 d 是与微结构的惯性性质相关。在反射和透射问题中，除了有反射和透射的体波，又产生了两个额外的反射和透射的表面波，即 SS 波和 SP 波，而且所有的体波和表面波都是色散波。数值计算结果显示，两种介质中的微结构参数 c 和 d 对反射和透射波有显著的影响，尤其是对表面波的影响比对体波的影响更加明显。反射和透射的表面波振幅要比体波的振幅小 1～2 个数量级，并且会随着入射波波长的增大而减小，随着微结构参数的比值 $\bar{c}$ 和 $\bar{d}$ 的增大而增大。虽然反射波和透射波都依赖于微结构参数 c 和 d，但是微结构参数的比值 $\bar{d}$ 对所有波的影响更显著，P 波入射时，$\bar{d}$ 的增大导致反射波的振幅增大，透射波的振幅减小；SV 波入射时，无论是反射 P 波还是透射 P 波，其振幅都会随着 $\bar{d}$ 的增大而增大。

（2）应变梯度弹性固体与经典弹性固体的区别

在应变梯度固体中分别存在位移和法向位移梯度的功共轭量，即单极力和偶极力。因此，能量可以通过两个传送通道穿过界面，一个通道是由单极力（第一通道）的作用形成的，另外一个通道是由偶极力（第二通道）的作用形成的，但是这两个通道对体波和表面波的能量传送具有选择性。我们主要根据两个通道的开通和闭合状态分成五种可能的界面条件，对于 P 波入射和 SV 波入射两种情况，分别计算了体波和表面波的反射系数和透射系数，讨论了五种界面条件对反射系数和透射系数的影响，并且解释了双能量通道的概念，基于这些数值计算结果，可以得出：

① 对于广义内固支界面，第一能量和第二能量传送通道都是开通的，因此，入射能量能很容易地被传送到透射介质中，然而，入射能量大部分是由第一通道传送的，仅少部分是由第二通道传送的；

② 对于广义内铰支界面，当 P 波和 SV 波入射时，第一通道开通而第二通道关闭，第二通道主要传送 SV 波和 P 型表面波，因此，当 P 波和 SV 波入射时，SV 波和 SP 波的透射系数明显减小；

③ 对于广义内滚支界面，第一能量传送通道关闭而第二能量传送通道开通，在 P 波入射时，第一能量传送通道主要传送 P 波和表面波，因此，第一通道关闭导致 P 波和表面波的透射系数明显减小；SV 波入射时，第一通道不仅传送表面波而且传送体波，因此，体波和表面波的透射系数明显减小；

④ 对于广义的内自由端和内固定端界面，第一通道和第二通道都是关闭的，因此，这两种界面上没有能量透射过去，无论是体波还是表面波，都不存在透射波，入射波的能量完全转化为反射波，然而，波型转换在广义内固定端界面上比广义内

自由端界面更加明显；

⑤ 不同于经典弹性固体，在应变梯度固体中，体波和表面波都是色散波，因此，所有的反射系数和透射系数都依赖于频率。当 P 波入射时，随着入射频率的增大，入射能量逐渐凝聚到反射 P 波和反射 P 型表面波中；

⑥ 不同于经典弹性固体，由于各种波都是色散波，所以临界角也依赖于频率，应变梯度固体中的临界角比经典弹性固体中的临界角小，当频率趋近于零时，应变梯度固体中的临界角趋近于经典弹性固体中的临界角。

第2章

弹性波在三明治结构中的反射和透射

本章主要研究两个经典弹性半空间和两个应变梯度弹性半空间夹应变梯度弹性固体的三明治结构中波的反射和透射问题。基于应变梯度弹性理论,计算反射系数和透射系数,讨论微结构参数及夹层板厚度对反射系数和透射系数的影响,最后,用能量守恒验证数值计算结果。

2.1　界面条件和量纲分析

考虑入射 P 波或 SV 波从介质 1 倾斜入射到厚度为 h 的夹层板中,如图 2-1 所示,夹层板上下两个半空间分别是介质 1 和介质 3,中间层是介质 2。3 个介质中的材料常数分别是 $(\nu_i, \mu_i, \rho_i, c_i, d_i, b_i)(i=1,2,3)$。根据式(1-64)势函数的表达式,入射波、反射波和透射波分别表示为如下的形式(为了简洁,省略掉时间因子 $\exp(-\mathrm{i}\omega t)$)。

入射 P 波和 SV 波:

$$\varphi_1 = A_0 \exp[\mathrm{i}\sigma_{p1}(\sin\theta_1 x + \cos\theta_1 y)] \tag{2-1a}$$

$$\psi_1 = B_0 \exp[\mathrm{i}\sigma_{s1}(\sin\theta_2 x + \cos\theta_2 y)] \tag{2-1b}$$

反射 P 波、SV 波和两个表面波:

$$\varphi_1 = A_1 \exp[\mathrm{i}\sigma_{p1}(\sin\theta_1 x - \cos\theta_1 y)] + C_1 \exp(\mathrm{i}\sigma_{p1}\sin\theta_1 x + \gamma_{p1} y) \tag{2-2a}$$

$$\psi_1 = B_1 \exp[\mathrm{i}\sigma_{s1}(\sin\theta_2 x - \cos\theta_2 y)] + D_1 \exp(\mathrm{i}\sigma_{s1}\sin\theta_2 x + \gamma_{s1} y) \tag{2-2b}$$

透射 P 波、SV 波和两个表面波:

$$\varphi_3 = A_3 \exp[\mathrm{i}\sigma_{p3}(\sin\theta_3 x + \cos\theta_3 y)] + C_3 \exp(\mathrm{i}\sigma_{p3}\sin\theta_3 x - \gamma_{p3} y) \tag{2-3a}$$

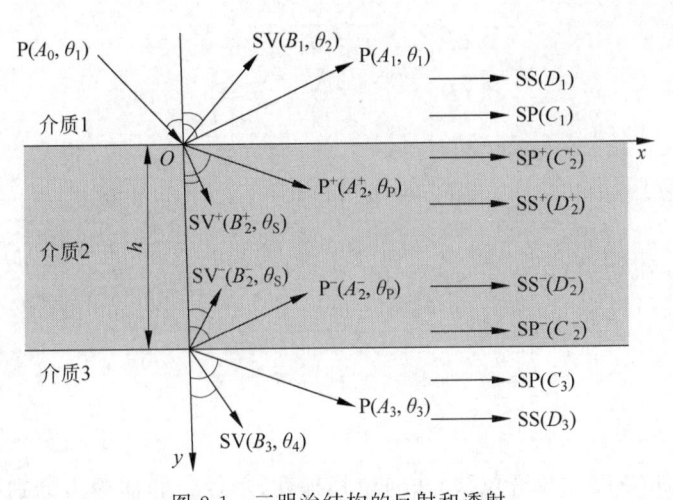

图 2-1　三明治结构的反射和透射

$$\psi_3 = B_3 \exp[i\sigma_{s3}(\sin\theta_4 x + \cos\theta_4 y)] + D_3 \exp(i\sigma_{s3}\sin\theta_4 x - \gamma_{s3} y) \qquad (2\text{-}3\text{b})$$

在介质2中,有两组波,一组是在介质1和介质2的界面上的透射波,另外一组是在介质2和介质3的界面上的反射波,这些波被表示成

$$\varphi_2 = A_2^+ \exp[i\sigma_{p2}(\sin\theta_p x + \cos\theta_p y)] + C_2^+ \exp(i\sigma_{p2}\sin\theta_p x - \gamma_{p2} y) +$$

$$A_2^- \exp[i\sigma_{p2}(\sin\theta_p x - \cos\theta_p y)] + C_2^- \exp(i\sigma_{p2}\sin\theta_p x + \gamma_{p2} y) \qquad (2\text{-}4\text{a})$$

$$\psi_2 = B_2^+ \exp[i\sigma_{s2}(\sin\theta_s x + \cos\theta_s y)] + D_2^+ \exp(i\sigma_{s2}\sin\theta_s x - \gamma_{s2} y) +$$

$$B_2^- \exp[i\sigma_{s2}(\sin\theta_s x - \cos\theta_s y)] + D_2^- \exp(i\sigma_{s2}\sin\theta_s x + \gamma_{s2} y) \qquad (2\text{-}4\text{b})$$

其中,A_i^j 和 B_i^j 表示体波的振幅;C_i^j 和 D_i^j 表示表面波的振幅。这里,下角标 $i=0$ 表示入射波,$i=1,2,3$ 分别表示介质1、介质2和介质3;上角标 j 为"+"表示前行的波,即从界面1(介质1和介质2之间的界面)向界面2(介质2和介质3之间的界面)传播的波,j 为"−"表示反向传播的波,即从界面2向界面1传播的波。在介质2中也存在两组表面波,两组都沿着 x 轴正向传播,一组在界面1的下表面附近传播,另外一组在界面2的上表面传播。为了区分这两组表面波,我们仍然用符号(+)和(−)表示,因此,符号(+)和(−)分别表示与前行的波和反向传播的波相关的表面波。两组连续的界面条件可以确定所有波的振幅,这些界面条件不同于经典弹性固体中的界面条件,可以表示为

$$(u_i^{(1)} - u_i^{(2)})\,|_{y=0} = 0 \qquad (2\text{-}5\text{a})$$

$$(n_y u_{i,y}^{(1)} - n_y u_{i,y}^{(2)})_{y=0} = 0, \quad i = x, y \qquad (2\text{-}5\text{b})$$

$$(P_i^{(1)} - P_i^{(2)})\,|_{y=0} = 0 \qquad (2\text{-}5\text{c})$$

$$(R_i^{(1)} - R_i^{(2)})\,|_{y=0} = 0 \qquad (2\text{-}5\text{d})$$

$$(u_i^{(2)} - u_i^{(3)})\,|_{y=h} = 0 \qquad (2\text{-}5\text{e})$$

$$(n_y u_{i,y}^{(2)} - n_y u_{i,y}^{(3)})\,|_{y=h} = 0 \qquad (2\text{-}5\text{f})$$

$$(P_i^{(2)} - P_i^{(3)})\,|_{y=h} = 0 \tag{2-5g}$$

$$(R_i^{(2)} - R_i^{(3)})\,|_{y=h} = 0 \tag{2-5h}$$

其中，

$$P_x = 2\mu(1 - c\nabla^2)\varepsilon_{yx} - \left(c\frac{\partial}{\partial y} + b_y\right)\left[(\lambda + 2\mu)\varepsilon_{xx,x} + \lambda\varepsilon_{yy,x}\right] + \frac{\rho d^2}{3}\ddot{u}_{x,y}$$

$$P_y = (1 - c\nabla^2)\left[(\lambda + 2\mu)\varepsilon_{yy} + \lambda\varepsilon_{xx}\right] - 2\mu\left(c\frac{\partial}{\partial y} + b_y\right)\varepsilon_{xy,x} + \frac{\rho d^2}{3}\ddot{u}_{y,y}$$

$$R_x = 2\mu\left(c\frac{\partial}{\partial y} + b_y\right)\varepsilon_{yx}$$

$$R_y = \left(c\frac{\partial}{\partial y} + b_y\right)\left[(\lambda + 2\mu)\varepsilon_{yy} + \lambda\varepsilon_{xx}\right]$$

界面条件(2-5)意味着位移、法向位移梯度、单极力和偶极力分别在两个界面处都是连续的,界面条件要求入射波、反射波和透射波的视波数都是相同的,从而得到入射角、反射角和透射角的关系如下:

$$\sigma_{p1}\sin\theta_1 = \sigma_{s1}\sin\theta_2 = \sigma_{p3}\sin\theta_3 = \sigma_{s3}\sin\theta_4 = \sigma_{p2}\sin\theta_p = \sigma_{s2}\sin\theta_s$$

当介质 1 和介质 3 都是经典弹性固体时,界面条件退化为

$$(u_i^{(1)} - u_i^{(2)})\,|_{y=0} = 0 \tag{2-6a}$$

$$(P_i^{(2)} - \tau_{ij}^{(1)}n_j)\,|_{y=0} = 0 \tag{2-6b}$$

$$(R_i^{(2)})\,|_{y=0} = 0, \quad i = x, y \tag{2-6c}$$

$$(u_i^{(2)} - u_i^{(3)})\,|_{y=h} = 0 \tag{2-6d}$$

$$(P_i^{(2)} - \tau_{ij}^{(3)}n_j)\,|_{y=h} = 0 \tag{2-6e}$$

$$(R_i^{(2)})\,|_{y=h} = 0 \tag{2-6f}$$

需要指出的是,在式(2-6)中用法向位移梯度等于零代替偶极力等于零,是对界面条件的一种可能的选取,因为法向位移梯度和偶极力都是与微结构效应相关联的,所以这两组界面条件反映出两类不同的微结构效应的界面条件。实际上,式(2-5)和式(2-6)也可以写成矩阵方程,与式(1-74)的形式相同,只是其中的未知量矩阵变成

$$\boldsymbol{x} = (A_1, C_1, B_1, D_1, A_2^+, C_2^+, A_2^-, C_2^-, B_2^+, D_2^+, B_2^-, D_2^-, A_3, C_3, B_3, D_3)/A_0$$

对于 SH 波入射的情况,

$$\begin{aligned}
u^{(1)} = & H_0\exp[\mathrm{i}\sigma_{sh1}(\sin\theta_1 x + \cos\theta_1 y)] + \\
& H_1\exp[\mathrm{i}\sigma_{sh1}(\sin\theta_1 x - \cos\theta_1 y)] + \\
& F_1\exp(\gamma_{sh1}y + \mathrm{i}\sigma_{sh1}\sin\theta_1 x)
\end{aligned} \tag{2-7a}$$

$$\begin{aligned}
u^{(2)} = & H_2^+\exp[\mathrm{i}\sigma_{sh2}(\sin\theta_s x + \cos\theta_s y)] + \\
& F_2^+\exp(-\gamma_{sh2}y + \mathrm{i}\sigma_{sh2}\sin\theta_s x) + \\
& H_2^-\exp[\mathrm{i}\sigma_{sh2}(\sin\theta_s x - \cos\theta_s y)] + \\
& F_2^+\exp(\gamma_{sh2}y + \mathrm{i}\sigma_{sh2}\sin\theta_s x)
\end{aligned} \tag{2-7b}$$

$$u^{(3)} = H_3 \exp[i\sigma_{sh3}(\sin\theta_2 x + \cos\theta_2 y)] +$$
$$F_3 \exp(-\gamma_{sh3} y + i\sigma_{sh3}\sin\theta_2 x) \tag{2-7c}$$

其中，H_0，H_1，H_2 和 H_3 表示体波的振幅；F_1，F_2 和 F_3 表示表面波的振幅（为了方便，我们称之为 SSH 波）。界面条件可以表示为

$$(u_z^{(1)} - u_z^{(2)})\mid_{y=0} = 0 \tag{2-8a}$$

$$(n_y u_{z,y}^{(1)} - n_y u_{z,y}^{(2)})_{y=0} = 0 \tag{2-8b}$$

$$(P_z^{(1)} - P_z^{(2)})\mid_{y=0} = 0 \tag{2-8c}$$

$$(R_z^{(1)} - R_z^{(2)})\mid_{y=0} = 0 \tag{2-8d}$$

$$(u_z^{(2)} - u_z^{(3)})\mid_{y=h} = 0 \tag{2-8e}$$

$$(n_y u_{z,y}^{(2)} - n_y u_{z,y}^{(3)})\mid_{y=h} = 0 \tag{2-8f}$$

$$(P_z^{(2)} - P_z^{(3)})\mid_{y=h} = 0 \tag{2-8g}$$

$$(R_z^{(2)} - R_z^{(3)})\mid_{y=h} = 0 \tag{2-8h}$$

其中，

$$P_z = 2\mu[\varepsilon_{yz} - c(\nabla^2\varepsilon_{yz} + \varepsilon_{xz,xy}) - b_y\varepsilon_{xz,x}] + \frac{\rho d^2}{3}\ddot{u}_{z,y}$$

$$R_z = 2\mu\left(c\frac{\partial}{\partial y} + b_y\right)\varepsilon_{yz}$$

这些界面条件也可以写成式(1-74)矩阵方程的形式。

注意到，当 P 波入射时式(1-74)中的系数矩阵是 16×16，而 SH 波入射时系数矩阵减少到 8×8；当介质 1 和介质 3 是经典弹性半空间时，P 波入射时的系数矩阵是 12×12，SH 波入射时系数矩阵是 6×6，通过求解矩阵方程可以得到各种波的振幅比。

显然，各种波的振幅比依赖于三种介质的材料常数（ν_i，μ_i，ρ_i，c_i，d_i，b_i）和入射波的基本参数（A_0，λ，ω，θ）。为了将问题简化，本书假设介质 1 和介质 3 是相同的材料，因此反射系数和透射系数依赖于两种材料常数和入射波参数，即

$$(A_i, B_i, C_i, D_i) = f(\nu_1, \mu_1, \rho_1, c_1, d_1, \nu_2, \mu_2, \rho_2, c_2, d_2, A_0, \lambda, \omega, \theta, h) \tag{2-9}$$

选择（ρ_2，d_2，ω）作为基本物理量，那么，式(2-9)的无量纲形式是

$$(A_i, B_i, C_i, D_i)/A_0 = f(\nu_1, \alpha_1, \bar{d}, \nu_2, \bar{\mu}, \bar{\rho}, \alpha_2, \bar{\lambda}, \theta, \bar{h}) \tag{2-10}$$

其中，ν_i 是材料的泊松比；λ 是入射波长（不是拉梅(Lame)常数）。此外，

$$\alpha_1 = \frac{\sqrt{c_1}}{d_1}, \quad \bar{d} = \frac{d_1}{d_2}, \quad \bar{\mu} = \frac{\mu_1}{\mu_2}, \quad \bar{\rho} = \frac{\rho_1}{\rho_2},$$

$$\alpha_2 = \frac{\sqrt{c_2}}{d_2}, \quad \bar{\lambda} = \frac{\lambda}{d_2}, \quad \bar{h} = \frac{h}{\lambda}$$

虽然可以通过求解矩阵方程得到反射波和透射波的振幅比，但矩阵方程无法体现波在夹层板中的传播规律，因此，为了清晰地给出弹性波在夹层板中反射和透射的传播过程，我们采用多次反射和透射的方法。

2.2　多次反射和透射

图 2-2 为夹层板中平面波的反射和透射示意图。

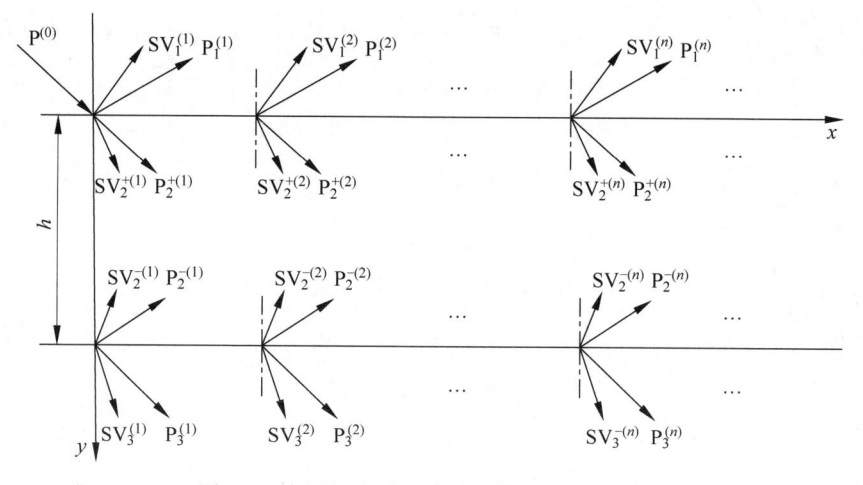

图 2-2　夹层板中平面波的反射和透射示意图

　　SH 波入射时,没有波的模式转换,因此,SH 波多次反射和透射的结果分别可以表示成

$$H^{\mathrm{R}} = R_{12}H^{\mathrm{I}} + T_{21}R_{23}T_{12}H^{\mathrm{I}}\exp(\mathrm{i}2k_y^{\mathrm{sh}}h) + \exp(\mathrm{i}4k_y^{\mathrm{sh}}h)$$

$$T_{21}R_{23}R_{21}R_{23}T_{12}H^{\mathrm{I}}\exp(\mathrm{i}2k_y^{\mathrm{sh}}h) + \cdots \tag{2-11a}$$

$$H^{\mathrm{T}} = T_{23}T_{12}H^{\mathrm{I}}\exp(\mathrm{i}k_y^{\mathrm{sh}}h) + T_{23}R_{21}R_{23}T_{12}H^{\mathrm{I}}\exp(\mathrm{i}3k_y^{\mathrm{sh}}h) +$$

$$T_{23}R_{21}R_{23}R_{21}R_{23}T_{12}H^{\mathrm{I}}\exp(\mathrm{i}5k_y^{\mathrm{sh}}h) + \cdots \tag{2-11b}$$

其中,H^{R},H^{T} 和 H^{I} 分别表示反射波、透射波和入射波的振幅。当入射波从介质 i 入射时,R_{ij} 和 T_{ij} 分别表示在介质 i 和介质 j 之间的界面上的反射系数和透射系数。式(2-11a)等号右边的第一项表示在界面 1 上的反射波,第二项表示波从界面 1 透射到介质 2 中,又在界面 2 上反射到界面 1,再从界面 1 透射出来,在整个传播过程中的相位移是 $\exp(\mathrm{i}2k_y^{\mathrm{sh}}h)$;第三项表示波从界面 1 透射到介质 2 中,在界面 2 上反射,再到界面 1 上反射,再从界面 2 上反射,最后从界面 1 上透射出去,在夹层板中共反射了 3 次,运行了 2 个周期。式(2-11b)等号右边的每一项,与式(2-11a)的理解是相似的,第一项表示从界面 1 透射到介质 2 中,再从界面 2 透射出去的波;第二项表示波从界面透射 1 透射到介质 2,在界面 2 和界面 1 上反射之后,从界面 2 透射出去,等等。多次反射和透射的过程如图 2-2 所示,多次反射和透射的极限和,分别可以写成

$$H^{\mathrm{R}} = \left[R_{12} + \frac{T_{21}R_{23}T_{12}\exp(\mathrm{i}2k_y^{\mathrm{sh}}h)}{1 - R_{23}R_{21}\exp(\mathrm{i}2k_y^{\mathrm{sh}}h)}\right]H^{\mathrm{I}} \tag{2-12a}$$

$$H^{\mathrm{T}} = \frac{T_{23} T_{12} \exp(\mathrm{i} k_y^{\mathrm{sh}} h)}{1 - R_{21} R_{23} \exp(\mathrm{i} 2 k_y^{\mathrm{sh}} h)} H^{\mathrm{I}} \tag{2-12b}$$

因为 P 波或 SV 波入射时,存在波型转换,使得多次反射和透射过程更加复杂,因此用矩阵来表示各种波,可以更清晰简洁地说明问题。设 $\mathbf{A}^{\mathrm{I}} = (A_0, B_0)^{\mathrm{T}}$,$\mathbf{A}^{\mathrm{R}} = (A_1, B_1)^{\mathrm{T}}$ 和 $\mathbf{A}^{\mathrm{T}} = (A_3, B_3)^{\mathrm{T}}$ 分别表示入射波、反射波和透射波矩阵。当入射波从介质 i 入射时,$\mathbf{R}_{ij}$ 和 $\mathbf{T}_{ij}$ 分别表示介质 i 和介质 j 之间界面上的反射波和透射波的矩阵($a^{\mathrm{R}} = \mathbf{R} a^{\mathrm{I}}$ 和 $a^{\mathrm{T}} = \mathbf{T} a^{\mathrm{I}}$),那么,多次反射和透射的矩阵分别可以写成

$$a^{\mathrm{R}} = \mathbf{R}_{12} a^{\mathrm{I}} + \mathbf{T}_{21} \mathbf{\Lambda} \mathbf{R}_{23} \mathbf{\Lambda} \mathbf{T}_{12} a^{\mathrm{I}} + \mathbf{T}_{21} \mathbf{\Lambda} \mathbf{R}_{23} \mathbf{\Lambda} \mathbf{R}_{21} \mathbf{\Lambda} \mathbf{R}_{23} \mathbf{\Lambda} \mathbf{T}_{12} a^{\mathrm{I}} + \cdots \tag{2-13a}$$

$$a^{\mathrm{T}} = \mathbf{T}_{23} \mathbf{\Lambda} \mathbf{T}_{12} a^{\mathrm{I}} + \mathbf{T}_{23} \mathbf{\Lambda} \mathbf{R}_{21} \mathbf{\Lambda} \mathbf{R}_{23} \mathbf{\Lambda} \mathbf{T}_{12} a^{\mathrm{I}} +$$
$$\mathbf{T}_{23} \mathbf{\Lambda} \mathbf{R}_{21} \mathbf{\Lambda} \mathbf{R}_{23} \mathbf{\Lambda} \mathbf{R}_{21} \mathbf{\Lambda} \mathbf{R}_{23} \mathbf{\Lambda} \mathbf{T}_{12} a^{\mathrm{I}} + \cdots \tag{2-13b}$$

其中,

$$\mathbf{\Lambda} = \begin{pmatrix} \exp(\mathrm{i} k_y^{\mathrm{p}} h) & 0 \\ 0 & \exp(\mathrm{i} k_y^{\mathrm{s}} h) \end{pmatrix}$$

表示波在界面 1 和界面 2 之间传播的相位移矩阵,这里,k_y^{p} 和 k_y^{s} 分别是 P 波和 SV 波的波矢量在 y 轴上的投影。多次反射和透射的极限和矩阵,即式(2-13)可以写成

$$a^{\mathrm{R}} = [\mathbf{R}_{12} + \mathbf{T}_{21} (I - \mathbf{\Lambda} \mathbf{R}_{23} \mathbf{\Lambda} \mathbf{R}_{21})^{-1} \mathbf{\Lambda} \mathbf{R}_{23} \mathbf{\Lambda} \mathbf{T}_{12}] a^{\mathrm{I}} \tag{2-14a}$$

$$a^{\mathrm{T}} = \mathbf{T}_{23} (I - \mathbf{\Lambda} \mathbf{R}_{21} \mathbf{\Lambda} \mathbf{R}_{23})^{-1} \mathbf{\Lambda} \mathbf{T}_{12} a^{\mathrm{I}} \tag{2-14b}$$

式(2-12)和式(2-14)表示,反射系数和透射系数是无量纲厚度 $k_y h$ 的周期函数。

2.3 反射(透射)波能流和能量守恒

由式(1-78)计算得出,入射 P 波、SV 波和 SH 波的平均能流密度是

$$\bar{q}_0^{\mathrm{P}} = \frac{1}{2} \omega \sigma_{\mathrm{p1}}^3 [(\lambda_1 + 2\mu_1) - \mu_1 m_1 + 2 c_1 (\lambda_1 + 2\mu_1) \sigma_{\mathrm{p1}}^2] A_0 A_0^* \tag{2-15a}$$

$$\bar{q}_0^{\mathrm{s}} = \frac{1}{2} \omega \sigma_{\mathrm{s1}}^3 \mu_1 (1 - m_1 + 2 c_1 \sigma_{\mathrm{s1}}^2) B_0 B_0^* \tag{2-15b}$$

$$\bar{q}_0^{\mathrm{sh}} = \frac{1}{2} \omega \sigma_{\mathrm{sh1}} \mu_1 (1 - m_1 + 2 c_1 \sigma_{\mathrm{sh1}}^2) H_0 H_0^* \tag{2-15c}$$

反射波($i=1$)和透射波($i=3$)的平均能流密度是

$$\bar{q}_i^{\mathrm{P}} = \frac{1}{2} \omega \sigma_{\mathrm{p}i}^3 [(\lambda_i + 2\mu_i) - \mu_i m_i + 2 c_i (\lambda_i + 2\mu_i) \sigma_{\mathrm{p}i}^2] A_i A_i^*, \quad i = 1, 3 \tag{2-16a}$$

$$\bar{q}_i^{\mathrm{s}} = \frac{1}{2} \omega \sigma_{\mathrm{s}i}^3 \mu_i (1 - m_i + 2 c_i \sigma_{\mathrm{s}i}^2) B_i B_i^* \tag{2-16b}$$

$$\bar{q}_i^{\mathrm{sh}} = \frac{1}{2} \omega \sigma_{\mathrm{sh}i} \mu_i (1 - m_i + 2 c_i \sigma_{\mathrm{sh}i}^2) H_i H_i^* \tag{2-16c}$$

夹层板中前行的波和反向传播波的平均能流密度是

$$\bar{q}_2^{p\pm} = \frac{1}{2}\omega\sigma_{p2}^3 \left[(\lambda_2 + 2\mu_2) - \mu_2 m_2 + 2c_2(\lambda_2 + 2\mu_2)\sigma_{p2}^2\right]A_2^{\pm}A_2^{\pm*} \quad (2\text{-}17a)$$

$$\bar{q}_2^{s\pm} = \frac{1}{2}\omega\sigma_{s2}^3 \mu_2 (1 - m_2 + 2c_2\sigma_{s2}^2)B_2^{\pm}B_2^{\pm*} \quad (2\text{-}17b)$$

$$\bar{q}_2^{sh\pm} = \frac{1}{2}\omega\sigma_{sh2}\mu_2 (1 - m_2 + 2c_2\sigma_{sh2}^2)H_2^{\pm}H_2^{\pm*} \quad (2\text{-}17c)$$

其中,符号" * "表示复共轭量。

SP 型和 SS 型表面波的平均能流密度是

$$\bar{q}_i^{sp} = \frac{1}{2}M\omega\xi_i (C_i C_i^*)J_i^{sp}\exp(\pm 2n\gamma_{pi}h) \quad (2\text{-}18a)$$

$$\bar{q}_i^{ss} = \frac{1}{2}M\omega\xi_i (D_i D_i^*)J_i^{ss}\exp(\pm 2n\gamma_{si}h) \quad (2\text{-}18b)$$

$$\bar{q}_i^{sh} = \frac{1}{2}M\omega\zeta_{shi} (F_i F_i^*)J_i^{sh}\exp(\pm 2n\gamma_{shi}h) \quad (2\text{-}18c)$$

其中,$n=0$ 表示界面 1 处的表面波;$n=1$ 表示界面 2 处的表面波;当 $i=2$ 时,式(2-18)取正号;当 $i=3$ 时,式(2-18)取负号。

此外,

$$M = \frac{1 - \exp(-2)}{2}$$

$$J_i^{sp} = \lambda_i\tau_{pi}^2 - 2\mu_i(\tau_{pi}^2 + \xi_i^2) + \mu_i m_i(\tau_{pi}^2 + 2\xi_i^2) +$$
$$2c_i\tau_{pi}^2[\lambda_i\xi_i^2 + 2\mu_i(\tau_{pi}^2 + 2\xi_i^2)]$$

$$J_i^{ss} = \mu_i[-(3\tau_{si}^2 + 4\xi_i^2) + m_i(\tau_{si}^2 + 2\xi_i^2) + 2c_i\tau_{si}^2(2\tau_{si}^2 + 3\xi_i^2)]$$

$$J_i^{sh} = \mu_i(m_i - 1 + 2c_i\tau_{shi}^2)$$

定义以能流形式表示的各种反射系数和透射系数:当 P 波入射时,反射系数和透射系数分别为 $\bar{q}_1^p(n_{p1})/\bar{q}_0^p(n_0)$,$\bar{q}_1^s(n_{s1})/\bar{q}_0^p(n_0)$,$\bar{q}_1^{sp}(n)/\bar{q}_0^p(n_0)$,$\bar{q}_1^{ss}(n)/\bar{q}_0^p(n_0)$,$\bar{q}_3^p(n_{p3})/\bar{q}_0^p(n_0)$,$\bar{q}_3^s(n_{s3})/\bar{q}_0^p(n_0)$,$\bar{q}_3^{sp}(n)/\bar{q}_0^p(n_0)$,$\bar{q}_3^{ss}(n)/\bar{q}_0^p(n_0)$;夹层板中波的反射透射系数分别是 $\bar{q}_2^{p\pm}(n_{p\pm})/\bar{q}_0^p(n_0)$,$\bar{q}_2^{s\pm}(n_{s\pm})/\bar{q}_0^p(n_0)$,$\bar{q}_2^{sp\pm}(n_{sp\pm})/\bar{q}_0^p(n_0)$ 和 $\bar{q}_2^{ss\pm}(n_{ss\pm})/\bar{q}_0^p(n_0)$;当 SH 波入射时,各种波的反射系数和透射系数为 $\bar{q}_1^{sh}(n_{sh1})/\bar{q}_0^{sh}(n_0)$,$\bar{q}_1^{ssh}(n)/\bar{q}_0^{sh}(n_0)$,$\bar{q}_3^{sh}(n_{sh3})/\bar{q}_0^{sh}(n_0)$,$\bar{q}_3^{ssh}(n)/\bar{q}_0^{sh}(n_0)$,$\bar{q}_2^{sh\pm}(n_{sh\pm})/\bar{q}_0^{sh}(n_0)$ 和 $\bar{q}_2^{ssh\pm}(n)/\bar{q}_0^{sh}(n_0)$。考虑到各种表面波的平均能流是沿着界面传播的,能量守恒要求法线方向流入的能量等于法线方向流出的能量,在 $y=0$ 处有

$$E_1 = \frac{\bar{q}_1^p\cos\theta_1 + \bar{q}_1^s\cos\theta_2 + \bar{q}_2^{p+}\cos\theta_p + \bar{q}_2^{s+}\cos\theta_s}{\bar{q}_0^p\cos\theta_1} +$$

$$\frac{-\bar{q}_2^{p-}\cos\theta_p - \bar{q}_2^{s-}\cos\theta_s}{\bar{q}_0^p\cos\theta_1} = 1 \quad (2\text{-}19)$$

相似地，在 $y=h$ 处，能量守恒要求

$$E_2 = \frac{-\bar{q}_2^{p+}\cos\theta_p - \bar{q}_2^{s+}\cos\theta_s + \bar{q}_2^{p-}\cos\theta_p + \bar{q}_2^{s-}\cos\theta_s}{\bar{q}_0^p\cos\theta_1} +$$

$$\frac{\bar{q}_3^p\cos\theta_3 + \bar{q}_3^s\cos\theta_4}{\bar{q}_0^p\cos\theta_1} = 0 \tag{2-20}$$

合并式(2-19)和式(2-20)，得到 P 波入射时的能量守恒表达式：

$$E = E_1 + E_2 = \frac{\bar{q}_1^p\cos\theta_1 + \bar{q}_1^s\cos\theta_2 + \bar{q}_3^p\cos\theta_3 + \bar{q}_3^s\cos\theta_4}{\bar{q}_0^p\cos\theta_1} = 1 \tag{2-21}$$

SH 波入射时，能量守恒的表达式是

$$E = E_1 + E_2 = \frac{\bar{q}_1^{sh}\cos\theta_1 + \bar{q}_3^{sh}\cos\theta_3}{\bar{q}_0^{sh}\cos\theta_1} = 1 \tag{2-22}$$

式(2-21)和式(2-22)意味着，法线方向流入的能量等于流出的能量，在有限厚度的夹层板中，既没有能量的吸收也没有能量的释放，此式可以用来验证数值结果。

2.4　数值算例和讨论

在数值算例中，我们主要研究的是微结构参数 c、d ，以及夹层板厚度 h 对反射系数和透射系数的影响。介质 1 和介质 2 中的泊松比取作 $\nu_1 = \nu_2 = 1/3$ ，物质密度比和剪切模量的比分别设为 $\bar{\rho}(=\rho_1/\rho_2) = 1.2$ 和 $\bar{\mu}(=\mu_1/\mu_2) = 1.8$ 。数值计算中，我们分别考虑两个半空间是经典弹性材料和两个半空间是应变梯度弹性材料两种情况，计算两种情况下以能流表示的各种波的反射系数和透射系数，并分别讨论 P 波入射和 SH 波入射时的反射系数和透射系数。

2.4.1　P 波入射的情况

图 2-3 显示是弹性半空间 P 波入射的情况下，反射系数和透射系数对夹层板的无量纲厚度 h/λ 的依赖性。显然，反射系数和透射系数都是无量纲厚度 h/λ 的周期函数。从图中观察到，在某个厚度处反射 P 波或 SV 波的振幅可能消失，并且透射波的振幅达到最大值，但一般情况下，透射 P 波和透射 SV 波的振幅不能同时达到最大值，而且入射角影响 P 波和 SV 波的反射系数和透射系数的周期性。从图中观察到的结果与用多重反射、透射方法推导出来的结论是一致的。需要注意的是，在 P 波入射时，透射 P 波的振幅永远是非零的，而透射 SV 波在某个厚度处会达到零。另外，从图 2-3 可以理解反射系数和透射系数对夹层板的无量纲厚度的依赖性。周期变动的现象反映出三明治结构对入射波的选择性质，这一性质可以用于滤波器。

图 2-4 显示的是弹性半空间 P 波入射时，反射系数和透射系数对无量纲波长的依赖性。从图中可以观察到，当入射波波长逐渐增大时，反射系数和透射系数趋近于中间夹层是经典弹性固体的反射系数和透射系数，这意味着，仅仅当入射波的

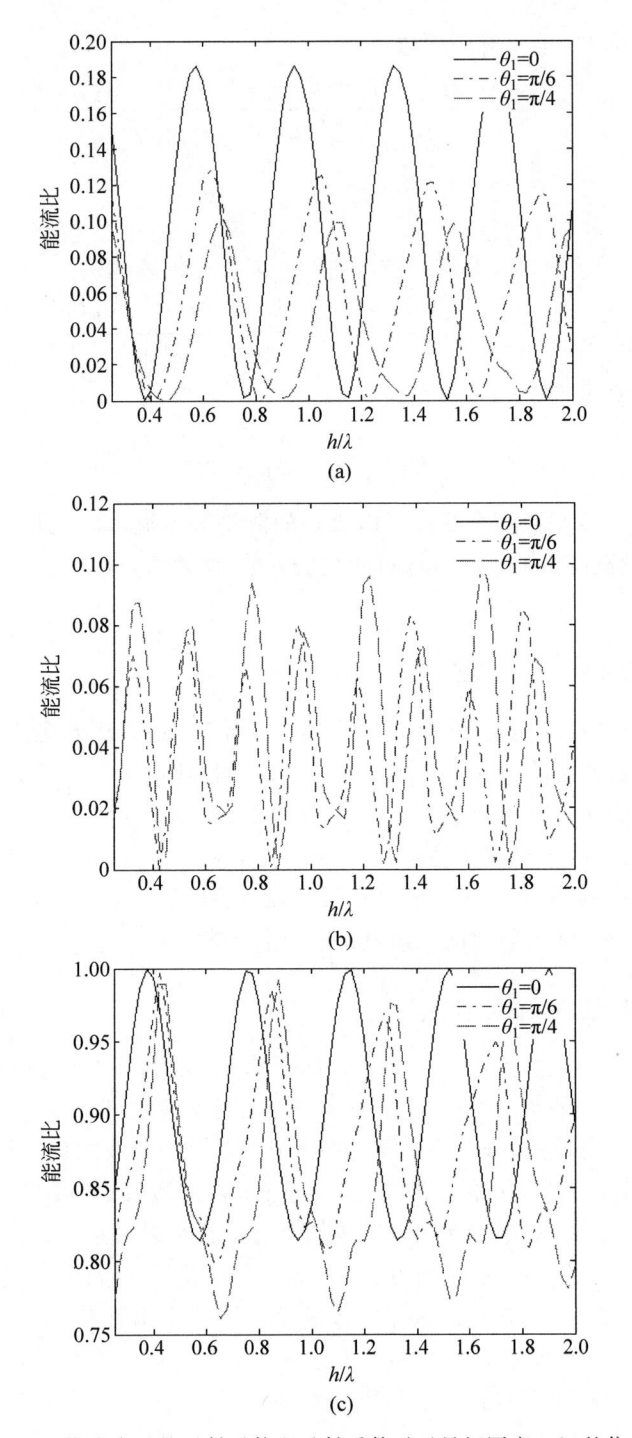

图 2-3　以能流表示的反射系数和透射系数对无量纲厚度 h/λ 的依赖性

（a）反射 P 波；（b）反射 SV 波；（c）透射 P 波；（d）透射 SV 波

$$\alpha_2 = 1, \bar{\lambda} = 10$$

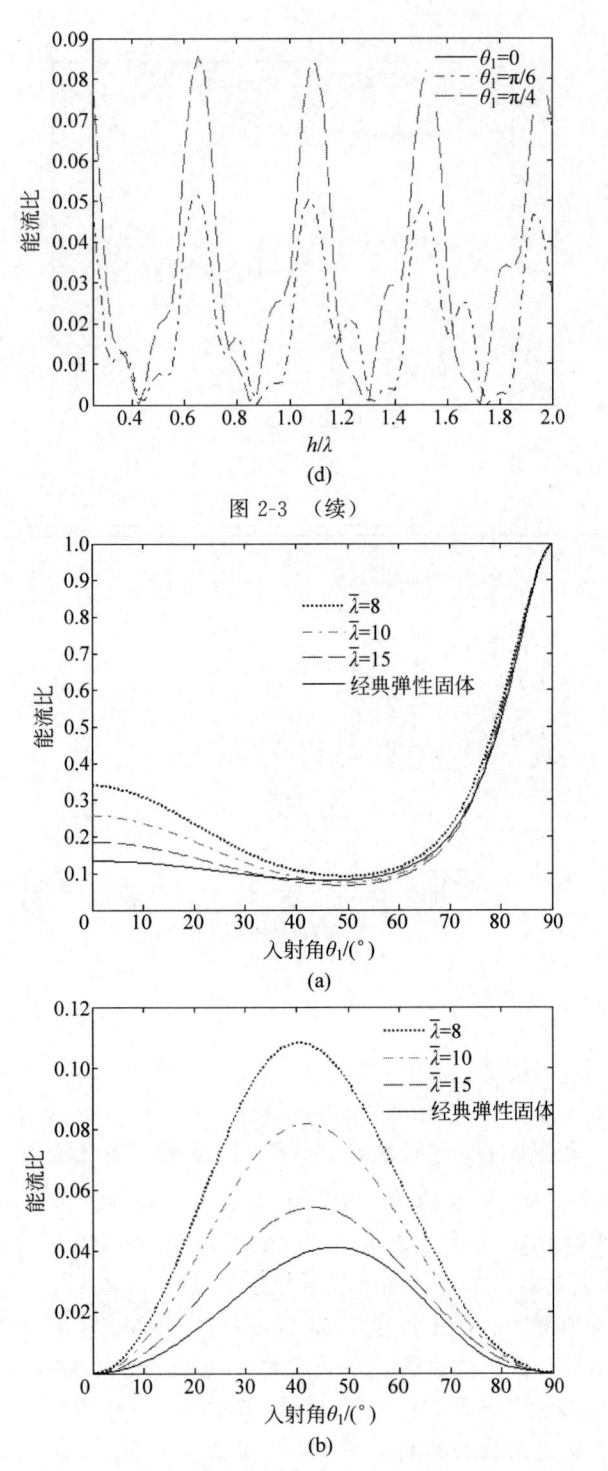

图 2-3 （续）

图 2-4 以能流表示的反射系数和透射系数对无量纲波长 $\bar{\lambda}=\lambda/d_2$ 的依赖性
(a) 反射 P 波；(b) 反射 SV 波；(c) 透射 P 波；(d) 透射 SV 波

$$\alpha_2=0.1,\bar{h}=0.2$$

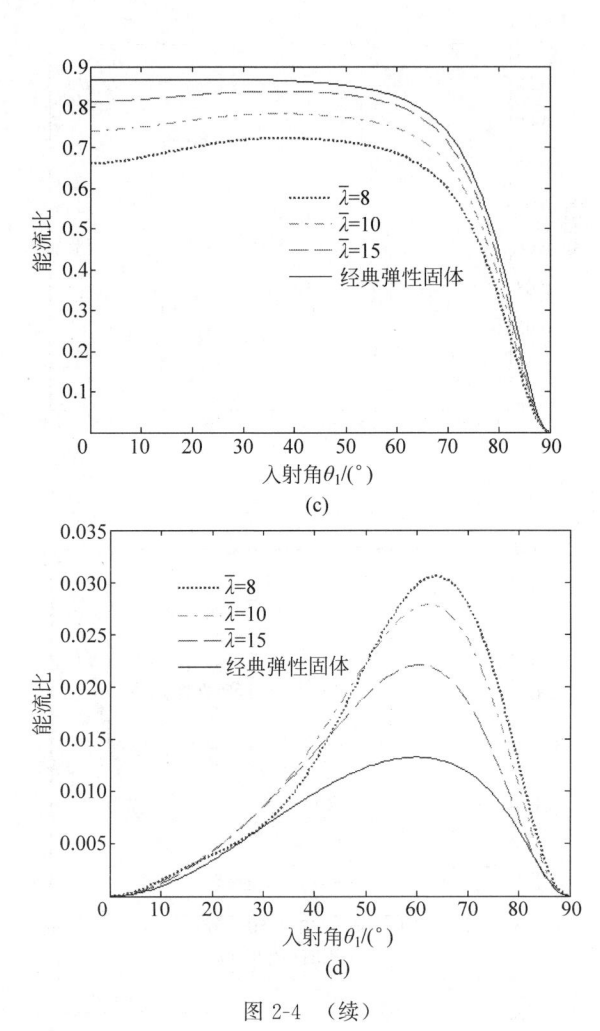

图 2-4 （续）

波长接近于微结构的特征长度时,微结构效应才显著,因此,当入射波的波长远大于微结构的特征长度时,微结构效应可以忽略。

图 2-5 显示的是弹性半空间中 P 波入射时,反射系数和透射系数对微结构参数的比值 $\alpha_2 = \sqrt{c_2}/d_2$ 的依赖性。从图中可以观察到,随着 α_2 的增大,反射 SV 波和透射 SV 波逐渐减小,换言之,α_2 的增大对波型转换没有任何帮助,注意到,当 α_2 增大时,P 波的透射系数增加而反射系数减小,这意味着当 α_2 比较大时,入射 P 波通过一个应变梯度夹层板比较容易,而且,在应变梯度夹层板中微结构参数对表面波的影响比对体波的影响显著,当 α_2 增大时,表面波的振幅单调地增加。

前面已经分析了当介质 1 和介质 3 是经典弹性半空间时,夹层板中微结构参数对反射系数和透射系数的影响。为了进一步研究微结构参数的比值对反射系数和透射系数的影响,此处也计算了当介质 1 和介质 3 是应变梯度半空间时弹性波的反射系数和透射系数。图 2-6 显示的是当 P 波入射时,反射系数和透射系数对

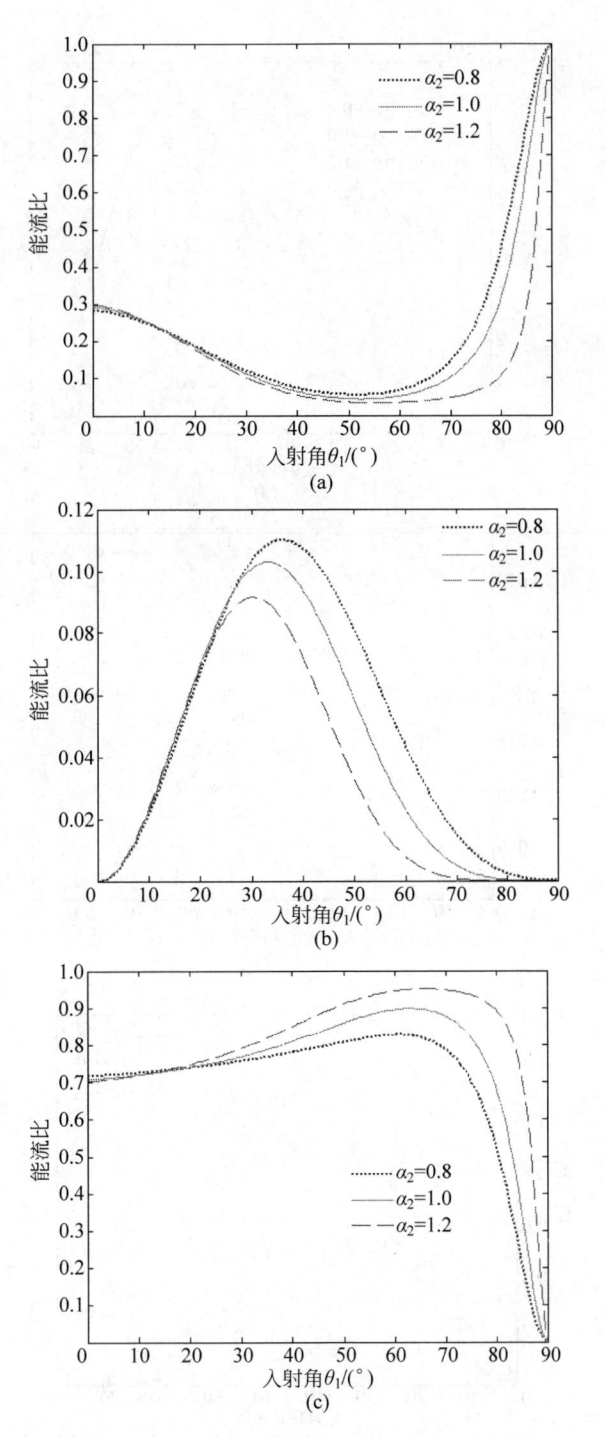

图 2-5 反射系数和透射系数对微结构参数的比值 $\alpha_2 = \sqrt{c_2}/d_2$ 的依赖性

(a) 反射 P 波；(b) 反射 SV 波；(c) 透射 P 波；(d) 透射 SV 波；

(e) 前向 SP 波；(f) 后向 SP 波；(g) 前向 SS 波；(h) 后向 SS 波

$$\bar{\lambda} = 10, \bar{h} = 0.2$$

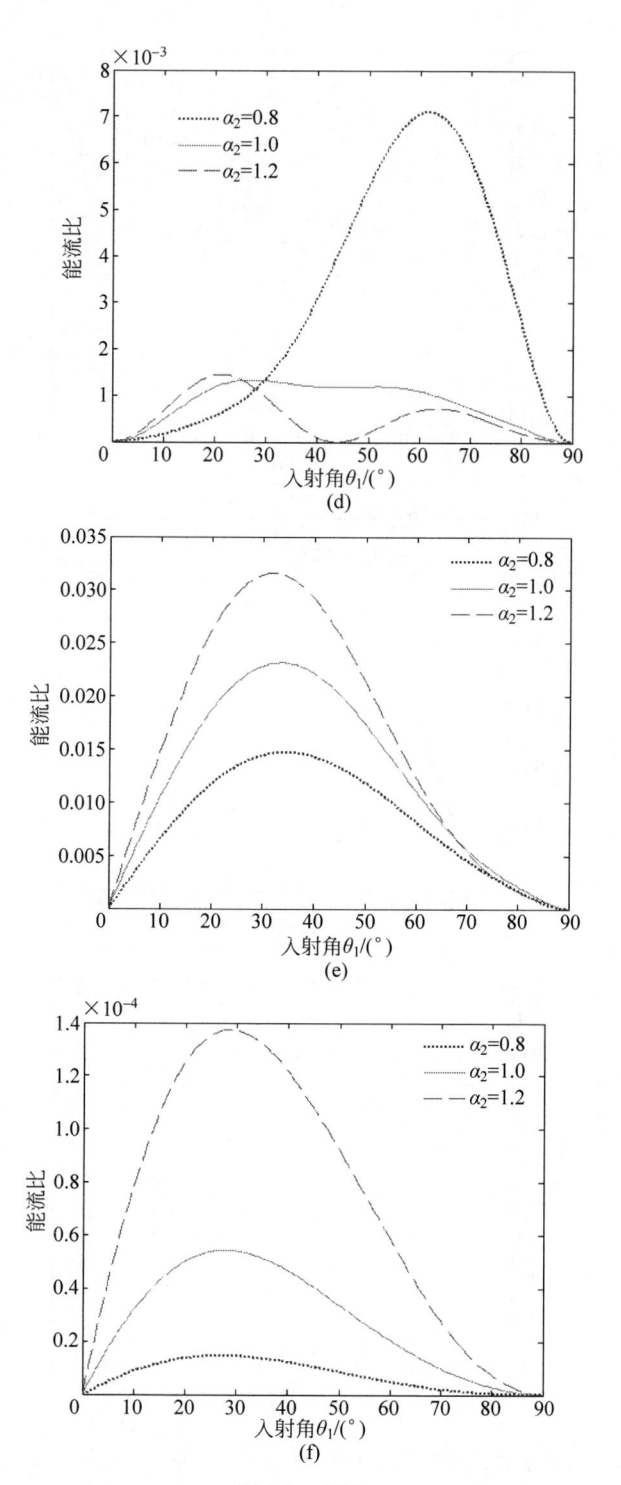

图 2-5 （续）

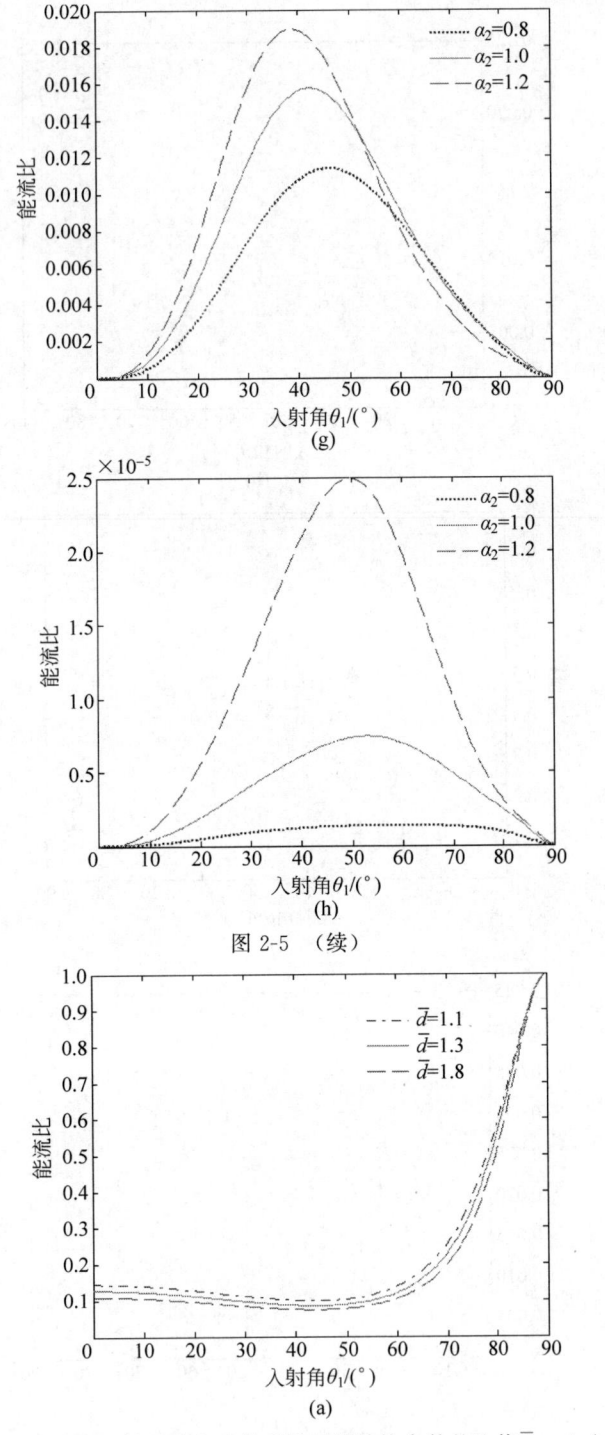

图 2-5　（续）

图 2-6　以能流表示的反射系数和透射系数对微结构参数的比值 $\overline{d}=d_1/d_2$ 的依赖性

(a) 反射 P 波；(b) 反射 SV 波；(c) 透射 P 波；(d) 透射 SV 波；(e) 反射 SP 波；(f) 反射 SS 波；

(g) 透射 SP 波；(h) 透射 SS 波

$$\alpha_1=0.1, \overline{\lambda}=10, \overline{h}=0.2, \overline{c}=c_1/c_2=1.1$$

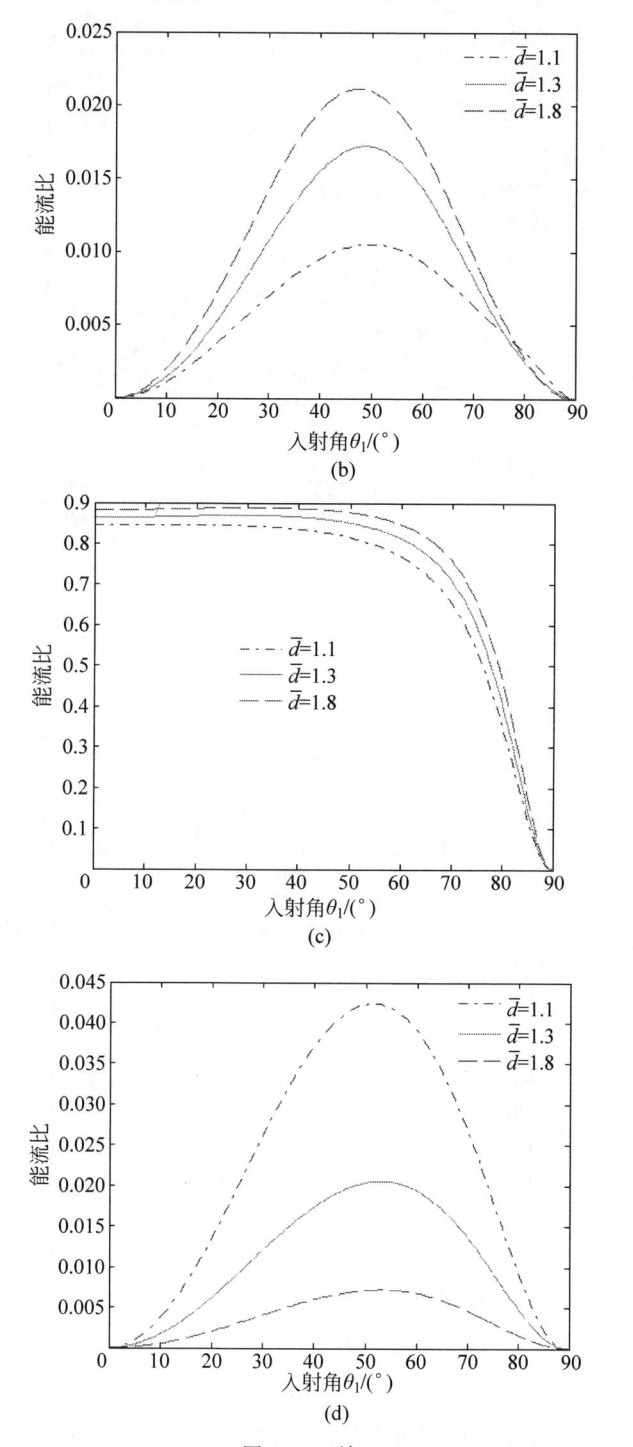

图 2-6 （续）

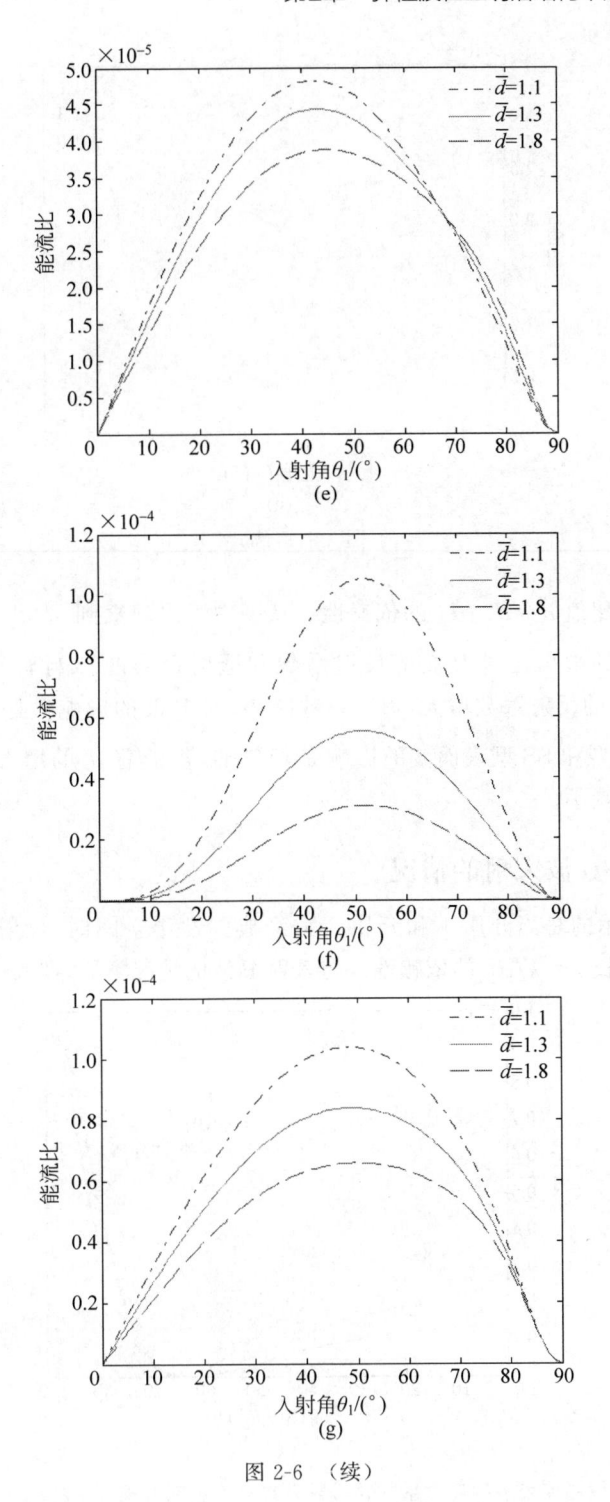

图 2-6　（续）

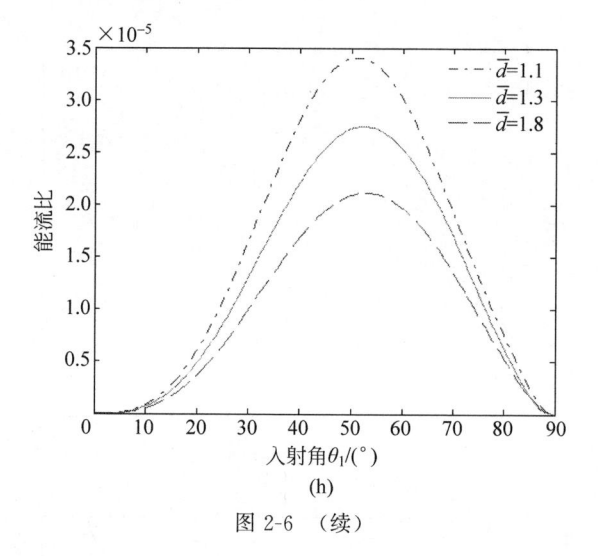

(h)

图 2-6　（续）

微结构参数的比值 $\bar{d}=d_1/d_2$ 的依赖性。从图中可以观察到，$\bar{d}$ 对 SV 波的反射系数和透射系数的影响比对 P 波的反射系数和透射系数的影响显著，随着 $\bar{d}$ 的增大，使得 SV 波的反射系数增大，透射系数减小，对 P 波的影响恰好与 SV 波相反。然而，$\bar{d}$ 对 SP 型和 SS 型表面波的影响是相似的，都随着 $\bar{d}$ 的增大反射系数和透射系数单调地减小。

2.4.2　SH 波入射的情况

图 2-7 表示的是当介质 1 和介质 3 为经典弹性半空间时，反射系数和透射系数对无量纲波长 $\bar{\lambda}=\lambda/d_2$ 的依赖性。与入射 P 波的情况类似，在入射波波长增加的

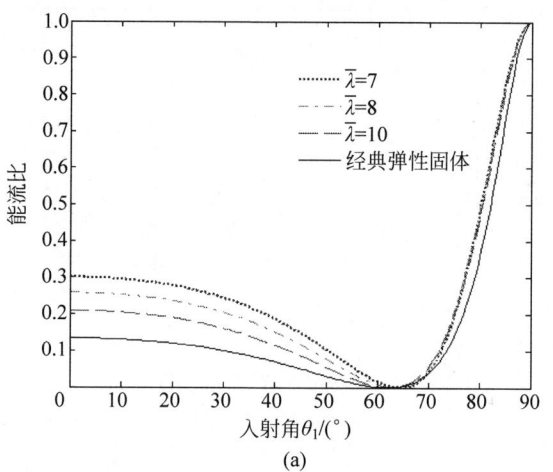

(a)

图 2-7　以能流表示的反射系数和透射系数对无量纲波长 $\bar{\lambda}=\lambda/d_2$ 的依赖性

（a）反射 SH 波；（b）透射 SH 波

$$\alpha_2=0.1,\bar{h}=0.2$$

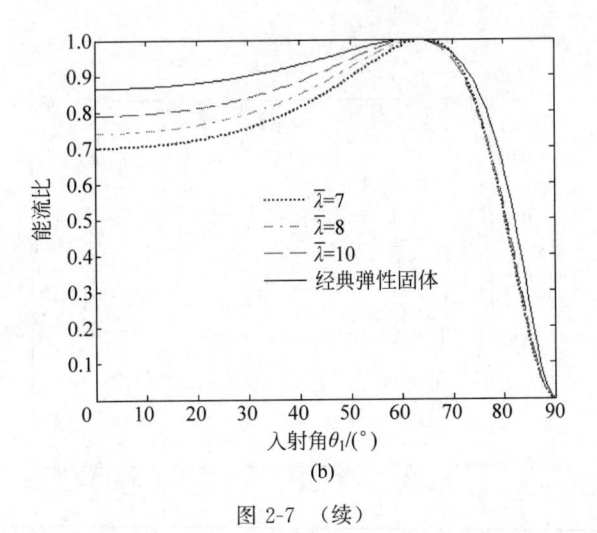

(b)

图 2-7 （续）

时候,反射系数和透射系数趋近于夹层板是经典材料的反射系数和透射系数,显然,当入射波波长与微结构特征长度相似时,微结构效应不能被忽略。

图 2-8 显示的是当介质 1 和介质 3 是经典弹性半空间时,弹性波的反射系数和透射系数对无量纲厚度 h/λ 的依赖性。从图中可以观察到,与 P 波入射时相似,反射系数和透射系数是夹层板厚度的周期性函数,这种对夹层板厚度的周期依赖性可以解释为在多次的反射和透射过程中弹性波相消干涉的结果,多次的反射和透射过程中的相位移是 $\exp(ink_yh)$,相位移的形式导致了反射系数和透射系数是夹层板厚度的周期性函数。

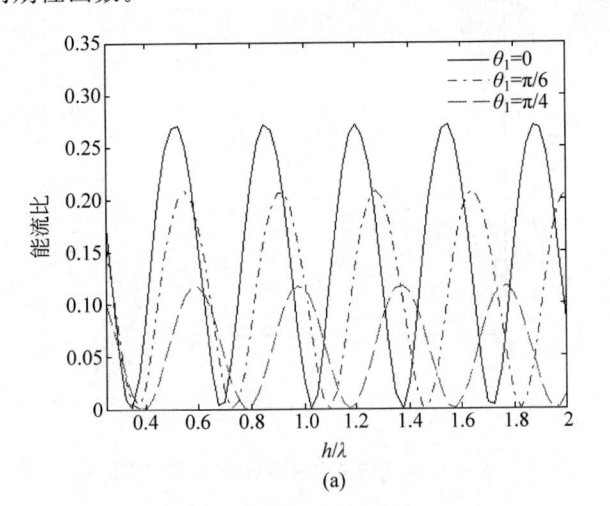

(a)

图 2-8 反射系数和透射系数对无量纲厚度 h/λ 的依赖性

(a) 反射 SH 波；(b) 透射 SH 波

$$\alpha_2 = 0.1, \bar{\lambda} = 8$$

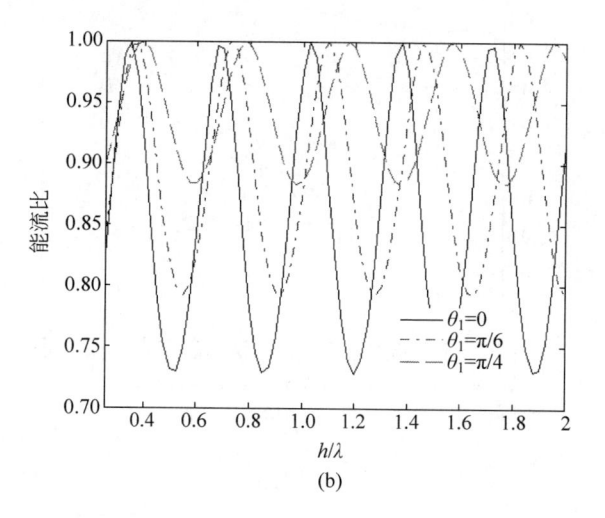

(b)

图 2-8 （续）

图 2-9 表示的是当介质 1 和介质 3 是经典弹性半空间时，反射系数和透射系数对微结构参数的比值 $\alpha_2 = \sqrt{c_2}/d_2$ 依赖性。从图中可以观察到，随着 α_2 的增大，使得反射系数减小，透射系数增大，注意到有一个临界角，在临界角处反射 SH 波消失并会发生完全透射的现象。

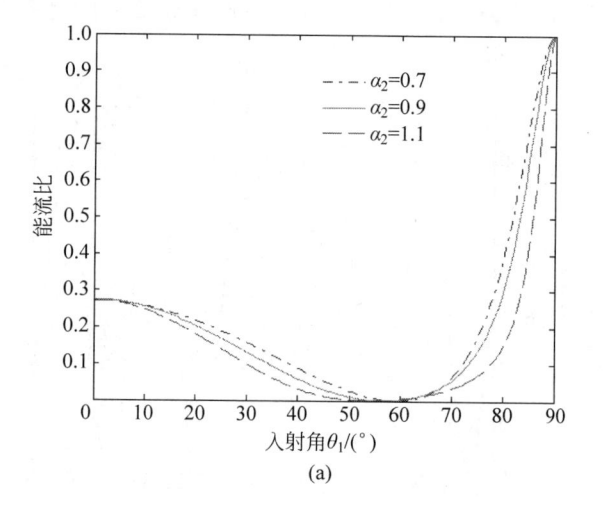

(a)

图 2-9　以能流表示的反射系数和透射系数对微结构参数的比值 $\alpha_2 = \sqrt{c_2}/d_2$ 的依赖性

（a）反射 SH 波；（b）透射 SH 波

$\overline{h} = 0.2, \overline{\lambda} = 8$

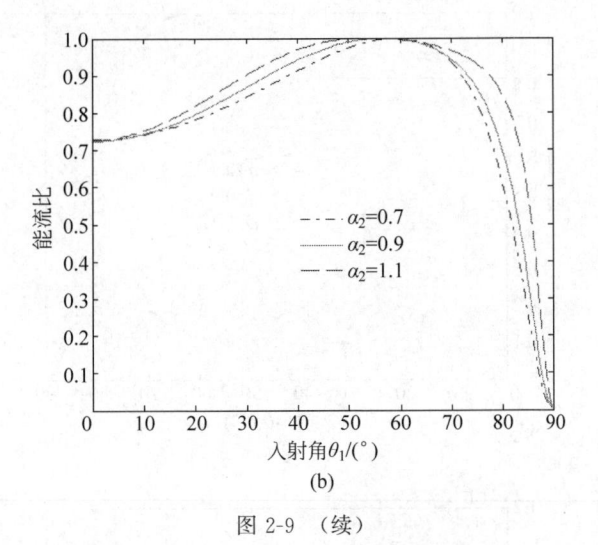

(b)

图 2-9　（续）

　　图 2-10 表示的是当介质 1 和介质 3 是梯度弹性半空间时,反射系数和透射系数对微结构参数的比值 $\bar{d}=d_1/d_2$ 的依赖性。从图中可以观察到,反射表面波(SSH)和透射表面波对微结构参数的变化比体波敏感,与 P 波入射时相似,随着 $\bar{d}$ 的增大而单调地减小;然而 $\bar{d}$ 对反射体波和透射体波的影响是相反的,即体波的反射系数会随着 $\bar{d}$ 的增大而逐渐减小,体波的透射系数随着 $\bar{d}$ 的增大而增大,这说明当 $\bar{d}$ 的值比较大时,SH 波比较容易通过夹层板。

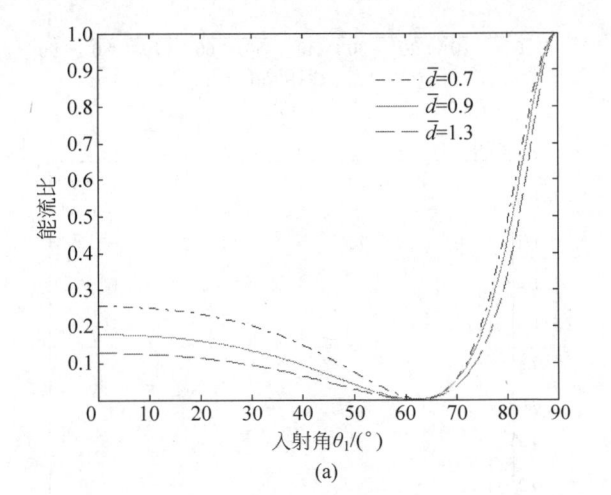

(a)

图 2-10　以能流表示的反射系数和透射系数对微结构参数的比值 $\bar{d}=d_1/d_2$ 的依赖性

(a) 反射 SH 波;(b) 透射 SH 波;(c) 反射 SSH 波;(d) 透射 SSH 波

$\alpha_1=0.1, \bar{\lambda}=10, \bar{h}=0.2, \bar{c}=c_1/c_2=1.1$

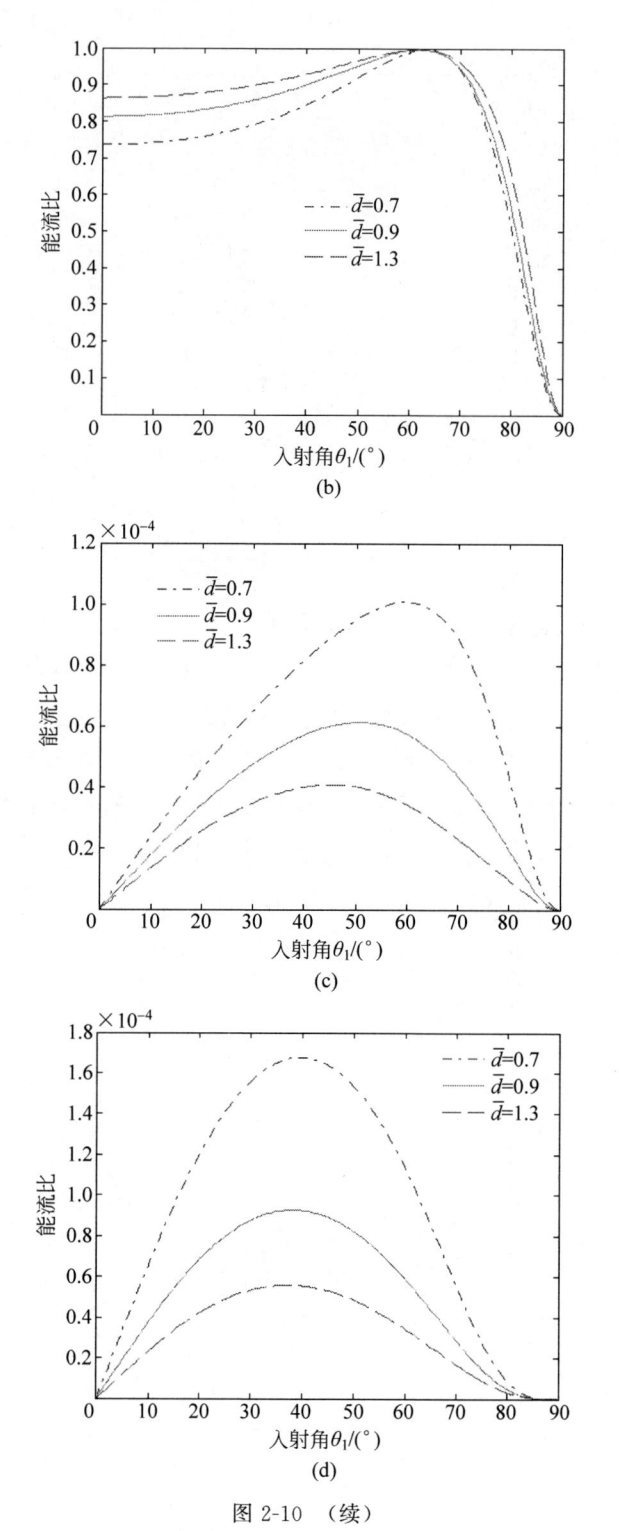

图 2-10 (续)

2.4.3　能量守恒

本章中的反射系数和透射系数是由反射波和透射波的能流密度与入射波的能流密度的比值所定义的,这样定义反射系数和透射系数,其优势在于比较容易检验数值计算结果。图 2-11 显示的是 P 波和 SH 波入射到两个应变梯度半空间夹应变梯度材料的三明治结构中,在不同的入射波波长情况下的能量守恒曲线。从图中可以观察到,在入射角的全部范围内,能量守恒程度较好,误差也在可接受的范围内,注意到在垂直入射时误差值最大,随着入射角度的增大,误差值逐渐减小,从图中看到,即使是最大的误差值,也在可以接受的范围内,因此,数值结果是有效的。

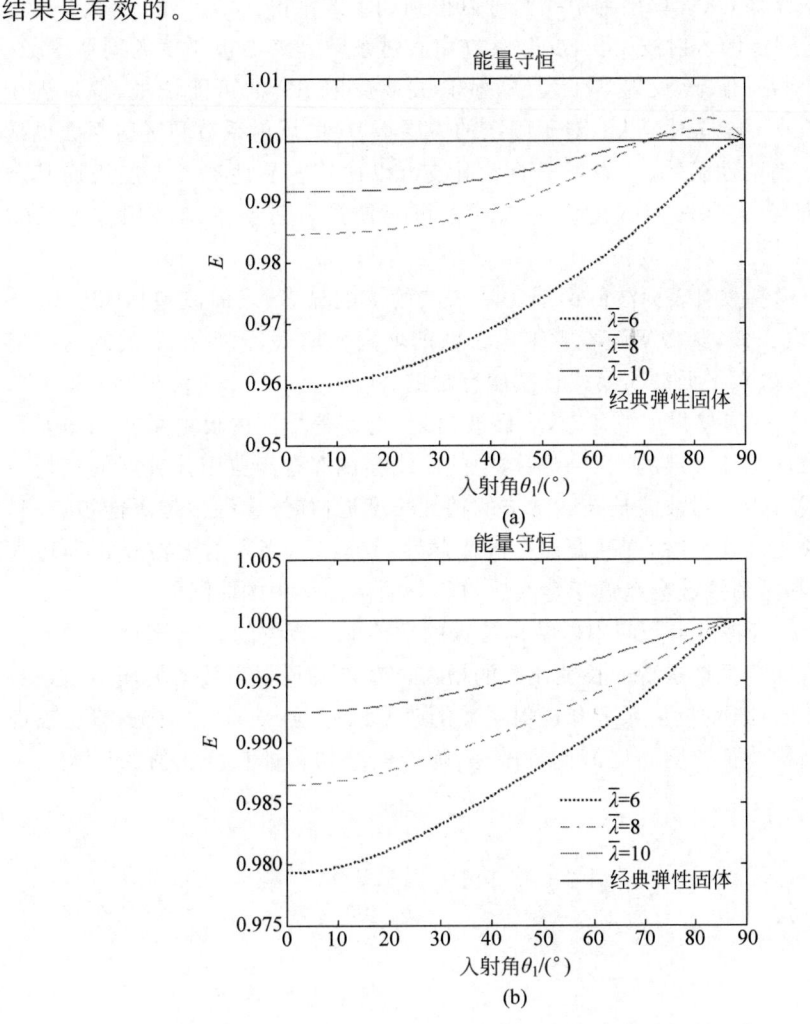

图 2-11　梯度半空间 P 波和 SH 波入射情况下的能量守恒
(a) P 波入射；(b) SH 波入射

$$\alpha_2 = 0.1, \overline{h} = 0.2$$

2.5　本章小结

当弹性波通体过含应变梯度夹层的三明治结构时(两个半空间是经典弹性固体或应变梯度固体),其反射和透射问题比单独一个界面上的反射和透射问题复杂得多。三明治结构的问题中包含两个界面和三个特征长度,即入射波波长、夹层板的几何厚度和应变梯度弹性固体中的微结构长度。反射波和透射波依赖于这些特征长度,并且,夹层板中的微结构参数是本书的主要研究对象。本章在 P 波入射和 SH 波入射的情况下分别计算了含应变梯度夹层的三明治结构中用能流表示的反射系数和透射系数,从计算结果中我们可以得到如下的结论。

(1) 对于固定的入射波波长,反射系数和透射系数是夹层板厚度的周期函数;在厚度的某个特殊值上,反射 SH 波、反射 P 波或反射 SV 波可能消失,但反射 P 波和反射 SV 波不能同时消失;对于固定的夹层板厚度,反射系数和透射系数也是入射波波长的周期性函数,某些频率的入射波可以比较容易地穿过夹层板而其余的入射波却不行,夹层板对入射波的选择性可以使这种三明治结构用作滤频滤波器。

(2) 微结构参数对表面波的影响比对体波的影响显著,表面波包括 SP 型、SS 型和 SSH 型表面波,其振幅随着微结构参数的增大而增大,而且在 P 波入射的情况下,微结构参数对平面波的模式转换没有帮助。

(3) 微结构效应使得体波色散,表面波出现,也使得体波的反射系数和透射系数在含应变梯度固体夹层的三明治结构中的曲线会偏离含经典固体夹层的三明治结构中的曲线。当入射波波长与微结构的特征长度近似时,这种偏差不能被忽略,当入射波波长逐渐增大时,这种偏差会越来越小,换言之,当入射波波长逐渐增大时,反射系数和透射系数会趋近于含经典材料三明治结构中的曲线。

(4) 两个应变梯度半空间中微结构参数的比值对 SV 波的影响比对 P 波的影响显著,通常,随着微结构特征长度比值的增大,SV 波的反射系数增大而透射系数减小;P 波和 SH 波的反射系数和透射系数的改变恰好与 SV 波的情况相反,表面波对两个微结构特征长度的比值比较敏感,随着微结构特征长度比值的增大而单调地减小。

第3章

一维声子晶体中的布洛赫波

　　所谓声子晶体,是指由人工合成的可区分周期性的复合材料,这种人工复合材料可以控制弹性波的传播。声子晶体的最重要特征是晶体结构中存在声子禁带。复合材料带隙的存在,使得一部分频率能够完全通过晶体结构,称之为通带,另一部分频率完全不能通过晶体结构,称之为禁带。本章主要研究由应变梯度弹性固体构成的一维声子晶体中微结构参数对布洛赫波的色散曲线和带隙的影响。

3.1　弹性波倾斜传播

　　对于理想晶体,原子规则排列且具有周期性,因而相应的等效势场也具有周期性。当波在具有晶格周期的势场中运动时,波动方程的解具有如下性质:

$$\psi(r + R_n) = \exp(i k \cdot R_n)\psi(r) \tag{3-1}$$

其中,r 表示某一点的空间坐标;k 为简约波矢,它的物理意义是表示原胞之间波函数位相的变化;R_n 表示坐标平移了一个晶格矢量;ψ 为波函数。式(3-1)表明,当平移晶格矢量 R_n 时,波函数只增加了位相因子 $\exp(i k \cdot R_n)$。式(3-1)就是布洛赫定理。根据布洛赫定理可以把波函数写成

$$\psi(r) = \exp(i k \cdot r)u(r) \tag{3-2}$$

其中,$u(r)$ 也具有周期性,且与晶格的周期性相同,即

$$u(r + R_n) = u(r) \tag{3-3}$$

式(3-2)表达的波函数被称为布洛赫函数。

　　考虑应变梯度弹性固体的一维层状结构中的一个典型的单胞,这个单胞是由

厚度分别为 a_1 和 a_2 的两个不同应变梯度固体组成,如图 3-1 所示。弹性波传播的平面设为 Oxy 面,其中 x 轴是沿层状结构的法线方向,y 轴是沿界面方向。

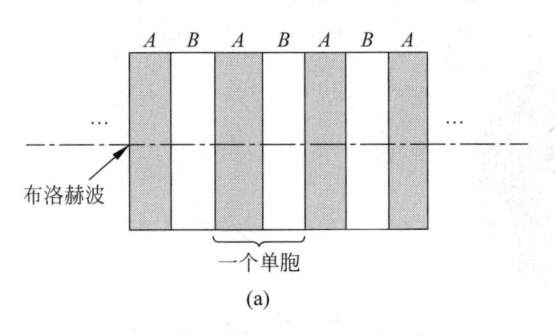

(a)

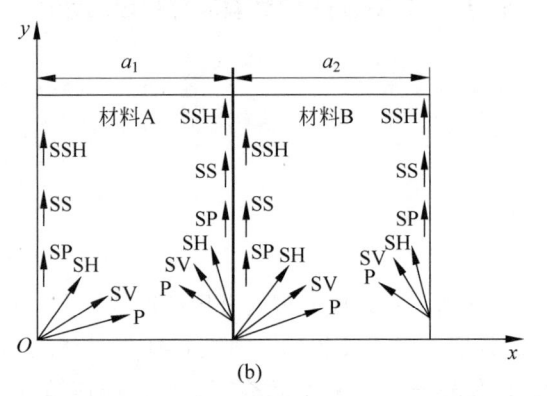

(b)

图 3-1　应变梯度弹性固体的一维层状结构中一个典型单胞的示意图

（a）应变梯度弹性固体的周期性层状结构；（b）面内波和出平面波在典型单胞中的倾斜传播

3.1.1　SH 波倾斜传播

SH 波倾斜传播时,式(1-50)中的单极力和偶极力分别简化为

$$P_z = \mu\left[(1-a_s)u_{z,x} - c(u_{z,xxx} + 2u_{z,xyy})\right] \tag{3-4}$$

$$R_z = \mu c u_{z,xx} \tag{3-5}$$

任意典型单胞任意层中的位移场是由前行和反向的 SH 波以及沿着界面传播的表面波的位移场叠加而成,定义状态向量

$$V = [u_z, u_{z,x}, P_z, R_z]^T \tag{3-6}$$

那么,一层的状态向量的左侧和右侧边界可以分别表示为

$$V^L = P[H_1, H_2, F_1, F_2]^T \exp[i(\xi y - \omega t)] \tag{3-7a}$$

$$V^R = PG[H_1, H_2, F_1, F_2]^T \exp[i(\xi y - \omega t)] \tag{3-7b}$$

其中,$V^L = [u_z^L, u_{z,x}^L, P_z^L, R_z^L]^T$ 和 $V^R = [u_z^R, u_{z,x}^R, P_z^R, R_z^R]^T$;$G$ 是一个对角矩阵,即 $G = \text{diag}(\exp(i\beta_{si}a_i), \exp(-i\beta_{si}a_i), \exp(-\gamma_{si}a_i), \exp(\gamma_{si}a_i))$。设传递矩阵 T 与左右边界的状态向量的关系为

$$V^R = TV^L \tag{3-8}$$

那么，

$$T = PGP^{-1} \tag{3-9}$$

传递矩阵 T 由所在层的材料常数、层厚度和各种波型来确定，传递矩阵 T 的显示表达式被列在附录 D 中。设

$$V_A^R = T_A V_A^L \tag{3-10a}$$

$$V_B^R = T_B V_B^L \tag{3-10b}$$

其中，T_A 和 T_B 分别表示 A 层和 B 层中的传递矩阵，对于完好界面状态，状态向量在 A 层和 B 层之间的界面上是连续的，即

$$V_A^R = V_B^L \tag{3-11}$$

由式(3-10)和式(3-11)可以得到

$$V_B^R = T_B T_A V_A^L \tag{3-12}$$

由布洛赫定理，在周期结构中波的传播可以表示为

$$V_B^R = \exp(ik_x a) V_A^L \tag{3-13}$$

其中，$a(=a_1+a_2)$ 是一个典型单胞的厚度；k_x 是布洛赫 SH 波在周期层状结构中传播的波数。

将式(3-12)代入式(3-13)中，得到

$$\left[T_B T_A - I \exp(ik_x a) \right] V_A^L = 0 \tag{3-14}$$

方程(3-14)的存在非平凡解要求

$$| \, T_B T_A - I \exp(ik_x a) \, | = f(\omega, \xi, k_x) = 0 \tag{3-15}$$

式(3-15)是布洛赫 SH 波的色散关系。

3.1.2　面内波倾斜传播

在面内波倾斜传播状态下，式(1-50)中的单极力和偶极力简化为

$$P_x = (1-c\nabla^2)[\lambda\nabla^2\varphi + 2\mu(\varphi_{,xx}+\psi_{,xy})] - c\mu[\nabla^2\psi + 2(\varphi_{,xy}-\psi_{,xx})]_{,xy} -$$

$$\frac{\rho d^2\omega^2}{3}(\varphi_{,xx}+\psi_{,xy}) \tag{3-16a}$$

$$P_y = (1-c\nabla^2)[\mu\nabla^2\psi + 2\mu(\varphi_{,xy}-\psi_{,xx})] - c[\lambda\nabla^2\varphi + 2\mu(\varphi_{,yy}-\psi_{,xy})]_{,xy} -$$

$$\frac{\rho d^2\omega^2}{3}(\varphi_{,xy}-\psi_{,xx}) \tag{3-16b}$$

$$R_x = c[\lambda\nabla^2\varphi + 2\mu(\varphi_{,xx}+\psi_{,xy})]_{,x} \tag{3-16c}$$

$$R_y = c[\mu\nabla^2\psi + 2\mu(\varphi_{,xy}-\psi_{,xx})]_{,x} \tag{3-16d}$$

任意典型单胞任意层中的位移场是由前行和反向的 P 波、SV 波，以及沿着界面传播的 P 型、S 型表面波的位移场叠加而成，定义状态向量

$$V = [u_x, u_y, u_{xx}, u_{yx}, P_x, P_y, R_x, R_y]^T \tag{3-17}$$

那么,一层中在左右边界上的状态向量能被分别表示成

$$\boldsymbol{V}^{\mathrm{L}} = P[A_1, A_2, C_1, C_2, B_1, B_2, D_1, D_2]^{\mathrm{T}} \exp[\mathrm{i}(\xi y - \omega t)] \tag{3-18a}$$

$$\boldsymbol{V}^{\mathrm{R}} = Q[A_1, A_2, C_1, C_2, B_1, B_2, D_1, D_2]^{\mathrm{T}} \exp[\mathrm{i}(\xi y - \omega t)] \tag{3-18b}$$

其中,$\boldsymbol{G}$ 是一个对角矩阵,即,$\boldsymbol{G} = \mathrm{diag}(\exp(\mathrm{i}\beta_{pi}a_i), \exp(-\mathrm{i}\beta_{pi}a_i), \exp(-\mathrm{i}\gamma_{pi}a_i),$ $\exp(\mathrm{i}\gamma_{pi}a_i), \exp(\mathrm{i}\beta_{si}a_i), \exp(-\mathrm{i}\beta_{si}a_i), \exp(-\mathrm{i}\gamma_{si}a_i), \exp(\mathrm{i}\gamma_{si}a_i))$。

设

$$\boldsymbol{V}^{\mathrm{R}} = \boldsymbol{T}\boldsymbol{V}^{\mathrm{L}} \tag{3-19}$$

那么,可以得到传递矩阵 $\boldsymbol{T}$,即

$$\boldsymbol{T} = \boldsymbol{P}\boldsymbol{G}\boldsymbol{P}^{-1} \tag{3-20}$$

$\boldsymbol{T}$ 的显式表达式也被列在附录 D 中。进而,由状态向量在两个应变梯度固体之间界面上的连续性,得到 B 层和 A 层边界处的关系:

$$\boldsymbol{V}_{\mathrm{B}}^{\mathrm{R}} = \boldsymbol{T}_{\mathrm{B}}\boldsymbol{T}_{\mathrm{A}}\boldsymbol{V}_{\mathrm{A}}^{\mathrm{L}} \tag{3-21}$$

其中,$\boldsymbol{T}_{\mathrm{A}}$ 和 $\boldsymbol{T}_{\mathrm{B}}$ 分别表示 A 层和 B 层中的传递矩阵,即 $\boldsymbol{V}_{\mathrm{A}}^{\mathrm{R}} = \boldsymbol{T}_{\mathrm{A}}\boldsymbol{V}_{\mathrm{A}}^{\mathrm{L}}$,$\boldsymbol{V}_{\mathrm{B}}^{\mathrm{R}} = \boldsymbol{T}_{\mathrm{B}}\boldsymbol{V}_{\mathrm{B}}^{\mathrm{L}}$。类似于出平面状态,应用布洛赫定理可以得到面内布洛赫波的色散关系:

$$| \boldsymbol{T}_{\mathrm{B}}\boldsymbol{T}_{\mathrm{A}} - \boldsymbol{I}\exp(\mathrm{i}k_x a) | = f(\omega, \xi, k_x) = 0 \tag{3-22}$$

虽然式(3-22)和式(3-15)有相同的形式,但是对式(3-22)的求解过程比式(3-15)的要复杂得多,这是因为,在面内布洛赫波中,传递矩阵 $\boldsymbol{T}_{\mathrm{A}}$ 和 $\boldsymbol{T}_{\mathrm{B}}$ 是 8×8 的矩阵,而出平面布洛赫波中,传递矩阵 $\boldsymbol{T}_{\mathrm{A}}$ 和 $\boldsymbol{T}_{\mathrm{B}}$ 是 4×4 的矩阵。

3.2 弹性波法向传播

法向传播时,P 波、SV 波和 SH 波是彼此解耦合的,布洛赫 SH 波、布洛赫 P 波和布洛赫 SV 波的色散方程有相同的形式,即

$$| \boldsymbol{T}_{\mathrm{B}}\boldsymbol{T}_{\mathrm{A}} - \boldsymbol{I}\exp(\mathrm{i}ka) | = f(\omega, k) = 0 \tag{3-23}$$

布洛赫 SH 波的位移场,以及单极力与偶极力分别是

$$u_z = H_1 \exp[\mathrm{i}(\sigma_{\mathrm{sh}}x - \omega t)] + H_2 \exp[\mathrm{i}(-\sigma_{\mathrm{sh}}x - \omega t)] +$$
$$F_1 \exp(-\tau_{\mathrm{sh}}x - \mathrm{i}\omega t) + F_2 \exp(\tau_{\mathrm{sh}}x - \mathrm{i}\omega t) \tag{3-24a}$$

$$u_{z,x} = \mathrm{i}\sigma_{\mathrm{sh}}H_1 \exp[\mathrm{i}(\sigma_{\mathrm{sh}}x - \omega t)] - \mathrm{i}\sigma_{\mathrm{sh}}H_2 \exp[\mathrm{i}(-\sigma_{\mathrm{sh}}x - \omega t)] -$$
$$\tau_{\mathrm{sh}}F_1 \exp(-\tau_{\mathrm{sh}}x - \mathrm{i}\omega t) + \tau_{\mathrm{sh}}F_2 \exp(\tau_{\mathrm{sh}}x - \mathrm{i}\omega t) \tag{3-24b}$$

$$P_z = \mu[(1 - a_s)u_{z,x} - cu_{z,xxx}] \tag{3-24c}$$

$$R_z = \mu cu_{z,xx} \tag{3-24d}$$

布洛赫 P 波的位移场,以及单极力与偶极力分别是

$$u_x = \mathrm{i}\sigma_{\mathrm{p}}A_1 \exp[\mathrm{i}(\sigma_{\mathrm{p}}x - \omega t)] - \mathrm{i}\sigma_{\mathrm{p}}A_2 \exp[\mathrm{i}(-\sigma_{\mathrm{p}}x - \omega t)] -$$
$$\tau_{\mathrm{p}}C_1 \exp(-\tau_{\mathrm{p}}x - \mathrm{i}\omega t) + \tau_{\mathrm{p}}C_2 \exp(\tau_{\mathrm{p}}x - \mathrm{i}\omega t) \tag{3-25a}$$

$$u_{x,x} = -\sigma_{\mathrm{p}}^2 A_1 \exp[\mathrm{i}(\sigma_{\mathrm{p}}x - \omega t)] - \sigma_{\mathrm{p}}^2 A_2 \exp[\mathrm{i}(-\sigma_{\mathrm{p}}x - \omega t)] +$$

$$\tau_p^2 C_1 \exp(-\tau_p x - \mathrm{i}\omega t) + \tau_p^2 C_2 \exp(\tau_p x - \mathrm{i}\omega t) \tag{3-25b}$$

$$P_x = (\lambda + 2\mu)\big[(1 - c\nabla^2) - a_p\big]u_{x,x} \tag{3-25c}$$

$$R_x = c(\lambda + 2\mu)u_{x,xx} \tag{3-25d}$$

布洛赫 SV 波的位移场,以及单极力与偶极力分别是

$$u_y = \mathrm{i}\sigma_s B_1 \exp[\mathrm{i}(\sigma_s x - \omega t)] - \mathrm{i}\sigma_s B_2 \exp[\mathrm{i}(-\sigma_s x - \omega t)] -$$

$$\tau_s D_1 \exp(-\tau_s x - \mathrm{i}\omega t) + \tau_s D_2 \exp(\tau_s x - \mathrm{i}\omega t) \tag{3-26a}$$

$$u_{y,x} = -\sigma_s^2 B_1 \exp[\mathrm{i}(\sigma_s x - \omega t)] - \sigma_s^2 B_2 \exp[\mathrm{i}(-\sigma_s x - \omega t)] +$$

$$\tau_s^2 D_1 \exp(-\tau_s x - \mathrm{i}\omega t) + \tau_s^2 D_2 \exp(\tau_s x - \mathrm{i}\omega t) \tag{3-26b}$$

$$P_y = \mu\big[(1 - c\nabla^2) - a_s\big]u_{y,x} \tag{3-26c}$$

$$R_y = \mu c u_{y,xx} \tag{3-26d}$$

布洛赫 SH 波、布洛赫 P 波和布洛赫 SV 波的传递矩阵的显示表达式也被列在附录 D 中。

3.3 数值算例与讨论

在周期层状结构中布洛赫波的色散关系(波数 k_x 与角频率 ω 的依赖关系)依赖于:①两个应变梯度弹性固体的厚度(a_1,a_2);②两个应变梯度弹性固体的材料常数($V_{pi},V_{si},\rho_i,c_i,d_i$);③倾斜传播的布洛赫波的视波数($\xi$)。色散关系可以被写作

$$f(V_{p1},V_{s1},\rho_1,c_1,d_1,V_{p2},V_{s2},\rho_2,c_2,d_2,a_1,a_2,k_x,\xi,\omega) = 0 \tag{3-27}$$

选择(a,ρ_1,ω)作为基本物理量,那么,色散关系的无量纲化形式可以写作

$$f\left(\frac{V_{p1}}{V_{s1}},\frac{V_{s1}}{\omega a},1,\frac{\sqrt{c_1}}{a},\frac{d_1}{a},\frac{V_{p2}}{V_{p1}},\frac{V_{s2}}{V_{s1}},\frac{\rho_2}{\rho_1},\frac{c_2}{c_1},\frac{d_2}{d_1},\frac{a_1}{a},1,k_x a,\xi a,1\right) = 0 \tag{3-28}$$

在数值算例中,我们主要研究 $\bar{c}_1 = \sqrt{c_1}/a,\bar{d}_1 = d_1/a,\bar{c} = c_1/c_2,\bar{d} = d_1/d_2$ 和 $\bar{\xi} = \xi a$ 这几个参数对色散曲线和禁带的影响,其余的材料参数设为 $V_{p1}/V_{s1} = 2.6621,V_{p2}/V_{p1} = 0.562,V_{s2}/V_{s1} = 0.5947,\rho_2/\rho_1 = 0.1573,a_1/a = 0.5$。

1) 布洛赫 SH 波

为了方便比较,图 3-2 和图 3-3 分别显示了由经典弹性固体和应变梯度弹性固体组成的周期层状结构中布洛赫波的色散曲线。坐标横轴表示在第一布里渊(Brillouin)区中布洛赫 SH 波的无量纲化波数($k_x a/\pi$),坐标纵轴表示无量纲的角频率($\omega_a/2\pi v_m$,$v_m = a/(a_1/V_{sA} + a_2/V_{sB})$),$\bar{\xi}(=\xi a)$ 表示无量纲的视波数。$\bar{\xi} = 0$ 表示布洛赫波法向传播的状态,$\bar{\xi} \neq 0$ 表示布洛赫波倾斜传播的状态。图中阴影区域表示禁带。从图 3-2 和图 3-3 可以观察到,色散曲线以及布洛赫 SH 波的禁带,在由应变梯度弹性固体组成的周期层状结构中与在由经典弹性固体组成的层状结构中有明显的偏差,这是因为应变梯度弹性固体中的波型与经典弹性固体

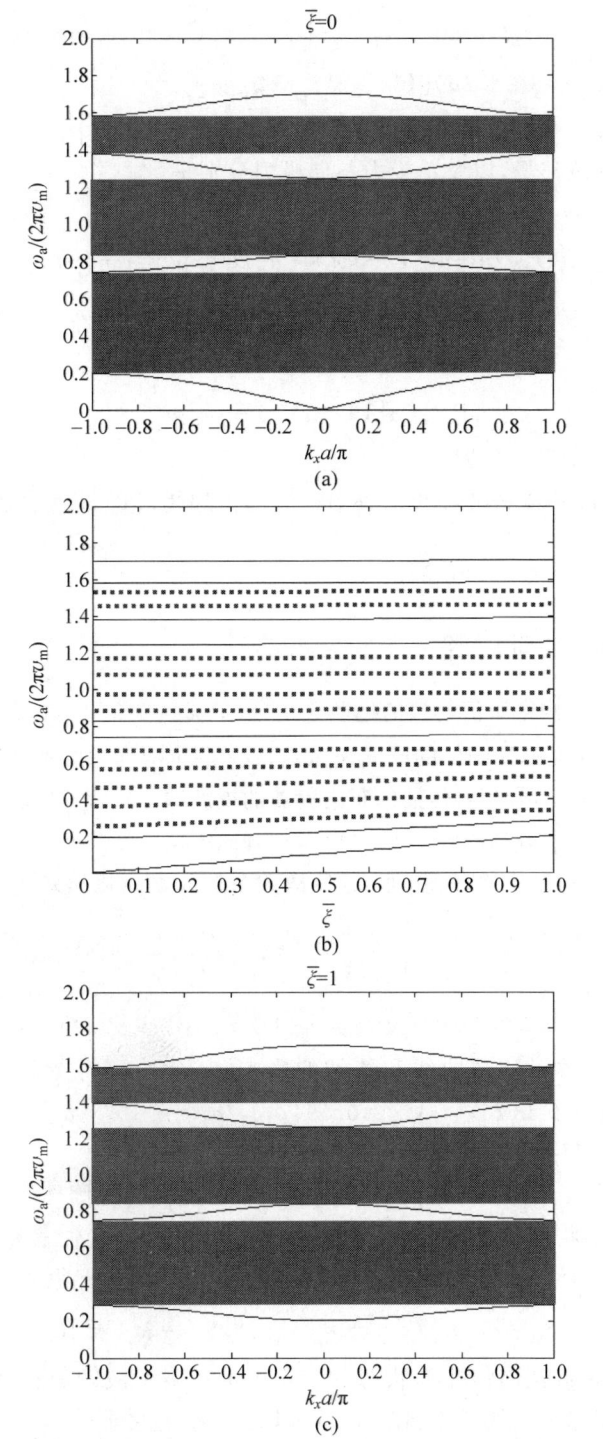

图 3-2 经典弹性固体的周期性结构中出平面布洛赫波的色散曲线和禁带

（a）法向传播（$\overline{\xi}=0$）；（b）禁带边缘宽窄的变化；（c）倾斜传播（$\overline{\xi}\neq0$）

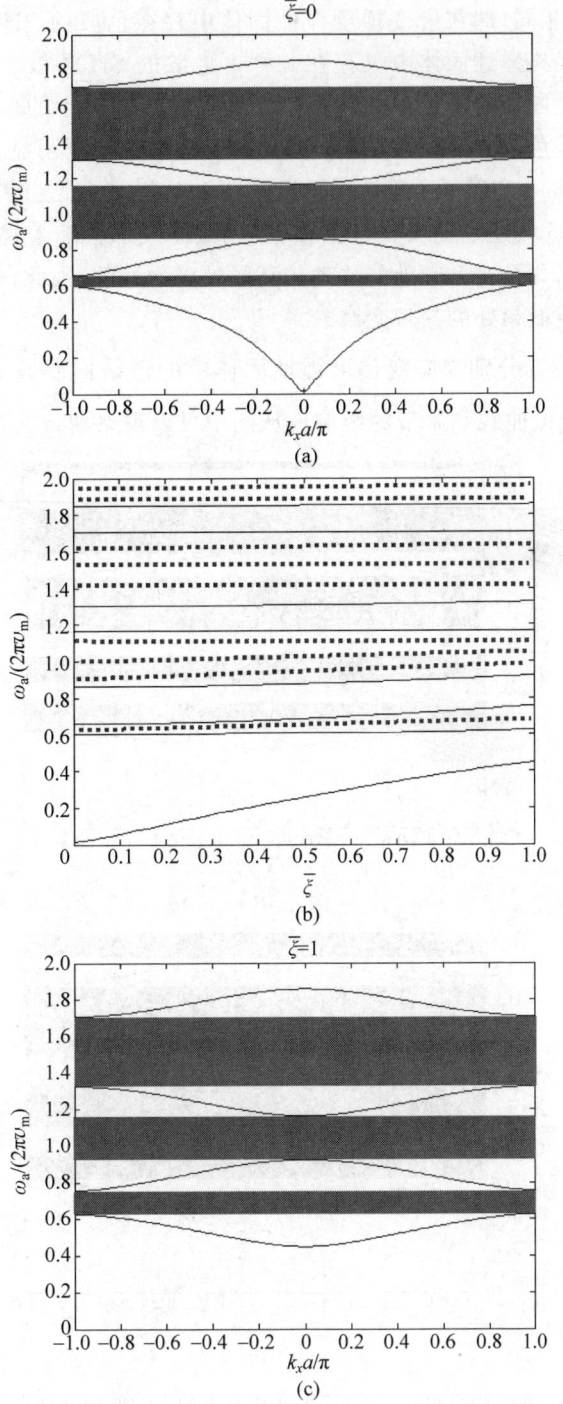

图 3-3　应变梯度弹性固体的周期性结构中出平面布洛赫波的色散曲线和禁带

（a）法向传播（$\bar{\xi}=0$）；（b）禁带边缘宽窄的变化；（c）倾斜传播（$\bar{\xi}\neq0$）

$\bar{c}_1=0.5,\bar{c}=0.77,\bar{d}_1=0.5,\bar{d}=2$

中的波型完全不相同,即在应变梯度弹性固体中存在色散的 SH 波和 SH 型表面波两种波型,而经典弹性固体中仅存在一种不色散的 SH 体波。从图中还可以看到,应变梯度弹性固体中的色散曲线相对于经典弹性固体中的色散曲线向高频处进行了移动,但是色散曲线在低频范围内的移动比高频处更明显,结果是第一和第二禁带变窄。图 3-2 和图 3-3 还显示了视波数 ξ 对色散曲线和禁带的影响。无论是应变梯度弹性固体还是经典弹性固体,其色散曲线都会随着视波数 ξ 的增大而向高频区域移动,并且在低频处的移动较高频处更为显著,因此,通常情况下,视波数 ξ 的增大,会使低频处的禁带变窄。

图 3-4 和图 3-5 分别为应变梯度弹性固体中的微结构参数 $\bar{c}_1 (= \sqrt{c_1}/a)$ 和 $\bar{d}_1 (= d_1/a)$ 对色散曲线和禁带的影响。从图中可以观察到,这两个微结构参数对

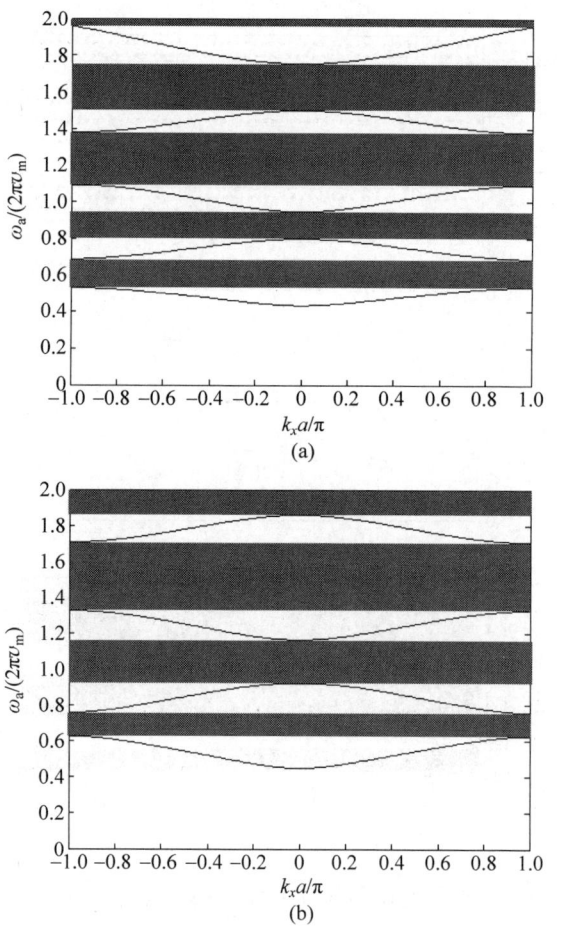

图 3-4 微结构参数 $\bar{c}_1$ 对出平面布洛赫波的色散曲线和禁带的影响

(a) $\bar{c}_1 = 0.4$; (b) $\bar{c}_1 = 0.5$; (c) $\bar{c}_1 = 0.7$

$\bar{c} = 0.77, \bar{d} = 2, \bar{d}_1 = 0.5, \bar{\xi} = 1$

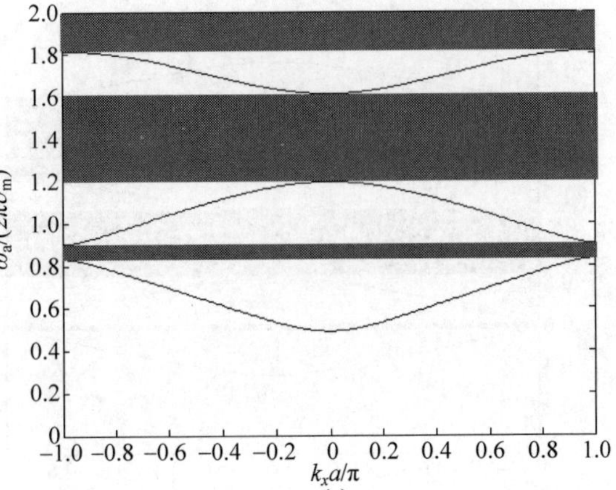

(c)

图 3-4　（续）

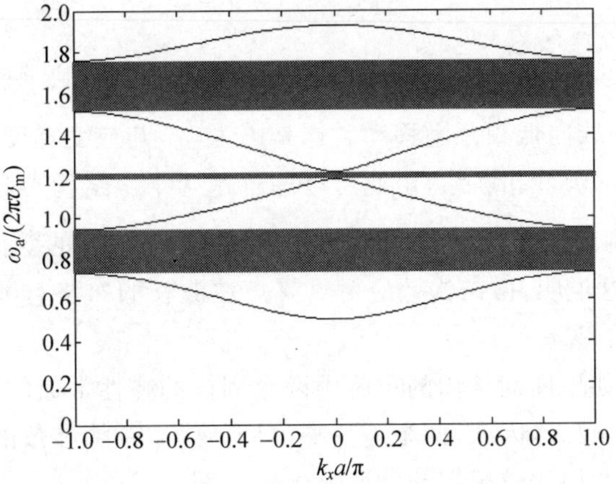

(a)

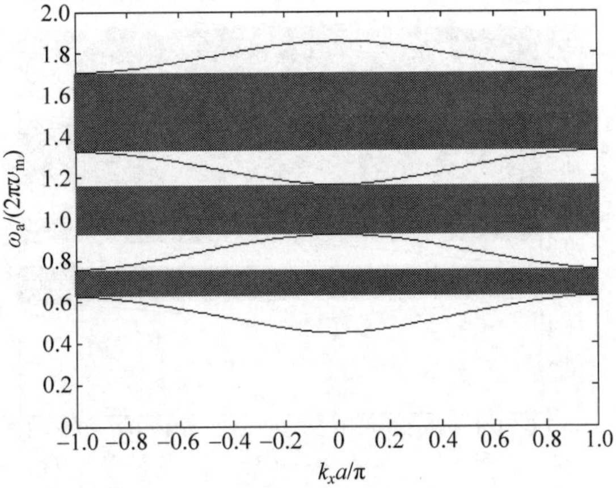

(b)

图 3-5　微结构参数$\bar{d}_1$对出平面布洛赫波的色散曲线和禁带的影响

(a) $\bar{d}_1=0.25$；(b) $\bar{d}_1=0.5$；(c) $\bar{d}_1=1$

$\bar{c}_1=0.5, \bar{c}=0.77, \bar{d}=2, \bar{\xi}=1$

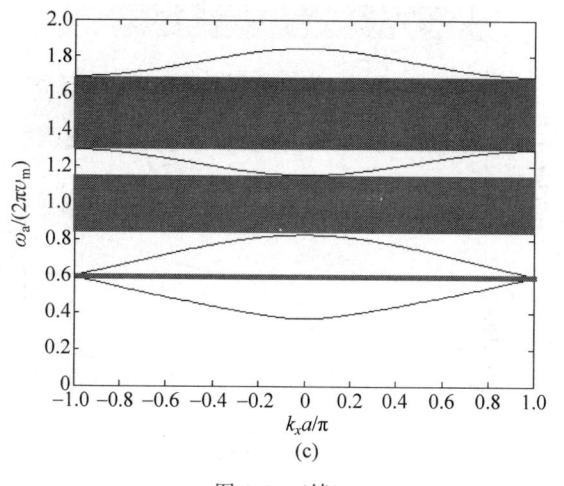

(c)

图 3-5 （续）

色散曲线的影响是不同的,即,随着 $\bar{c}_1$ 的增大,色散曲线向高频范围移动;而随着 $\bar{d}_1$ 的增大,色散曲线向低频范围移动。这是因为,c_1 与应变梯度的影响相联系,而 d_1 与微结构的内部惯性相联系,由此可以理解这两个微结构参数对色散曲线为什么会有不同的影响。注意到,色散曲线在 $\bar{\xi}(=\xi a)=1$ 附近的变化比在 $\bar{\xi}(=\xi a)=0$ 附近更加明显,这说明,微结构效应对具有短波波长的布洛赫波的影响比具有长波波长的布洛赫波显著。

　　一般情况下,如果周期结构的单胞中两个固体的弹性常数的差值比较大,那么对带隙的影响就比较大,因此,两个应变梯度固体中微结构参数的比值对色散曲线和禁带的影响,是我们比较感兴趣的研究内容。图 3-6 和图 3-7 分别显示了两个应

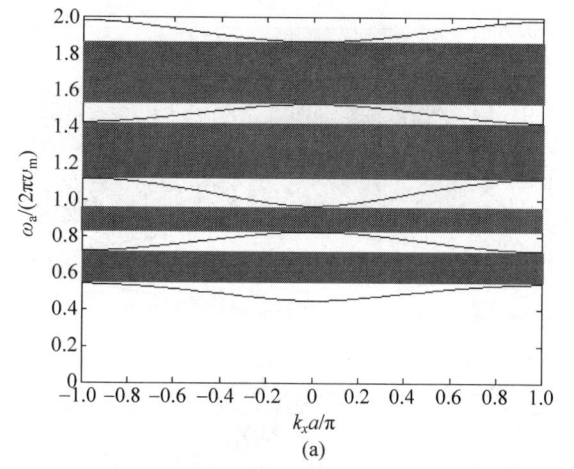

(a)

图 3-6　微结构参数 $\bar{c}$ 对出平面布洛赫波的色散曲线和禁带的影响
(a) $\bar{c}=0.5$; (b) $\bar{c}=0.77$; (c) $\bar{c}=1.25$
$\bar{c}_1=0.5, \bar{d}_1=0.5, \bar{d}=2\,\bar{\xi}=1$

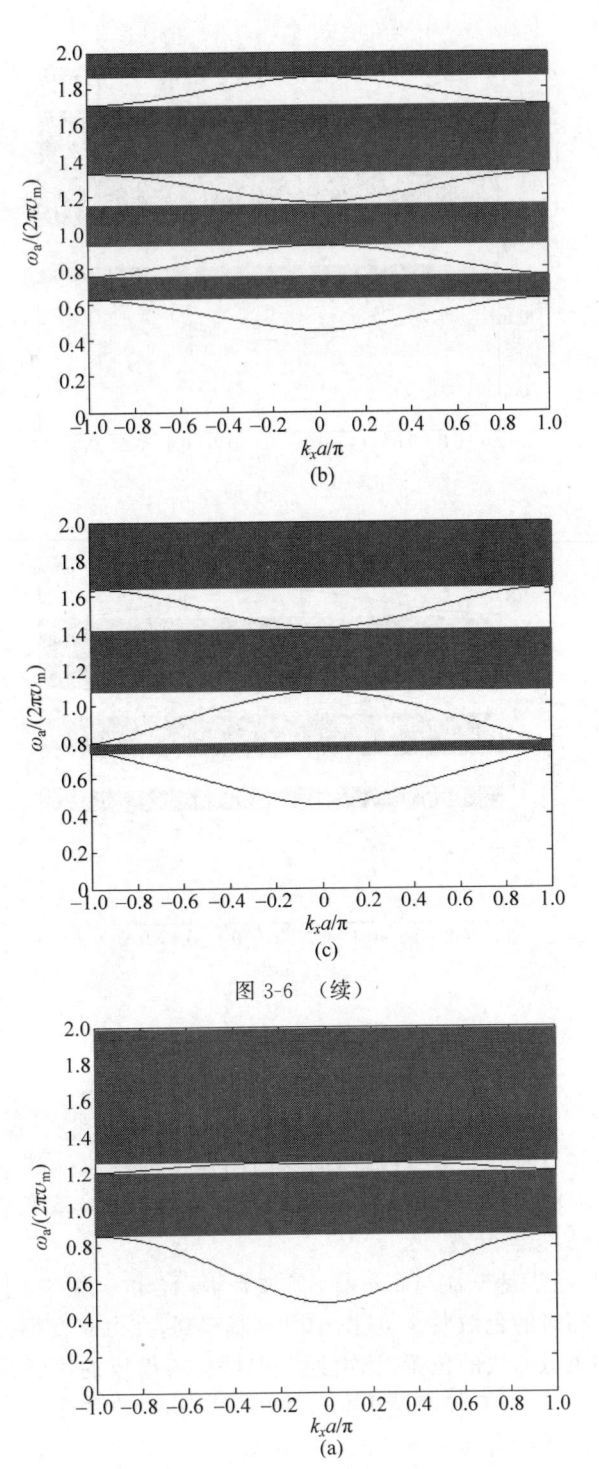

图 3-6 （续）

图 3-7 微结构参数 $\overline{d}$ 对出平面布洛赫波的色散曲线和禁带的影响

(a) $\overline{d}=0.77$；(b) $\overline{d}=1.25$；(c) $\overline{d}=2$

$\overline{c}_1=0.5, \overline{c}=0.77, \overline{d}_1=0.5, \overline{\xi}=1$

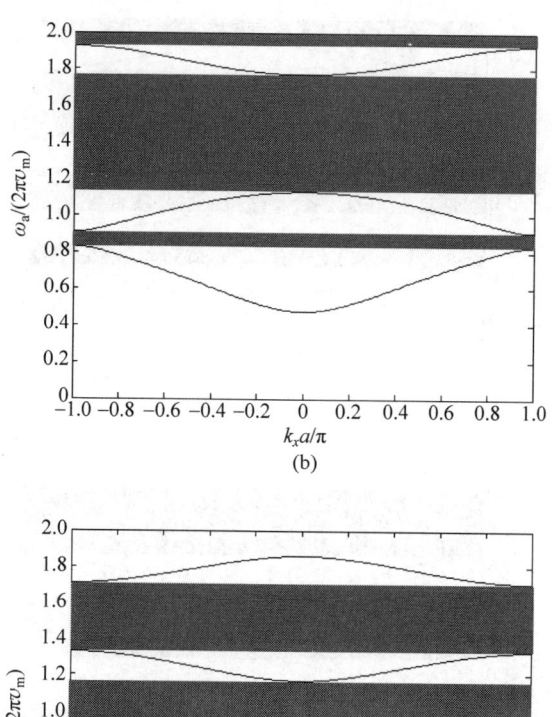

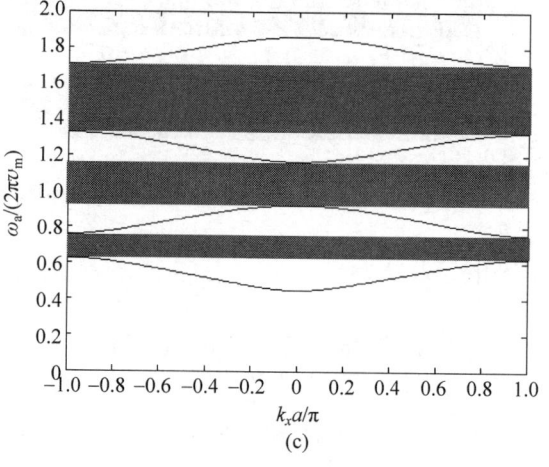

图 3-7 （续）

变梯度固体中微结构参数的比值 $\bar{c}$ 和 $\bar{d}$ 对色散曲线和禁带的影响，从图中可以观察到，当 $\bar{c}(=c_1/c_2)$ 的值增大时，色散曲线向高频范围移动，而当 $\bar{d}(=d_1/d_2)$ 的值增大时，色散曲线向低频范围移动，禁带的带宽也随之变宽或变窄。

2）面内传播的布洛赫波

法向传播时，布洛赫 P 波与布洛赫 SV 波是解耦合的。图 3-8 显示的是面内布洛赫波在法向传播时的色散曲线，从图中可以观察到，在由应变梯度弹性材料组成的声子晶体中的色散曲线的位置，比由经典弹性材料组成的声子晶体中的偏向于高频，这种偏差来自于应变梯度声子晶体中的微结构效应的影响。微结构效应使得应变梯度声子晶体中有四种色散波，即，色散 P 波、SV 波和两个色散的表面波，然而，在经典弹性的声子晶体中只有两种非色散体波，即，P 波和 SV 波。注意到，在 $\bar{\xi}(=\xi a)=1$ 附近两种声子晶体中的色散曲线的偏差比在 $\bar{\xi}(=\xi a)=0$ 附近更

明显,这种现象可以解释为,微结构效应对具有短波波长的布洛赫波的影响,比具有长波波长的布洛赫波更为显著。

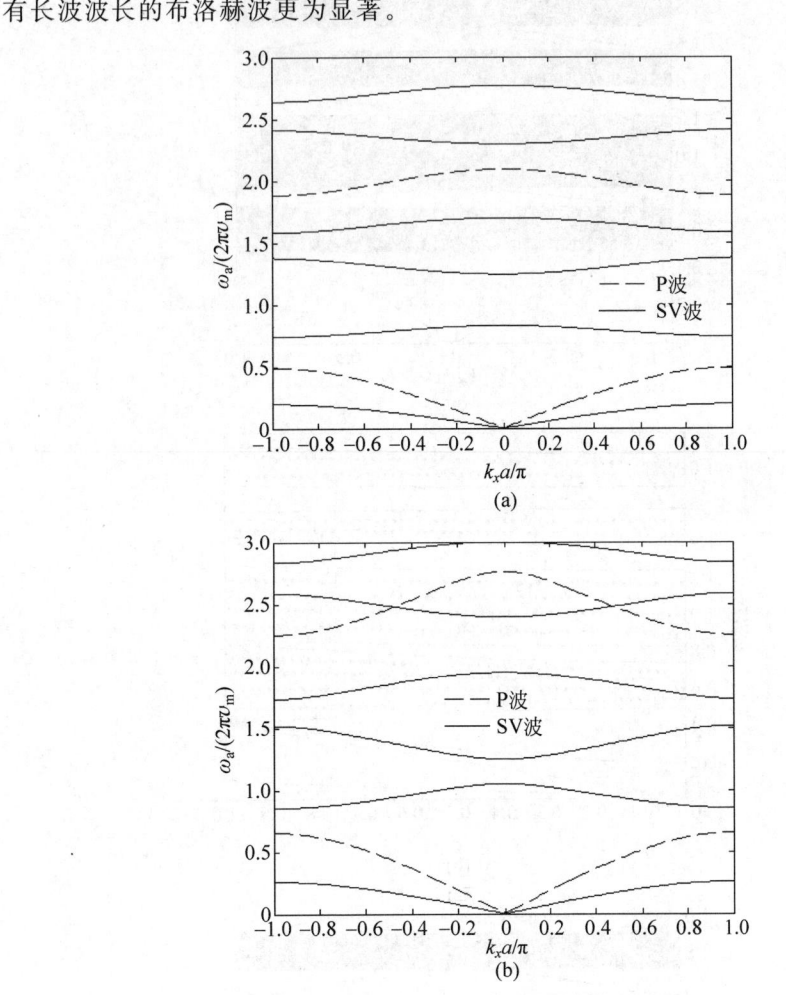

图 3-8　面内波在法向传播时的色散曲线

（a）经典弹性固体的周期性结构；（b）应变梯度弹性固体的周期性结构；

$$\overline{c}_1 = 0.15, \overline{d}_1 = 0.25, \overline{c} = 0.77, \overline{d} = 0.77$$

图 3-9 和图 3-10 分别为面内布洛赫波在经典弹性固体和应变梯度弹性固体的周期性结构中法向传播和倾斜传播时的色散曲线。从图中可以观察到,无论是法向传播还是倾斜传播,应变梯度声子晶体中的色散曲线比在经典弹性声子晶体中的偏向于高频区域,这说明,在应变梯度声子晶体中无论是法向传播还是倾斜传播的布洛赫波,微结构效应对其色散曲线都存在影响。与出平面布洛赫波相同,色散曲线在低频范围的移动比在高频范围的移动较为明显,此外,当视波数 ξ 增大时,色散曲线向高频范围移动,而且,无论是应变梯度声子晶体还是经典弹性声子晶体,在低频范围的移动都较为显著。

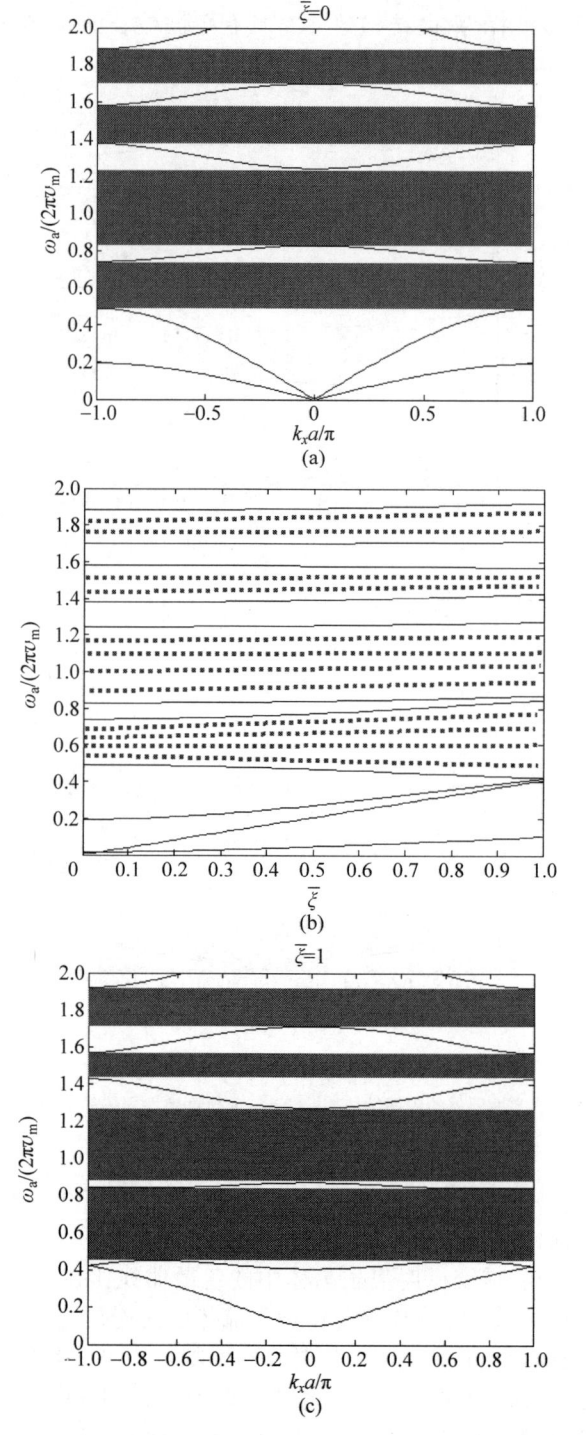

图 3-9　经典弹性固体的周期性结构中面内布洛赫波的色散曲线和禁带

（a）法向传播($\bar{\xi}=0$)；（b）禁带边缘宽窄的变化；（c）倾斜传播($\bar{\xi}\neq0$)

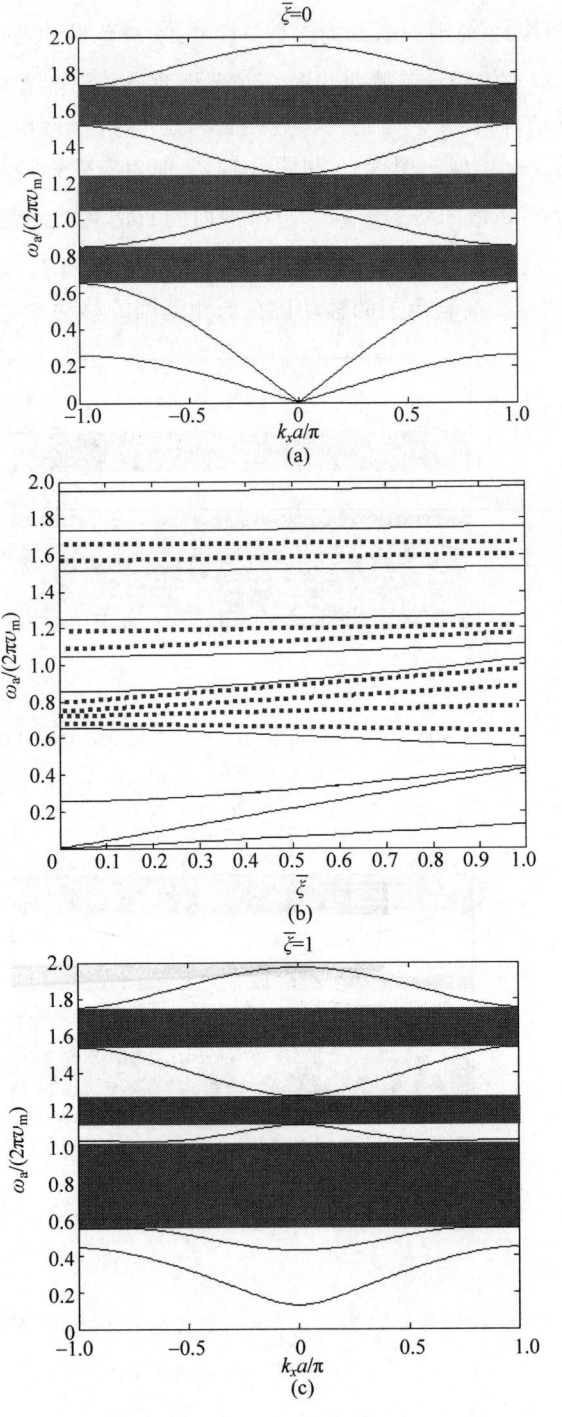

图 3-10 应变梯度弹性固体的周期性结构中面内布洛赫波的色散曲线和禁带

（a）法向传播（$\bar{\xi}=0$）；（b）禁带边缘宽窄的变化；（c）倾斜传播（$\bar{\xi}\neq0$）

$\bar{c}_1=0.15,\bar{d}_1=0.25,\bar{c}=0.77,\bar{d}=0.77$

　　图 3-11 和图 3-12 分别为微结构参数 $\bar{c}_1$ 和 $\bar{d}_1$ 对色散曲线的影响。从图中可以观察到,随着 $\bar{c}_1$ 的增大,色散曲线向高频范围移动;而随着 $\bar{d}_1$ 的增大,色散曲线向低频范围移动,而且两个微结构参数在高频处比在低频处的影响显著,这与出平面布洛赫波的情况类似。图 3-13 和图 3-14 分别为应变梯度固体中的微结构参数的比值 $\bar{c}$ 和 $\bar{d}$ 对色散曲线的影响。与出平面的布洛赫波的情况类似,色散曲线随着 $\bar{c}\,(=c_1/c_2)$ 的增大向高频范围移动,而随着 $\bar{d}\,(=d_1/d_2)$ 的增大向低频范围移动,但是色散曲线在高频范围的移动比在低频范围的移动要显著。

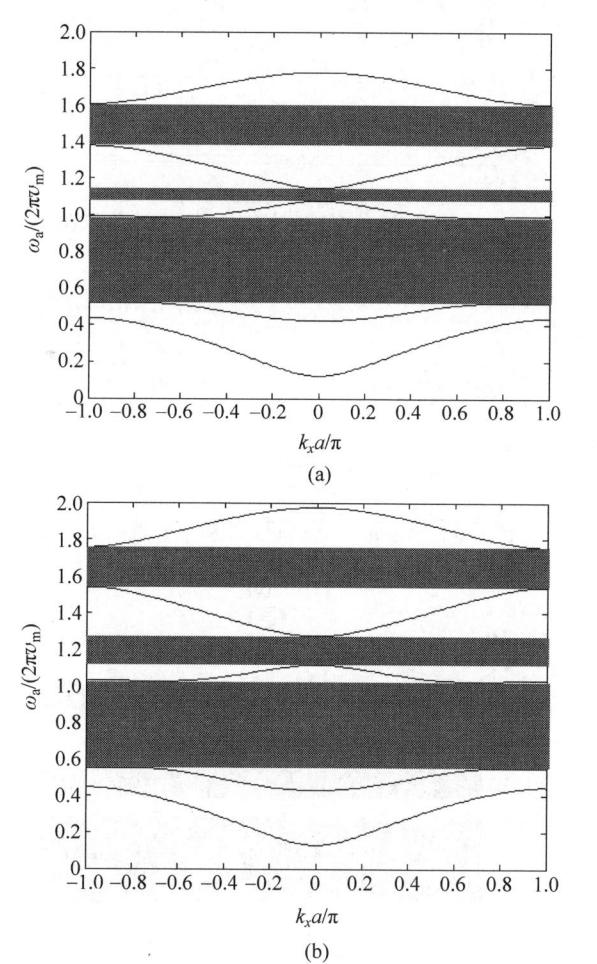

(a)

(b)

图 3-11　微结构参数 $\bar{c}_1$ 对面内布洛赫波的色散曲线和禁带的影响

(a) $\bar{c}_1=0.125$;(b) $\bar{c}_1=0.15$;(c) $\bar{c}_1=0.2$

$\bar{c}=0.77,\bar{d}=0.77,\bar{d}_1=0.25,\bar{\xi}=1$

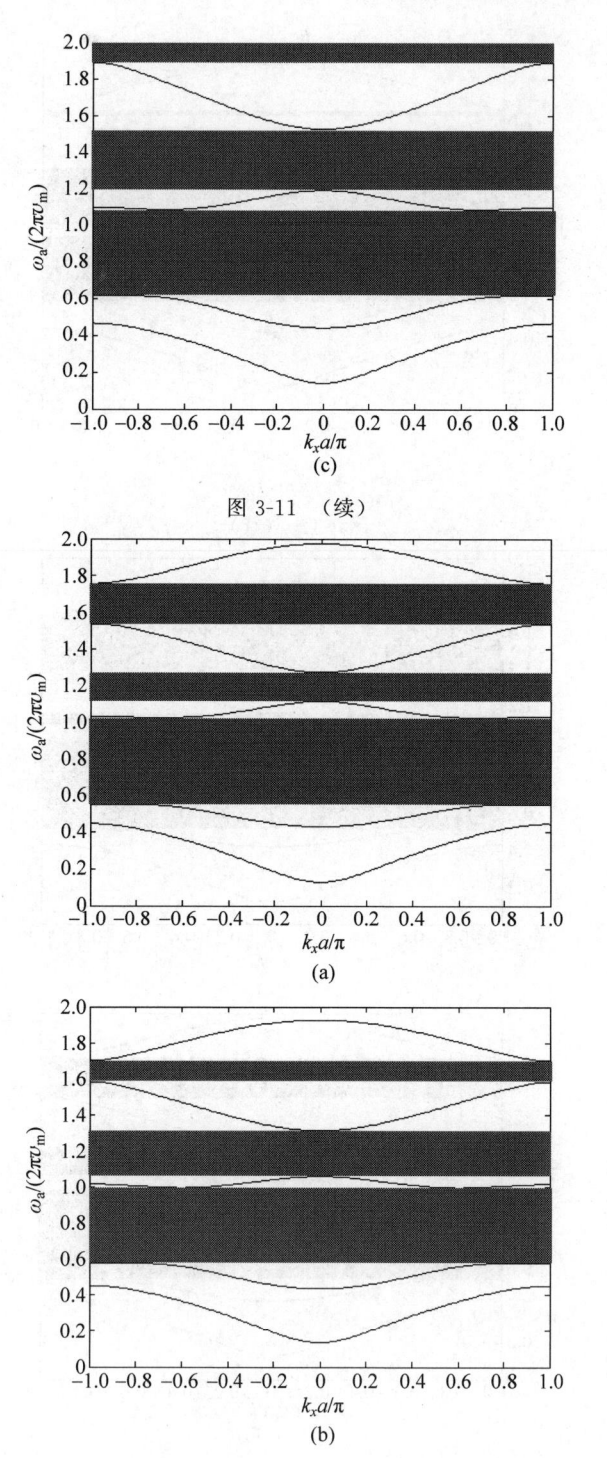

图 3-11 （续）

图 3-12 微结构参数 $\overline{d}_1$ 对面内布洛赫波的色散曲线和禁带的影响

（a）$\overline{d}_1 = 0.25$；（b）$\overline{d}_1 = 0.3$；（c）$\overline{d}_1 = 0.35$

$\overline{c}_1 = 0.15, \overline{c} = 0.77, \overline{d} = 0.77, \overline{\xi} = 1$

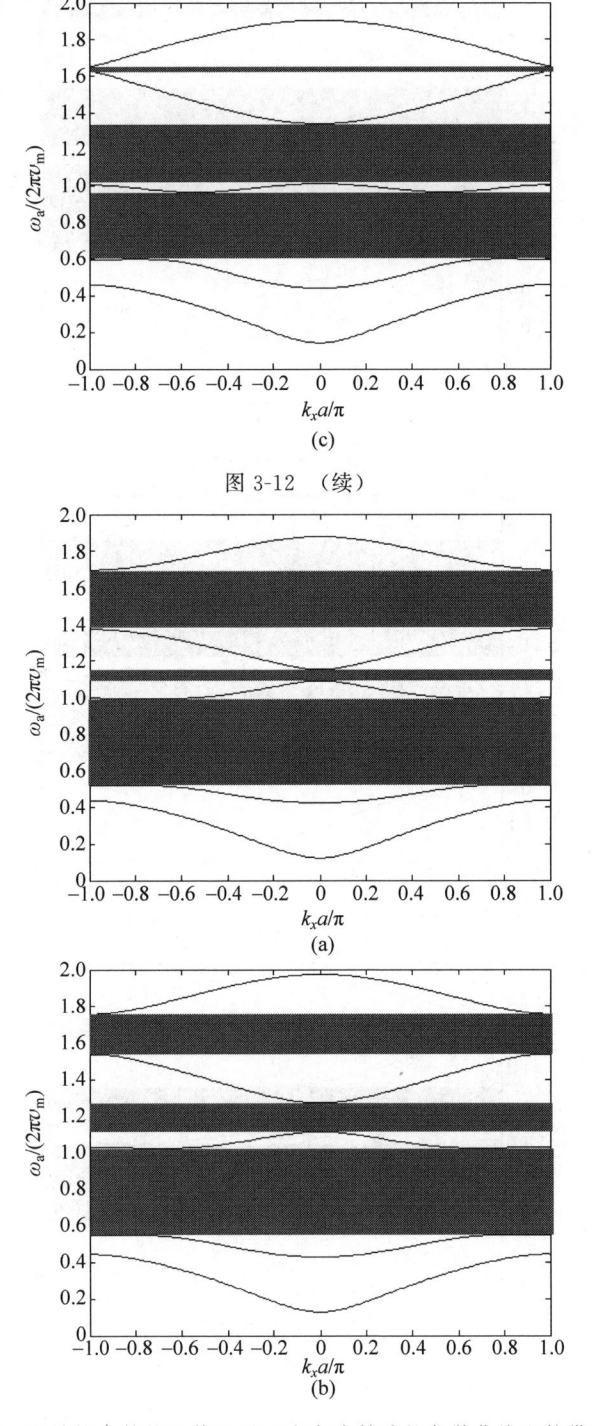

图 3-12 （续）

图 3-13 微结构参数的比值 $\overline{c}$ 对面内布洛赫波的色散曲线和禁带的影响

（a） $\overline{c}=0.5$；（b） $\overline{c}=0.77$；（c） $\overline{c}=1.25$

$\overline{c}_1=0.15, \overline{d}=0.77, \overline{d}_1=0.25, \overline{\xi}=1$

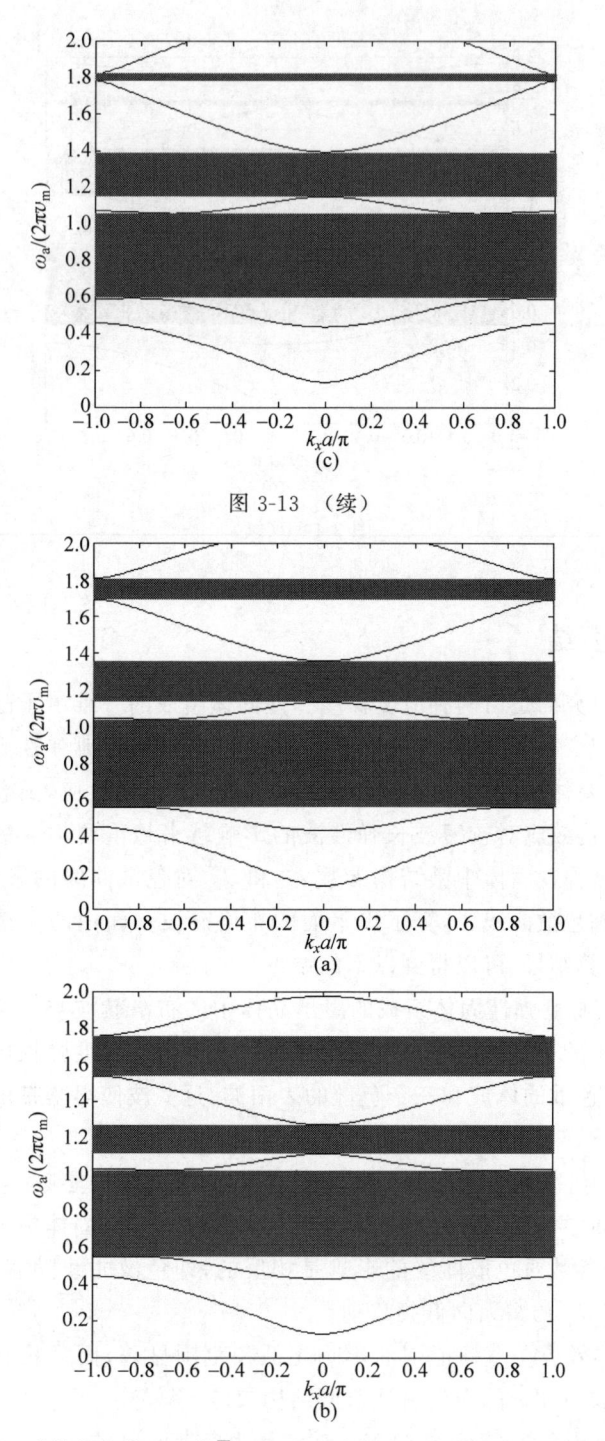

图 3-13　（续）

图 3-14　微结构参数的比值 $\overline{d}$ 对面内布洛赫波的色散曲线和禁带的影响

（a）$\overline{d}=0.56$；（b）$\overline{d}=0.77$；（c）$\overline{d}=1.25$

$\overline{c}_1=0.15$，$\overline{c}=0.77$，$\overline{d}_1=0.25$，$\overline{\xi}=1$

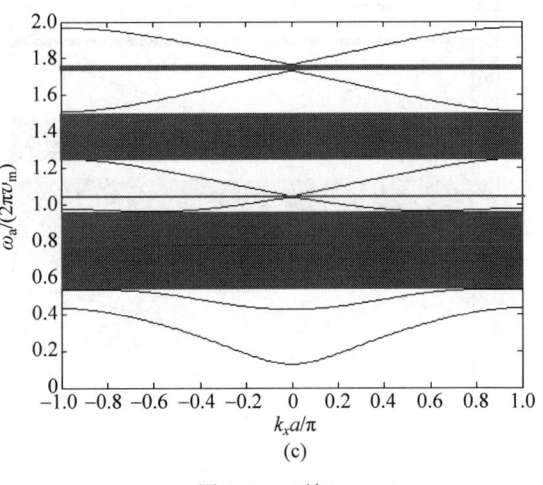

(c)

图 3-14 （续）

3.4　本章小结

　　本章主要研究的是由两种应变梯度弹性固体组成的一维声子晶体中布洛赫波的色散关系。应变梯度弹性固体组成的一维声子晶体与经典弹性固体组成的声子晶体相比较，主要体现的是应变梯度弹性固体中的微结构效应，随着微纳米声子晶体的发展，微结构效应对较短波长弹性波的影响越来越重要。本章的主要目的是研究在应变梯度弹性固体中微结构参数 c_1 和 d_1 对色散曲线的影响，通过求解色散方程可以得到色散曲线，计算了出平面的布洛赫波和面内的布洛赫波的色散曲线，基于数值计算结果，可以得到以下的结论。

　　（1）由应变梯度弹性固体组成的声子晶体中的布洛赫波与由经典弹性固体组成的声子晶体中的布洛赫波存在明显的区别。在由应变梯度弹性固体组成的声子晶体中，有三个色散的体波和三个色散的表面波，这些波使得禁带的宽度和中心频率有明显的偏移。

　　（2）在本章研究的应变梯度弹性模型中，有两个微结构参数 c_1 和 d_1，c_1 与应变梯度弹性固体中的微观弹性相联系，d_1 与应变梯度弹性固体中的微观惯性相联系，两个微结构参数对色散曲线的影响是相反的，即色散曲线随着 c_1 的增大向高频移动，而随着 d_1 的增大向低频移动。

　　（3）微结构效应在高频范围的影响比低频范围显著，而且具有短波波长的布洛赫波比具有长波波长的布洛赫波对微结构效应更敏感。

　　（4）在倾斜传播状态下，面内布洛赫波是由色散的 P 波和色散的 SV 波相互干涉而形成的，在法向传播的状态下，布洛赫波是解耦合的，解耦合的结果是分别存在布洛赫 P 波和布洛赫 SV 波。无论是倾斜传播还是法向传播，布洛赫波的色散

曲线都要受到微结构效应的影响。

（5）出平面布洛赫波与面内布洛赫截然不同，它是由 SH 波的相互干涉而形成的，即便微结构效应对面内布洛赫波和出平面布洛赫波的影响是相似的。另外，两种梯度固体中微结构参数的比值 c_1/c_2 和 d_1/d_2 对色散曲线有显著的影响，但无论是面内布洛赫波还是出平面布洛赫波，微结构参数的比值 c_1/c_2 和 d_1/d_2 对色散曲线的影响都是相反的。

第4章

表面效应对弹性波反射和透射的影响

固体的表面和与之相连的固体内部所呈现出来的性质是完全不同的。为了研究固体的表面效应,本章通过直接假设特殊形式的变形能密度函数,使得表面效应成为体材料本构关系中的一部分。在数值算例中,计算弹性波倾斜入射到两种不同应变梯度固体界面上的反射系数和透射系数,讨论表面效应对反射系数和透射系数的影响,最后用能量守恒验证数值计算结果。

4.1 控制方程和边界条件

根据明德林的微结构线弹性理论中的变形能密度函数(1-20),假设微观物质和宏观物质没有相对变形,即 $\gamma_{ij} = 0$,那么应变能密度函数简化为

$$W = \frac{1}{2}c_{ijkl}\varepsilon_{ij}\varepsilon_{kl} + \frac{1}{2}a_{ijklmn}\chi_{ijk}\chi_{lmn} + f_{ijklm}\chi_{ijk}\varepsilon_{lm} \tag{4-1}$$

这说明,应变能密度函数不仅包含应变,而且包含应变梯度,但是,即使是各项同性材料,也含有太多的材料参数,因此我们给出一个简化版的应变能密度函数,即

$$W = \left(\frac{1}{2}\lambda\varepsilon_{ii}\varepsilon_{jj} + \mu\varepsilon_{ij}\varepsilon_{ij}\right) + \left(\frac{1}{2}\lambda c\varepsilon_{ii,k}\varepsilon_{jj,k} + \mu c\varepsilon_{ij,k}\varepsilon_{ji,k}\right) +$$
$$\left[\frac{1}{2}\lambda b_k(\varepsilon_{ii}\varepsilon_{jj})_{,k} + \mu b_k(\varepsilon_{ij}\varepsilon_{ji})_{,k}\right] \tag{4-2}$$

其中,等号右边的第一项包含应变,第二项包含应变梯度。考虑

$$\int_V b_k(\varepsilon_{ij}\varepsilon_{ji})_{,k}\,\mathrm{d}V = \int_S (\varepsilon_{ij}\varepsilon_{ji})b_k n_k\,\mathrm{d}S \tag{4-3}$$

由式(4-3)可以看出,式(4-2)等号右边的第三项中的元素来自于固体表面。设

$$E_1 = \frac{1}{2}\lambda b_k n_k (\varepsilon_{ii}\varepsilon_{jj}) + \mu b_k n_k (\varepsilon_{ij}\varepsilon_{ji}) \tag{4-4}$$

那么,E_1 表示表面单位面积上的表面能,并且 E_1 的元素分别来自于表面上的正应力和剪切应力。定义

$$\tau_{ij} = \frac{\partial W}{\partial \varepsilon_{ij}} = (\lambda \delta_{ij}\varepsilon_{pp} + 2\mu\varepsilon_{ij}) + b_k (\lambda \delta_{ij}\varepsilon_{pp,k} + 2\mu\varepsilon_{ij,k}) \tag{4-5a}$$

$$\mu_{kij} = \frac{\partial W}{\partial \chi_{kij}} = b_k (\lambda \delta_{ij}\varepsilon_{pp} + 2\mu\varepsilon_{ij}) + c (\lambda \delta_{ij}\varepsilon_{pp,k} + 2\mu\varepsilon_{ij,k}) \tag{4-5b}$$

其中,λ 和 μ 是经典弹性常数;c 是微观的梯度系数(m^2);b_k 是表面参数(m);τ_{ij} 是柯西应力或单极应力;μ_{kij} 是偶极应力(N/m)。

如果微观介质的运动仅有刚体转动,那么

$$W = \mu[\varepsilon_{ij}\varepsilon_{ij} + c\varepsilon_{ij,k}\varepsilon_{ji,k} + b_k (\varepsilon_{ij}\varepsilon_{ij})_{,k}] \tag{4-6a}$$

$$\tau_{ij} = 2\mu(\varepsilon_{ij} + b_k\varepsilon_{ij,k}) \tag{4-6b}$$

$$\mu_{kij} = 2\mu(b_k\varepsilon_{ij} + c\varepsilon_{ij,k}) \tag{4-6c}$$

如果微观介质的运动不存在刚体转动,那么

$$W = \frac{1}{2}\lambda[\varepsilon_{ii}\varepsilon_{jj} + c\varepsilon_{ii,k}\varepsilon_{jj,k} + b_k (\varepsilon_{ii}\varepsilon_{jj})_{,k}] \tag{4-7a}$$

$$\tau_{ij} = \lambda \delta_{ij}(\varepsilon_{pp} + b_k\varepsilon_{pp,k}) \tag{4-7b}$$

$$\mu_{kij} = \lambda \delta_{ij}(b_k\varepsilon_{pp} + c\varepsilon_{pp,k}) \tag{4-7c}$$

动能密度包括两项,一项包含速度,另外一项包含速度梯度,即

$$T = \frac{1}{2}\rho\dot{u}_j\dot{u}_j + \frac{1}{6}\rho d^2 \dot{u}_{k,j}\dot{u}_{k,j} \tag{4-8}$$

其中,d 是微结构的特征长度;ρ 是质量密度。

外力所做的功是

$$W_1 = \int_V F_k u_k \, \mathrm{d}V + \int_S P_k u_k \, \mathrm{d}S + \int_S R_k D u_k \, \mathrm{d}S \tag{4-9}$$

其中,F_k 是体力;P_k 是单极力;R_k 是偶极力;Du_k 是位移的法向导数。

应用哈密顿变分原理

$$\delta \int_{t_0}^{t_1} \int_V (T - W) \, \mathrm{d}V \mathrm{d}t + \int_{t_0}^{t_1} \int_S \delta W_1 \, \mathrm{d}S \mathrm{d}t = 0 \tag{4-10}$$

忽略体积力和边界力,可以得到运动方程和边界条件,即

$$(\tau_{jk} - \mu_{ijk,i})_{,j} = \rho \ddot{u}_k - \frac{\rho d^2}{3}\ddot{u}_{k,jj} \tag{4-11}$$

$$P_k = n_j (\tau_{jk} - \mu_{ijk,i}) - D_j (n_i\mu_{ijk}) +$$

$$(D_l n_l) n_i n_j \mu_{ijk} + \frac{\rho d^2}{3} n_j \ddot{u}_{k,j} \tag{4-12a}$$

$$R_k = n_i n_j \mu_{ijk} \tag{4-12b}$$

其中，n_j 为固体边界的外法线方向；$D_j = (\delta_{jl} - n_j n_l)\partial_l$，$D = n_l\partial_l$。

虽然单极力和偶极力的表达式(4-12)与式(1-50)的形式完全相同，但是，式(4-12)考虑了表面能，而式(1-50)不存在表面效应。

4.2 界面上的反射和透射

将式(4-5)代入式(4-11)中，可以得到位移形式的运动方程

$$(1 - c\nabla^2)\left[(\lambda + \mu)\nabla\nabla\cdot\boldsymbol{u} + \mu\nabla^2\boldsymbol{u}\right] = \rho\ddot{\boldsymbol{u}} - \frac{\rho d^2}{3}\nabla^2\ddot{\boldsymbol{u}} \tag{4-13}$$

注意到微结构参数 c 和 d 出现在式(4-13)中，但表面参数 b_k 在式(4-13)中不出现，说明在固体中的微结构参数会改变波型，但是表面参数不会改变波型。对式(4-13)的求解过程与不考虑表面效应时的运动方程求解过程相同，波数以及振幅的符号也采用相同的记法。即 P 波、SV 波、SP 型和 SS 型表面波的波数分别是

$$\sigma_p = \left\{\frac{1}{2c}[\Delta_p - (1 - a_p)]\right\}^{\frac{1}{2}}, \quad \tau_p = \left\{\frac{1}{2c}[\Delta_p + (1 - a_p)]\right\}^{\frac{1}{2}},$$

$$\sigma_s = \left\{\frac{1}{2c}[\Delta_s - (1 - a_s)]\right\}^{\frac{1}{2}}, \quad \tau_s = \left\{\frac{1}{2c}[\Delta_s + (1 - a_s)]\right\}^{\frac{1}{2}},$$

$$a_p = \frac{\omega^2 d^2}{3V_p^2}, \quad a_s = \frac{\omega^2 d^2}{3V_s^2}, \quad \Delta_p = \left[(1 - a_p)^2 + \frac{4c\omega^2}{V_p^2}\right]^{\frac{1}{2}},$$

$$\Delta_s = \left[(1 - a_s)^2 + \frac{4c\omega^2}{V_s^2}\right]^{\frac{1}{2}}$$

P 波的波数在 y 轴上的投影记为 β_p；SV 波的波数在 y 轴上的投影记为 β_s；SP 型和 SS 型表面波在 y 轴上的衰减系数分别记为 γ_p 和 γ_s，则

$$\beta_p^2 = \sigma_p^2 - \xi^2, \quad \gamma_p^2 = \tau_p^2 + \xi^2, \quad \beta_s^2 = \sigma_s^2 - \zeta^2, \quad \gamma_s^2 = \tau_s^2 + \xi^2$$

如果应变能密度函数用式(4-6a)代替式(4-2)，那么波型不发生改变，仅仅是 P 波和 P 型表面波的波数发生了变化，变化的部分写作

$$a_p = \frac{\omega^2 d^2}{6V_s^2}, \quad \Delta_p = \left[(1 - a_p)^2 + \frac{2c\omega^2}{V_s^2}\right]^{\frac{1}{2}} \tag{4-14}$$

如果应变能密度函数用式(4-7a)代替式(4-2)，那么 P 波和 SP 波的波数发生的变化是

$$a_p = \frac{\omega^2 d^2}{3(V_p^2 - 2V_s^2)}, \quad \Delta_p = \left[(1 - a)^2 + \frac{4c\omega^2}{V_p^2 - 2V_s^2}\right]^{\frac{1}{2}} \tag{4-15}$$

此时，不存在 SV 波和 SS 波。

所有的反射波和透射波的振幅均由界面条件确定。我们考虑了界面效应和微

结构效应之后的连续界面条件表示为

$$(u_i^{(1)} - u_i^{(2)}) \mid_{y=0} = 0, \quad i = x, y \tag{4-16a}$$

$$(n_y u_{i,y}^{(1)} - n_y u_{i,y}^{(2)}) \mid_{y=0} = 0 \tag{4-16b}$$

$$(P_i^{(1)} - P_i^{(2)}) \mid_{y=0} = 0 \tag{4-16c}$$

$$(R_i^{(1)} - R_i^{(2)}) \mid_{y=0} = 0 \tag{4-16d}$$

其中,

$$P_x = 2\mu(1 - c\nabla^2)\varepsilon_{yx} - \left(c\frac{\partial}{\partial y} + b_y\right) \cdot$$

$$\left[(\lambda + 2\mu)\varepsilon_{xx,x} + \lambda\varepsilon_{yy,x}\right] + \frac{\rho d^2}{3}\ddot{u}_{x,y} \tag{4-17a}$$

$$P_y = (1 - c\nabla^2)\left[(\lambda + 2\mu)\varepsilon_{yy} + \lambda\varepsilon_{xx}\right] -$$

$$2\mu\left(c\frac{\partial}{\partial y} + b_y\right)\varepsilon_{xy,x} + \frac{\rho d^2}{3}\ddot{u}_{y,y} \tag{4-17b}$$

$$R_x = 2\mu\left(c\frac{\partial}{\partial y} + b_y\right)\varepsilon_{yx} \tag{4-17c}$$

$$R_y = \left(c\frac{\partial}{\partial y} + b_y\right)\left[(\lambda + 2\mu)\varepsilon_{yy} + \lambda\varepsilon_{xx}\right] \tag{4-17d}$$

注意,当法线是 y 轴方向时,单极力和偶极力的显示表达式中仅包含表面参数 b_y,说明表面参数 b_x 对单极力和偶极力没有影响。式(4-16)的矩阵形式是

$$\boldsymbol{A}\boldsymbol{x} = \boldsymbol{B} + \boldsymbol{C} \tag{4-18}$$

其中,$\boldsymbol{x}$ 表示各种波的振幅与入射波的振幅比;当 P 波入射时常数项矩阵是 $\boldsymbol{B}$;当 SV 波入射时常数项是矩阵 $\boldsymbol{C}$,矩阵 $\boldsymbol{A}$,$\boldsymbol{B}$ 和 $\boldsymbol{C}$ 的显示表达式被列在附录 E 中。通过求解矩阵方程(4-18)可以得到所有的反射系数和透射系数。需要说明的是,表面效应在微结构固体中虽然没有改变波型,但会改变单极力和偶极力的表达式,从而改变了边界条件,因此反射系数和透射系数还是受到了表面效应的影响。如果应变能密度函数式(4-2)由式(4-7a)代替,那么仅 P 波和 SP 波存在,因此式(4-16)中 $i = x$ 这个条件将不存在于边界条件中,系数矩阵 $\boldsymbol{A}$ 也由 8×8 矩阵退化为 4×4 矩阵。尤其是在法向入射时,不存在波型转换和表面波,那么矩阵 $\boldsymbol{A}$ 退化为 2×2 矩阵,由于仅存在两个未知系数,即体波的反射系数和透射系数,所以只需要两个界面条件就足够了。这样,界面条件(4-16)可以被分为两组,一组包含式(4-16a)和式(4-16c),另外一组包含式(4-16b)和式(4-16d);一组界面条件能随着入射波波长增加而逐渐趋于经典弹性固体的边界条件,而另外一组则包含了更多的微结构信息。

显然,所有的反射系数和透射系数依赖于两个微结构固体中的材料常数(ν_i,E_i,ρ_i,c_i,b_i,d_i)和入射波的参数(A_0,λ,ω,θ),即

$$\boldsymbol{x} = f(\nu_1, E_1, \rho_1, c_1, b_{1y}, d_1, \nu_2, E_2, \rho_2, c_2, b_{2y}, d_2, \lambda, \omega, \theta) \tag{4-19}$$

选择(ρ,d,ω)作为基本量,那式(4-19)的无量纲化形式如下:

$$x = f(\nu_1, 1, 1, \alpha_1, \beta_1, 1, \bar{\nu}, \bar{E}, \bar{\rho}, \bar{c}, \bar{b}, \bar{d}, \bar{\lambda}, 1, \theta) \tag{4-20}$$

其中，

$$\alpha_1 = \frac{\sqrt{c_1}}{d_1}, \ \beta_1 = \frac{b_{2y}}{d_1}, \ \bar{b} = \frac{b_{2y}}{b_{1y}}, \ \bar{d} = \frac{d_2}{d_1}, \ \bar{c} = \frac{c_2}{c_1}, \ \bar{E} = \frac{E_2}{E_1}, \ \bar{\nu} = \frac{\nu_2}{\nu_1}, \ \bar{\rho} = \frac{\rho_2}{\rho_1}, \ \bar{\lambda} = \frac{\lambda}{d_1}$$

我们主要研究表面参数 b ($b_1 = b_{1x}e_x + b_{1y}e_y$ 和 $b_2 = b_{2x}e_x + b_{2y}e_y$)，以及微结构参数 c 和 d 对各种波的影响。

沿着方向 n 传播的平面波的能流密度，可以通过如下公式计算得到：

$$q(n, t) = -P_i(n)\dot{u}_i - R_i(n)n_j\dot{u}_{i,j} \tag{4-21}$$

各种波的平均能流密度可以通过 $\bar{q}(n) = \frac{1}{T}\int_0^T q(n, t)dt$ 计算得到，即

$$\bar{q}_0^p(n_0) = \frac{1}{2}\omega\sigma_{p1}^3[(\lambda_1 + 2\mu_1) - \mu_1 m_{s1} +$$
$$2c_1(\lambda_1 + 2\mu_1)\sigma_{p1}^2]\mid A_0\mid^2 \tag{4-22a}$$

$$\bar{q}_0^s(n_0) = \frac{1}{2}\omega\sigma_{s1}^3\mu_1(1 - m_{s1} + 2c_1\sigma_{s1}^2)\mid B_0\mid^2 \tag{4-22b}$$

$$\bar{q}_1^{p1}(n_{p1}) = \frac{1}{2}\omega\sigma_{p1}^3[(\lambda_1 + 2\mu_1) - \mu_1 m_{s1} +$$
$$2c_1(\lambda_1 + 2\mu_1)\sigma_{p1}^2]\mid A_1\mid^2 \tag{4-22c}$$

$$\bar{q}_2^{p2}(n_{p2}) = \frac{1}{2}\omega\sigma_{p2}^3[(\lambda_2 + 2\mu_2) - \mu_2 m_{s2} +$$
$$2c_2(\lambda_2 + 2\mu_2)\sigma_{p2}^2]\mid A_2\mid^2 \tag{4-22d}$$

$$\bar{q}_1^{s1}(n_{s1}) = \frac{1}{2}\omega\sigma_{s1}^3\mu_1(1 - m_{s1} + 2c_1\sigma_{s1}^2)\mid B_1\mid^2 \tag{4-22e}$$

$$\bar{q}_2^{s2}(n_{s2}) = \frac{1}{2}\omega\sigma_{s2}^3\mu_2(1 - m_{s2} + 2c_2\sigma_{s2}^2)\mid B_2\mid^2 \tag{4-22f}$$

表面波 SS 波和 SP 波的平均能流计算方法与第 2 章表面波的平均能流的计算方法相同，则

$$\bar{q}_1^{sp1}(n) = \frac{1}{2}M\omega\xi\mid C_1\mid^2 J_1^{sp1} \tag{4-23a}$$

$$\bar{q}_1^{ss1}(n) = \frac{1}{2}M\omega\xi\mid D_1\mid^2 J_1^{ss1} \tag{4-23b}$$

$$\bar{q}_2^{sp2}(n) = \frac{1}{2}M\omega\xi\mid C_2\mid^2 J_2^{sp2} \tag{4-23c}$$

$$\bar{q}_2^{ss2}(n) = \frac{1}{2}M\omega\xi\mid D_2\mid^2 J_2^{ss2} \tag{4-23d}$$

其中，

$$J_1^{sp1} = \lambda_1\tau_{p1}^2 - 2\mu_1(\tau_{p1}^2 + \xi^2) + \mu_1 m_{s1}(\tau_{p1}^2 + 2\xi^2) +$$

$$2c_1\tau_{\mathrm{p1}}^2[\lambda_1\xi^2 + 2\mu_1(\tau_{\mathrm{p1}}^2 + 2\xi^2)]$$

$$J_1^{\mathrm{ss1}} = \mu_1[-(3\tau_{\mathrm{s1}}^2 + 4\xi^2) + m_{\mathrm{s1}}(\tau_{\mathrm{s1}}^2 + 2\xi^2) + 2c_1\tau_{\mathrm{s1}}^2(2\tau_{\mathrm{s1}}^2 + 3\xi^2)]$$

$$J_2^{\mathrm{sp2}} = \lambda_2\tau_{\mathrm{p2}}^2 - 2\mu_2(\tau_{\mathrm{p2}}^2 + \xi^2) + \mu_2 m_{\mathrm{s2}}(\tau_{\mathrm{p2}}^2 + 2\xi^2) + $$

$$2c_2\tau_{\mathrm{p2}}^2[\lambda_2\xi^2 + 2\mu_2(\tau_{\mathrm{p2}}^2 + 2\xi^2)]$$

$$J_2^{\mathrm{ss2}} = \mu_2[-(3\tau_{\mathrm{s2}}^2 + 4\xi^2) + m_{\mathrm{s2}}(\tau_{\mathrm{s2}}^2 + 2\xi^2) + 2c_2\tau_{\mathrm{s2}}^2(2\tau_{\mathrm{s2}}^2 + 3\xi^2)]$$

$$M = \frac{1 - \exp(-2)}{2}$$

能量守恒遵循：

$$E = \frac{\bar{q}^{\mathrm{p1}}(\boldsymbol{n}_{\mathrm{p1}})\cos\theta_{\mathrm{p1}} + \bar{q}^{\mathrm{s1}}(\boldsymbol{n}_{\mathrm{s1}})\cos\theta_{\mathrm{s1}}}{\bar{q}_0(\boldsymbol{n}_0)\cos\theta} + $$

$$\frac{\bar{q}^{\mathrm{p2}}(\boldsymbol{n}_{\mathrm{p2}})\cos\theta_{\mathrm{p2}} + \bar{q}^{\mathrm{s2}}(\boldsymbol{n}_{\mathrm{s2}})\cos\theta_{\mathrm{s2}}}{\bar{q}_0(\boldsymbol{n}_0)\cos\theta} = 1 \tag{4-24}$$

4.3　数值算例和讨论

数值计算中,我们主要研究的是考虑表面效应的应变梯度固体中表面参数 b_{1y} 和 b_{2y},以及微结构参数对反射系数和透射系数的影响。介质 1 和介质 2 中的泊松比取作 $\nu_1 = \nu_2 = 1/3$,两个介质中的密度比取作 $\bar{\rho}(=\rho_2/\rho_1) = 2/3$,剪切模量取作 $\bar{E}(=E_2/E_1) = 1/3$。

1) P 波入射的情况

图 4-1 显示的是不同的表面参数 b_{1y} 对体波的反射系数和透射系数的影响。从图中可以观察到,表面参数虽然对体波的反射系数和透射系数都有影响,但是对

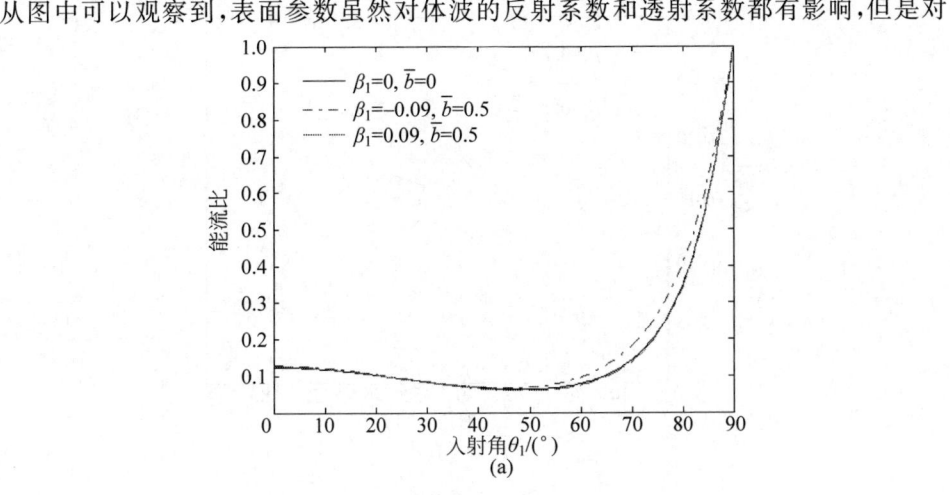

图 4-1　表面参数 β_1 对体波反射系数和透射系数的影响

（a）反射 P 波;（b）反射 SV 波;（c）透射 P 波;（d）透射 SV 波

$$\bar{b} = 0.5, \alpha_1 = 0.1, \bar{\lambda} = 10$$

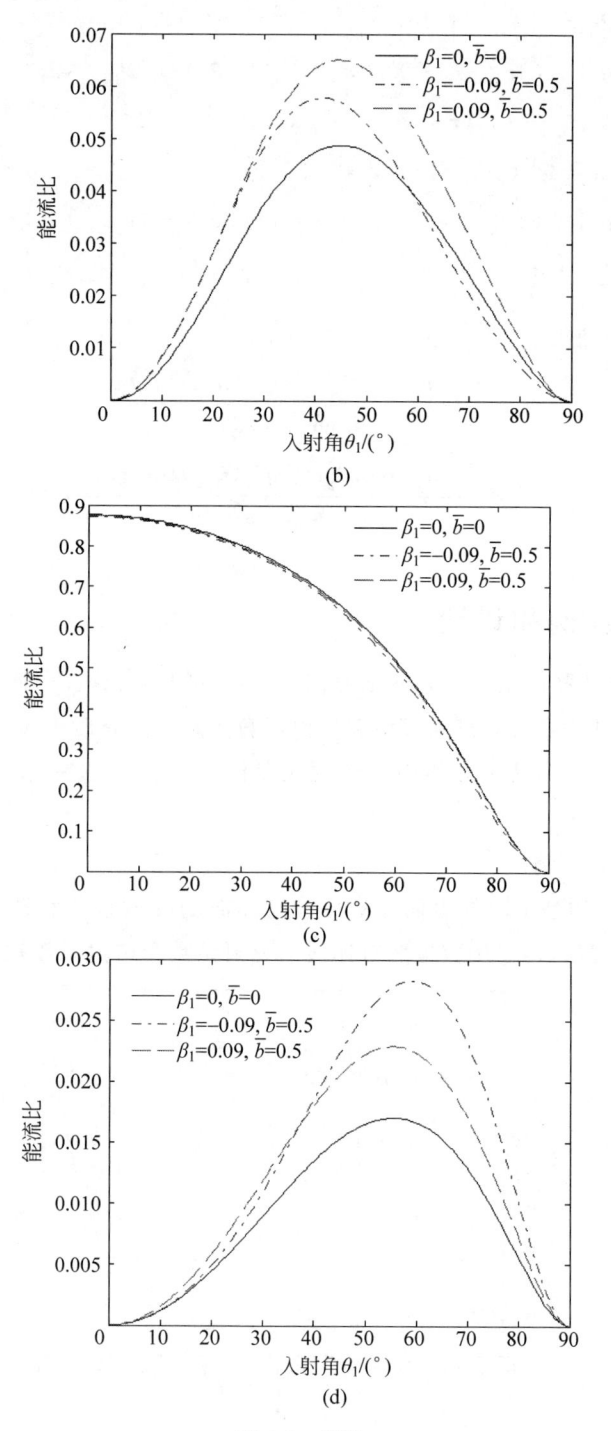

图 4-1 （续）

SV 波的影响比对 P 波的影响显著,此外,无论表面参数 b_{1y} 取正值还是负值,SV 波的反射系数和透射系数都会增大,这意味着表面参数能增强波型转换。图 4-2 显示的是表面参数 b_{1y} 对表面波的反射和透射的影响。虽然表面波携带的能量大概比体波携带的能量小三个数量级,但是表面能对表面波的影响比较显著。考虑表面效应后,无论是反射系数还是透射系数,表面波携带的能量都会增加。

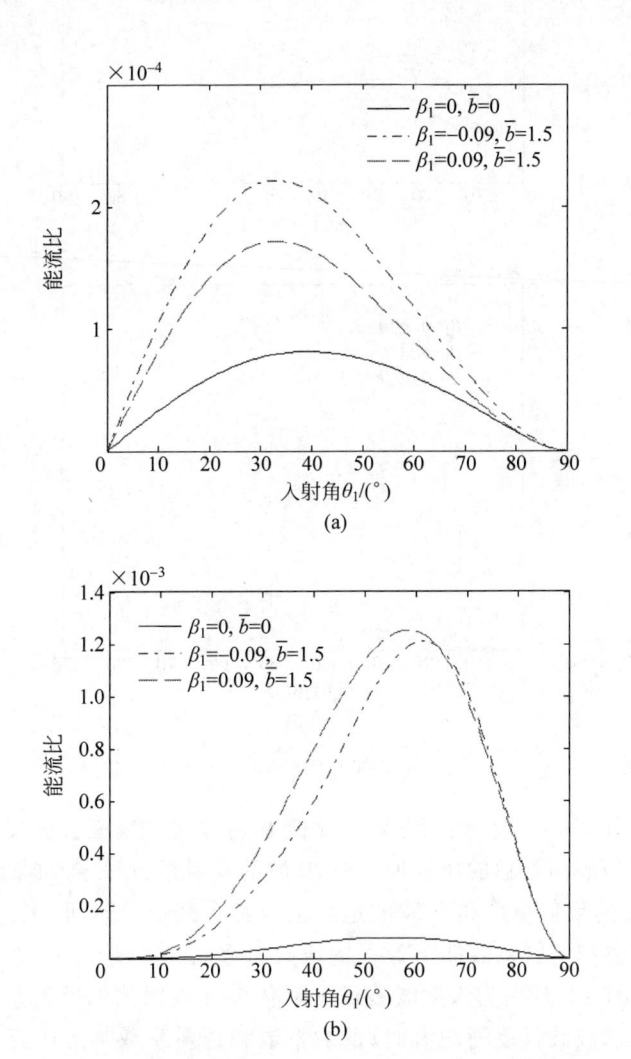

图 4-2　表面参数 β_1 对表面波反射系数和透射系数的影响

(a) 反射 SP 波;(b) 反射 SS 波;(c) 透射 SP 波;(d) 透射 SS 波

$$\bar{b} = 1.5, \alpha_1 = 0.1, \bar{\lambda} = 10$$

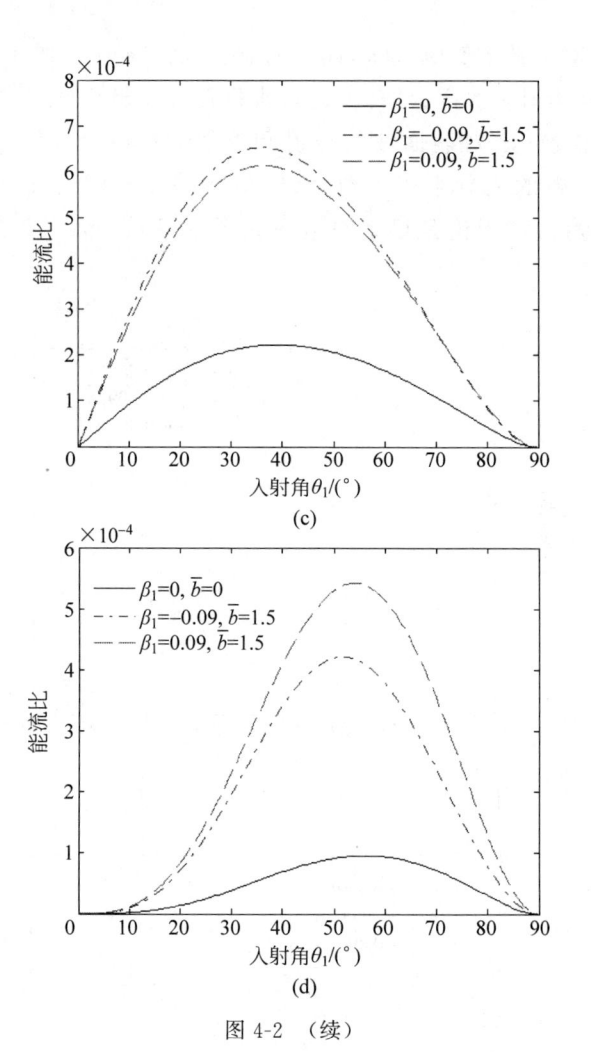

图 4-2 （续）

图 4-3 和图 4-4 分别为表面参数的比值 $\bar{b}$ 对体波和表面波的反射系数和透射系数的影响。当表面参数的比值增大时，P 波的反射系数和 SV 波的透射系数都会增大，而 SV 波的反射系数和 P 波的透射系数都会减小。然而，无论是 SS 波还是 SP 波，反射系数和透射系数都随着 $\bar{b}$ 的增大而增大。

图 4-5 和图 4-6 分别为入射波波长 $\bar{\lambda}$ 对体波和表面波的反射系数和透射系数的影响。当入射波波长逐渐增大时，反射系数和透射系数趋近于经典弹性固体中的反射系数和透射系数，表面波的反射系数和透射系数趋近于零，另外，入射波波长与微结构的特征长度越接近，微结构效应越显著。

图 4-7 显示的是当 P 波法向入射时，表面参数的比值 $\bar{b}$ 对体波反射系数和透射系数的影响。在法向入射时由于没有波型转换和表面波，所以仅存在反射和透射的 P 波。在界面条件中，如果只考虑 P 波垂直界面入射，那么有两组界面条件可

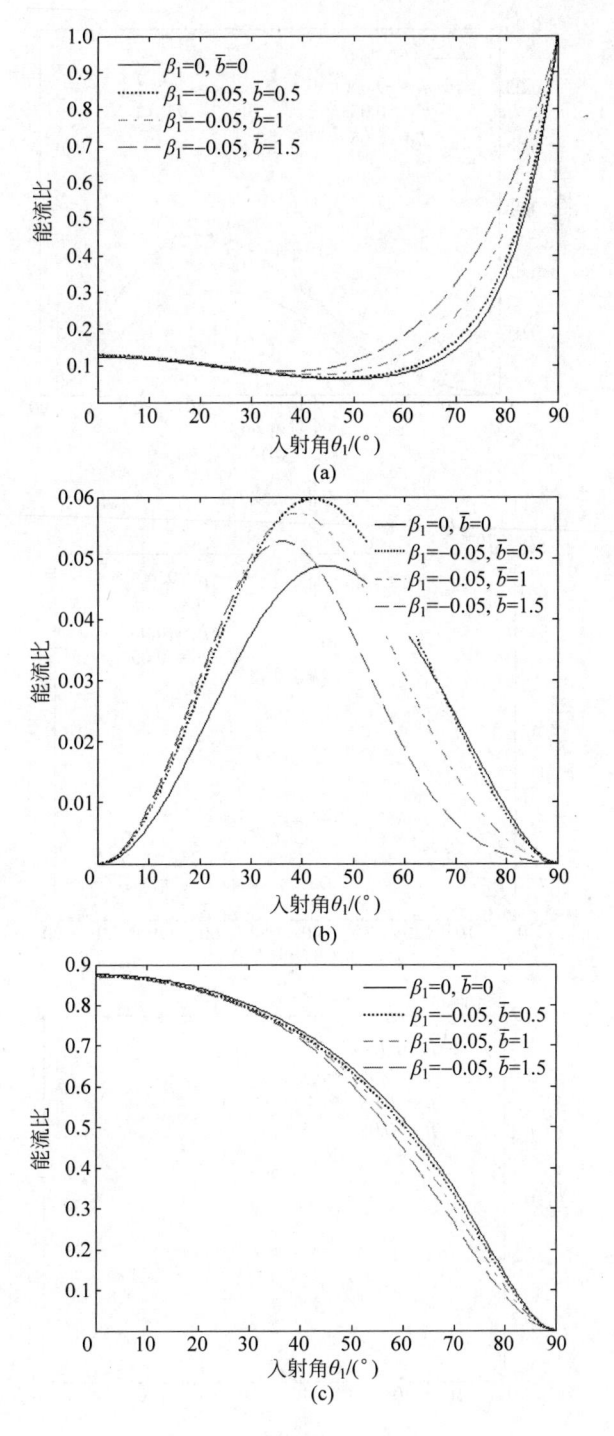

图 4-3　表面参数的比值 $\overline{b}$ 对体波的反射系数和透射系数的影响

（a）反射 P 波；（b）反射 SV 波；（c）透射 P 波；（d）透射 SV 波

$$\beta_1 = 0.05, \alpha_1 = 0.1, \overline{\lambda} = 10$$

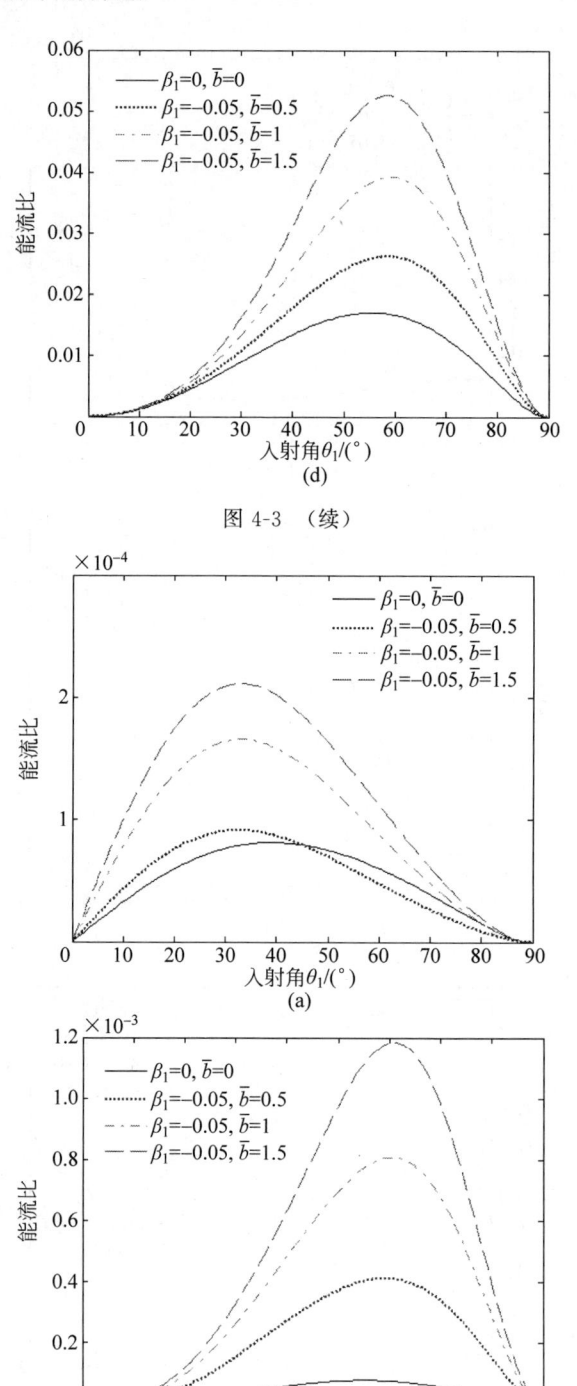

图 4-3 （续）

图 4-4 表面参数的比值 $\bar{b}$ 对表面波的反射系数和透射系数的影响
（a）反射 SP 波；（b）反射 SS 波；（c）透射 SP 波；（d）透射 SS 波
$\beta_1 = -0.05, \alpha_1 = 0.1, \bar{\lambda} = 10$

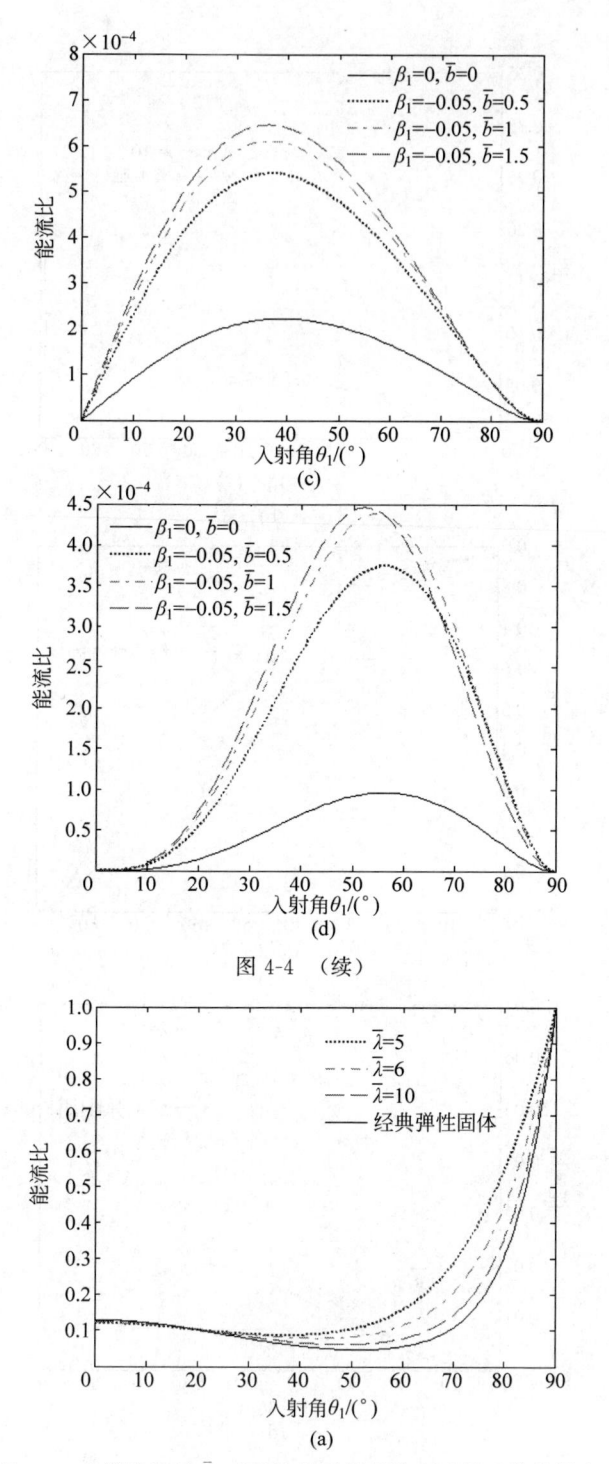

图 4-4 （续）

图 4-5 入射波波长 $\bar{\lambda}$ 对体波的反射系数和透射系数的影响
（a）反射 P 波；（b）反射 SV 波；（c）透射 P 波；（d）透射 SV 波
$\beta_1 = 0.05, \bar{b} = 0.5, a_1 = 0.1$

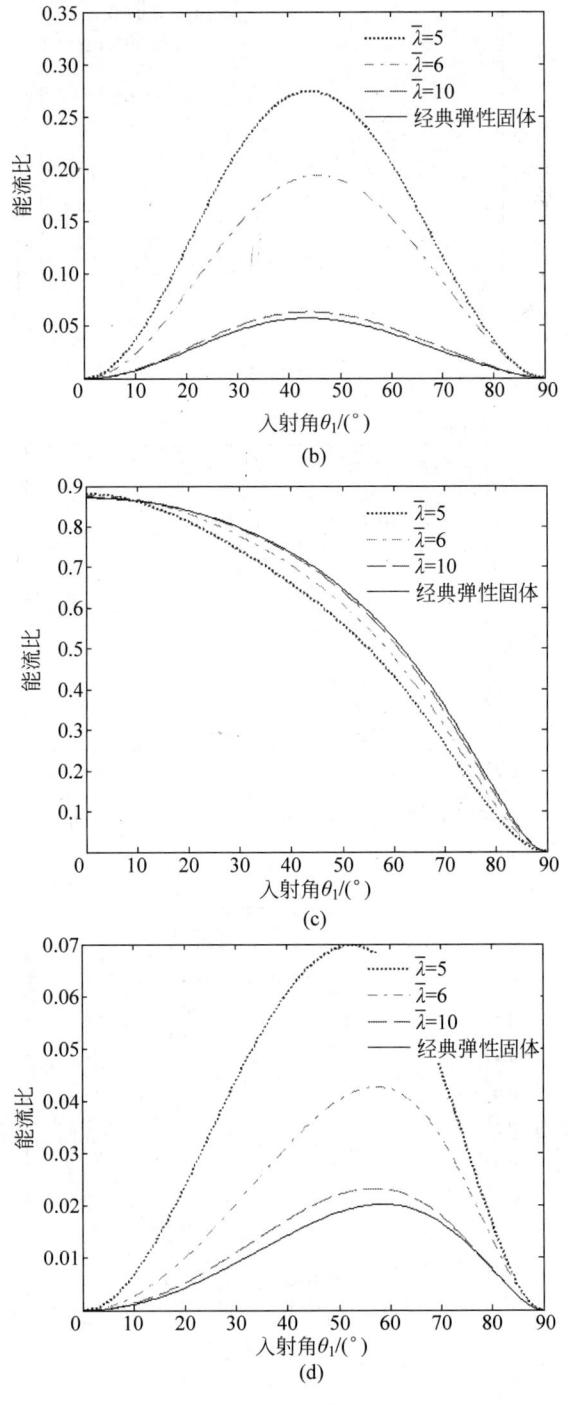

图 4-5 （续）

$$W = \frac{1}{2} c_{ijkl} \varepsilon_{ij} \varepsilon_{kl} + \frac{1}{2} b_{ijkl} \gamma_{ij} \gamma_{kl} + \frac{1}{2} a_{ijklmn} \chi_{ijk} \chi_{lmn} +$$

$$d_{ijklm} \gamma_{ij} \chi_{klm} + f_{ijklm} \chi_{ijk} \varepsilon_{lm} + g_{ijkl} \gamma_{ij} \varepsilon_{kl} \tag{1-20}$$

其中，c_{ijkl}、b_{ijkl}、a_{ijklmn}、d_{ijklm}、f_{ijklm}、g_{ijkl} 是材料常数张量。

定义柯西（Cauchy）应力 τ_{ij}、相对应力 σ_{ij}、偶应力 μ_{ijk} 如下：

$$\tau_{ij} = \frac{\partial W}{\partial \varepsilon_{ij}} = \tau_{ji} \tag{1-21}$$

$$\sigma_{ij} = \frac{\partial W}{\partial \gamma_{ij}} \neq \sigma_{ji} \tag{1-22}$$

$$\mu_{ijk} = \frac{\partial W}{\partial \chi_{ijk}} \tag{1-23}$$

则变形能的变分可写成

$$\begin{aligned}
\delta W &= \tau_{ij} \delta \varepsilon_{ij} + \sigma_{ij} \delta \gamma_{ij} + \mu_{ijk} \delta \chi_{ijk} \\
&= \tau_{ij} \partial_i \delta u_j + \sigma_{ij} (\partial_i \delta u_j - \delta \psi_{ij}) + \mu_{ijk} \partial_i \delta \psi_{jk} \\
&= \partial_i [(\tau_{ij} + \sigma_{ij}) \delta u_j] - \partial_i (\tau_{ij} + \sigma_{ij}) \delta u_j - \sigma_{ij} \delta \psi_{ij} + \\
&\quad \partial_i (\mu_{ijk} \delta \psi_{ij}) - \partial_i \mu_{ijk} \delta \psi_{jk}
\end{aligned} \tag{1-24}$$

利用高斯公式得

$$\begin{aligned}
\int_v \delta W \, dV = &-\int_V \partial_i (\tau_{ij} + \sigma_{ij}) \delta u_j \, dV - \int_V (\partial_i \mu_{ijk} + \sigma_{jk}) \delta \psi_{jk} \, dV + \\
&\int_S (\tau_{ij} + \sigma_{ij}) \delta u_j n_i \, dS + \int_S n_i \mu_{ijk} \delta \psi_{jk} \, dS
\end{aligned} \tag{1-25}$$

外力功的变分表示成

$$\delta W_1 = \int_V f_j \delta u_j \, dV + \int_V F_{jk} \delta \psi_{jk} \, dV + \int_S t_j \delta u_j \, dS + \int_S T_{jk} \delta \psi_{jk} \, dS \tag{1-26}$$

其中，f_j 为单位宏观体积的体力；t_j 为边界上单位宏观面积的面力；F_{jk} 为单位宏观体积的微观体力；T_{jk} 为单位宏观面积的微观面力。

根据哈密顿（Hamilton）原理

$$\delta \int_{t_0}^{t_1} \int_V (T - W) \, dV \, dt + \int_{t_0}^{t_1} \int_S \delta W_1 \, dS \, dt = 0 \tag{1-27}$$

得到运动方程：

$$\begin{cases}
\partial_i (\tau_{ij} + \sigma_{ij}) + f_j = \rho \ddot{u}_j \\
\partial_i \mu_{ijk} + \sigma_{jk} + F_{jk} = \frac{1}{3} \rho' d_{lj}^2 \ddot{\psi}_{lk}
\end{cases} \tag{1-28}$$

和边界条件：

$$\begin{cases}
t_j = n_i (\tau_{ij} + \sigma_{ij}) \\
T_{jk} = n_i \mu_{ijk}, \quad i, j, k = 1, 2, 3
\end{cases} \tag{1-29}$$

为了便于深入研究应变梯度固体中弹性波的波动现象，我们作如下假设：

（1）在笛卡儿直角坐标系下，假设具有微结构的连续体中的物质粒子是由一

微变形梯度

$$\chi_{ijk} = \frac{\partial \psi_{jk}}{\partial x_i} = \psi_{jk,i} \tag{1-10}$$

宏观变形

$$\frac{\partial u_j}{\partial X_i} \approx \frac{\partial u_j}{\partial x_i} = u_{j,i} \tag{1-11}$$

宏观应变

$$\varepsilon_{ij} = \frac{1}{2}(u_{j,i} + u_{i,j}) \tag{1-12}$$

宏观转动

$$\omega_{ij} = \frac{1}{2}(u_{i,j} - u_{j,i}) = -e_{ijk}\phi_k \tag{1-13}$$

相对变形

$$\gamma_{ij} = u_{j,i} - u'_{j,i} = u_{j,i} - \psi_{ij} \tag{1-14}$$

上述宏微观变形的协调方程为

$$e_{mik}e_{nlj}\varepsilon_{kl,ij} = 0, \quad \nabla \times \Gamma \times \nabla = 0 \tag{1-15a}$$

$$e_{mij}\chi_{jkl,i} = 0, \quad \nabla \times X = \nabla \times \Psi_{(ij)} \times \nabla = 0 \tag{1-15b}$$

$$\varepsilon_{jk,i} + \omega_{jk,i} - \gamma_{jk,i} = \chi_{ijk} \tag{1-15c}$$

设微物质体积元初始体积为 $\mathrm{d}X'_1\mathrm{d}X'_2\mathrm{d}X'_3 = 2d_1 \times 2d_2 \times 2d_3$，在现时构型上变形为斜六面体，各棱的方向系数为 l_{ij}，即

$$\mathrm{d}X_i = \frac{\partial X_i}{\partial x_j}\mathrm{d}x_j = l_{ij}\mathrm{d}x_j$$

则变形后的体积为

$$\mathrm{d}V' = |\, l_{ij}l_{jk} \,|^{\frac{1}{2}}\mathrm{d}x'_1\mathrm{d}x'_2\mathrm{d}x'_3 \tag{1-16}$$

以 ρ_M 表示宏观物质密度，ρ' 表示微观物质密度，则动能密度（单位宏观体积的动能）为

$$T = \frac{1}{2}\rho_M\dot{u}_j\dot{u}_j + \frac{1}{V'}\int_{V'}\frac{1}{2}\rho'(\dot{u}'_j + \dot{u}_j)(\dot{u}'_j + \dot{u}_j)\mathrm{d}V'$$

$$= \frac{1}{2}\rho_H\dot{u}_j\dot{u}_j + \frac{1}{6}\rho'd^2_{kl}\dot{\psi}_{kj}\dot{\psi}_{lj} \tag{1-17}$$

其中，u 和 ψ 上面的"圆点"表示位移对时间求导。

$$\rho_H = \rho_M + \rho' \tag{1-18}$$

$$d^2_{kl} = d_\rho d_q(\delta_{pm}\delta_{qm}l_{km}l_{lm}) \tag{1-19}$$

这里，δ_{ij} 是克罗内克（Kronecker delta）符号。

　　势能密度（单位宏观体积上的势能）是线性应变张量 ε_{ij}、宏观与微观物质的相对变形张量 γ_{ij} 和微变形梯度张量 χ_{ijk} 的函数，即

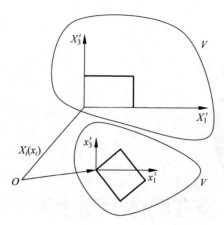

图 1-1　位移

$$\left|\frac{\partial u_j}{\partial X_i}\right| \leqslant 1, \quad \left|\frac{\partial u'_j}{\partial X'_i}\right| \leqslant 1 \tag{1-3}$$

于是近似有

$$\begin{cases} \dfrac{\partial u_j}{\partial X_i} \approx \dfrac{\partial u_j}{\partial x_i} = u_{j,i} \\[3mm] \dfrac{\partial u'_j}{\partial X'_i} \approx \dfrac{\partial u'_j}{\partial x'_i} = u'_{j,i} \end{cases} \tag{1-4}$$

其中,

$$\begin{cases} u_j = u_j(x_i, t) \\ u'_j = u'_j(x_i, x'_i, t) \end{cases} \tag{1-5}$$

即宏观位移仅是宏观坐标的函数,而微观位移不仅依赖于微观坐标,也依赖于宏观坐标。进一步假定微观位移场是微观质点坐标的线性函数,即

$$u'_j = x'_k \psi_{kj}(x_i, t) \tag{1-6}$$

定义下列各量:

微观变形

$$u'_{j,i} = \frac{\partial u'_j}{\partial x'_i} = \psi_{kj}(x_i, t)\delta_{ki} = \psi_{ij}(x_i, t) \tag{1-7}$$

微观应变

$$\varepsilon'_{ij} = \psi_{(ij)} = \frac{1}{2}(\psi_{ij} + \psi_{ji}) \tag{1-8}$$

微观转动

$$\psi_{[ij]} = \frac{1}{2}(\psi_{ij} - \psi_{ji}) = -e_{ijk}\phi'_k \tag{1-9}$$

其中,ϕ'_k 是反对称张量的轴矢量分量;e_{ijk} 是符号张量,即 $\boldsymbol{e}_i \times \boldsymbol{e}_j = e_{ijk}\boldsymbol{e}_k$。

第1章

弹性波在固体界面上的反射和透射

弹性波在固体中传播,如果入射波长较短或频率较高,此时就需要考虑材料的微结构效应,应变梯度弹性理论的本构方程中含有材料的内禀特征长度,从而可以反映材料的微结构效应。本章基于明德林的微结构线性弹性理论,忽略微观和宏观的相对运动,详细推导出应变梯度弹性理论中的本构关系、控制方程和边界条件,并对弹性波在界面上的反射和透射问题,以及五种界面条件对弹性波传播行为的影响进行研究。

1.1 应变梯度弹性理论

1.1.1 控制方程和边界条件

假设 $X_i(i=1,2,3)$ 和 $x_i(i=1,2,3)$ 分别表示宏观物质质点在参考构形的位置和现在的位置;$X_i'(i=1,2,3)$ 和 $x_i'(i=1,2,3)$ 分别表示微观物质质点在参考构形的位置和现在的位置。带撇号的坐标系是以宏观物质质点的位置作为原点的平动坐标系,如图 1-1 所示。

定义宏观位移

$$u_i = x_i - X_i \tag{1-1}$$

和微观位移

$$u_i' = x_i' - X_i' \tag{1-2}$$

假定位移梯度为小量,即

目录
CONTENTS

梯度固体中存在色散的六种波型，即 P 波、SV 波、SH 波、SP 波、SS 波和 SHH 波，基于此理论研究了界面上的反射和透射问题，并且首次提出了能量传送通道的概念，应用能量传送通道解释了五种界面条件对反射系数和透射系数的影响。第 2 章研究了含应变梯度弹性固体夹层的三明治结构中波的反射和透射问题。分两种情况：①夹层两侧是应变梯度弹性固体材料；②夹层两侧是经典弹性固体材料，分别计算了以能流表示的反射系数和透射系数，讨论了入射波波长、夹层中微结构参数、两种应变梯度固体中微结构参数的比值，以及夹层厚度对反射和透射波的影响。第 3 章在两种不同应变梯度固体呈周期性无限排列的声子晶体中，应用布洛赫定理，研究了布洛赫波传播的色散特征和带隙特性。详细推导了面内和出平面布洛赫波倾斜和法向传播时的传递矩阵，讨论了微结构参数对色散曲线和带隙的影响。第 4 章通过恰当地构造应变能密度函数，将表面效应引入材料本构关系中，推导出控制方程和边界条件，计算了面内波的能量反射系数和透射系数，讨论了材料表面效应对弹性波反射和透射的影响。第 5 章研究了热-力耦合弹性波在应变梯度固体中的传播。推导了能量守恒公式、本构关系和热传导方程。按照温度与熵流密度的四种组合形式给出了等温、绝热、阻热和理想的热力学界面条件。计算并讨论了在各种热力耦合界面上的能量反射系数和透射系数。通过以上内容的研究，揭示了微结构效应、表面效应，以及热-力耦合效应对高频弹性波在固体材料中传播的影响。其研究成果可用于声学显微镜、声表面波器件、声体波谐振器以及声学超材料的设计指导。

　　本书是著者近年来应用应变梯度弹性理论研究弹性波在固体中传播行为的主要研究成果的总结。本书的出版得到了国家自然科学基金（No. 12072022）、国家留学基金、黑龙江省自然科学基金（No. LH2019A026）和黑龙江省省属高等学校基本科研业务费科研项目（No. 135509123）的部分资助，在此一并表示感谢。

作　者

2021 年 1 月

经典弹性理论认为，一点的应力只与该点的应变有关，支配材料力学行为的本构方程中不包括微观粒子的特征长度，因此不能反映材料的尺寸效应。根据经典弹性理论，弹性波在均匀材料中传播是非色散的。事实上，当弹性波的入射波长与材料内部微结构的特征长度近似时，微结构效应逐渐显现，这使得弹性波传播呈现色散特征。因此，为了弥补经典弹性理论在微纳米尺度下不能精确和详细地描述材料的波动力学行为的缺陷，广义的弹性连续体理论，如应变梯度弹性理论、非局部理论、微态理论、偶应力理论、微极理论和微伸缩理论被相继地提出。在广义的弹性连续体理论中，因为质点自由度的增加，使得质点的振动模式变得更加复杂，以至于微结构固体中产生了很多经典弹性固体中不存在的新的波动模式。1964年，明德林(R. D. Mindlin)提出了一种具有微结构的线性弹性理论，即应变梯度弹性理论。应变梯度弹性理论是为解释材料在微纳米尺度下的尺寸效应现象而发展起来的一种广义的弹性连续体理论。应变梯度弹性理论认为，一点的应力不仅与该点的应变有关，还与该点的各阶应变梯度有关，这样的材料被称为高阶材料。应变梯度弹性理论在本构方程中引入了应变梯度，用以反映微结构效应，因此应变梯度弹性理论可以捕捉到材料的尺寸效应。另外，在应变梯度弹性理论中认为宏观振动和微观振动共同存在，宏观振动和微观振动的耦合，导致十二种波动模式，它们当中有八种是色散波，这种情形对于深入研究微结构弹性固体中的波动问题十分困难。本书主要依据明德林的微结构线弹性理论，在忽略宏观和微观相对变形的基础上，推导了含有两个附加常数的应变梯度弹性理论，并应用此理论研究了弹性波在不同结构固体中的传播特性，以及微结构效应、表面效应、界面条件和热效应对弹性波传播的影响。

全书共5章。第1章应用明德林的微结构线弹性理论详细推导了应变梯度弹性理论，在这个理论中除了经典弹性拉梅常数外又引入了两个额外的参数 c 和 d，c 反映微结构的弹性性质，d 反映微结构的惯性性质，因为 c 和 d 的影响，使得应变

内 容 简 介

本书是一部研究弹性波在应变梯度弹性固体中传播特性的专著。本书在明德林的微结构线弹性理论框架下,详细地推导和阐述了弹性波在应变梯度弹性固体的单层界面、多层界面和无限周期结构中的传播特征,并应用 MATLAB 软件进行了数值模拟,通过数值计算详细讨论了微结构效应、表面效应、界面条件和热效应对弹性波传播行为的影响。

本书可作为应用数学、固体力学和声学等专业高年级本科生的参考书及硕士研究生的教材,对相关学科领域的科研人员和工程技术人员也有重要的使用和参考价值。

图书在版编目(CIP)数据

应变梯度弹性固体中的弹性波/李月秋著. —北京: 清华大学出版社,2021.9(2022.11 重印)
ISBN 978-7-302-58692-0

Ⅰ. ①应… Ⅱ. ①李… Ⅲ. ①弹性波－研究 Ⅳ. ①O347.4

中国版本图书馆 CIP 数据核字(2021)第 141307 号

责任编辑:鲁永芳
封面设计:常雪影
责任校对:赵丽敏
责任印制:刘海龙

出版发行:清华大学出版社
  网 址:http://www.tup.com.cn,http://www.wqbook.com
  地 址:北京清华大学学研大厦 A 座   邮 编:100084
  社 总 机:010-83470000   邮 购:010-62786544
  投稿与读者服务:010-62776969,c-service@tup.tsinghua.edu.cn
  质量反馈:010-62772015,zhiliang@tup.tsinghua.edu.cn
印 装 者:三河市少明印务有限公司
经 销:全国新华书店
开 本:170mm×240mm 印 张:10.75   字 数:217 千字
版 次:2021 年 9 月第 1 版   印 次:2022 年 11 月第 2 次印刷
定 价:79.00 元

产品编号:092353-01

应变梯度弹性固体中的弹性波

李月秋 著

清华大学出版社

北京

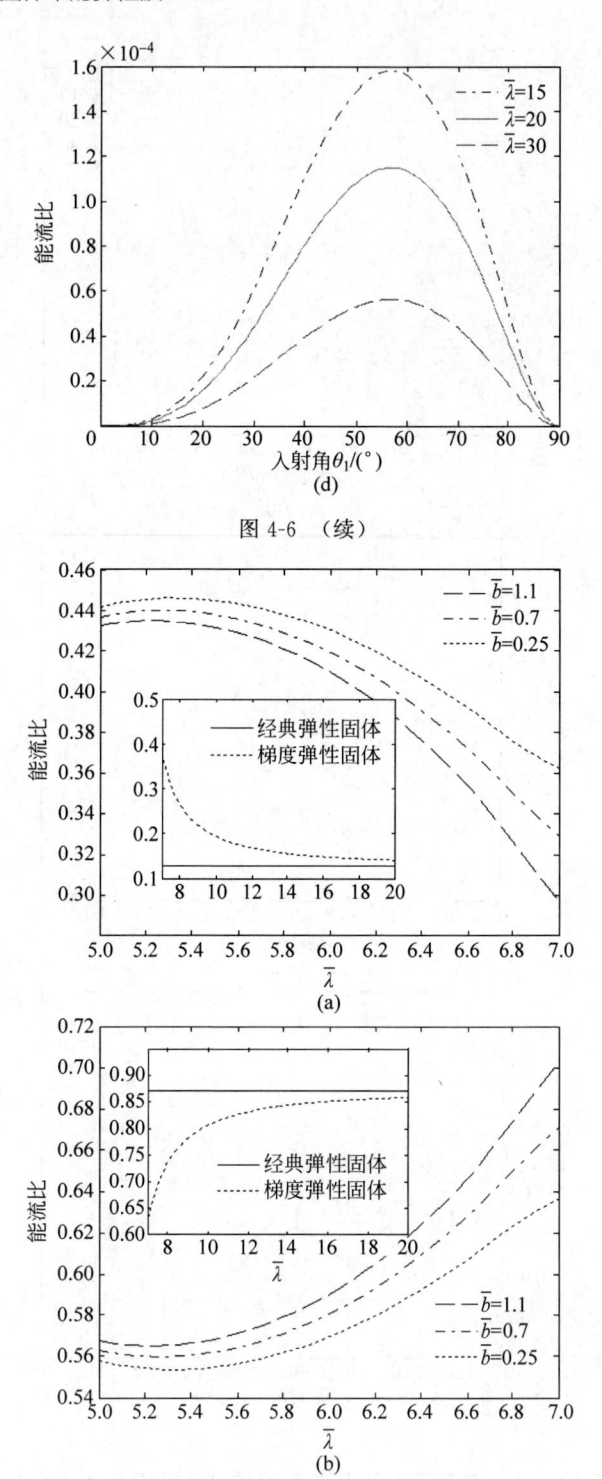

图 4-6 （续）

图 4-7　P 波法向入射时，表面参数的比值 $\overline{b}$ 对体波反射系数和透射系数的影响
（a）反射 P 波；（b）透射 P 波
$\alpha_1 = 0.05, \beta_1 = 0.005$

以用来确定反射系数和透射系数,图 4-7 显示的是 B 组界面条件,插图显示的是 A 组界面条件的数值计算结果。B 组界面条件包括表面效应对反射系数和透射系数的影响,但是当入射波波长逐渐增大的时候,反射系数和透射系数不趋近于经典弹性固体中的曲线,相反地,A 组界面条件不包括表面效应对反射系数和透射系数的影响,但是会随着入射波波长的逐渐增大而趋近于经典弹性固体中的曲线。

2) SV 波入射的情况

SV 波入射时,对于给定的材料常数,会出现两个临界角,我们分别称为第一临界角和第二临界角。它们分别是反射 P 波和透射 P 波成为表面波时入射角的度数。入射波波长与微结构的特征长度越接近,微结构效应对临界角的影响越显著。从图 4-8 可以观察到,第一临界角仅仅依赖于 α_1,而第二临界角不仅依赖于 α_1,还

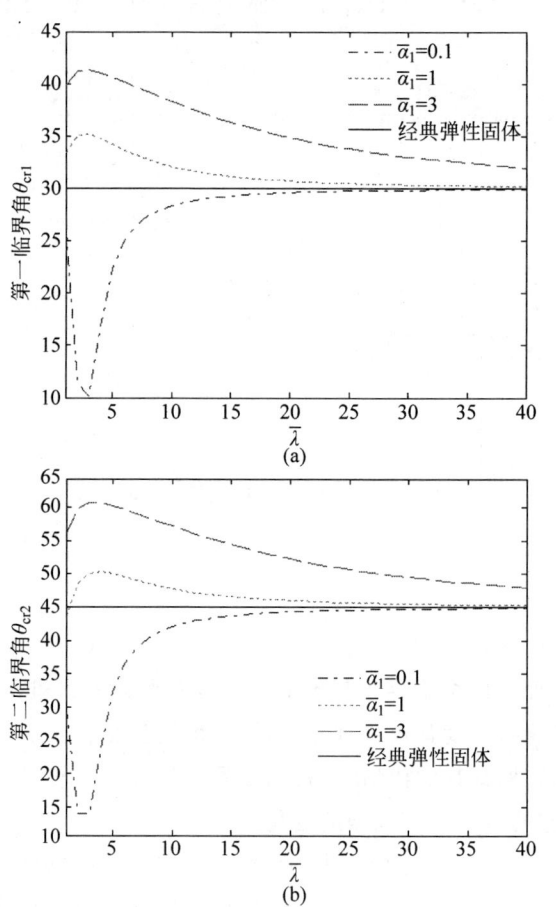

图 4-8　微结构参数对临界角的影响

(a) $\overline{\alpha}_1$ 对第一临界角产生的影响;(b) $\overline{\alpha}_1$ 对第二临界角产生的影响;

(c) $\overline{c}$ 对第二临界角产生的影响;(d) $\overline{d}$ 对第二临界角产生的影响

b_1 和 $\overline{b}$ 对临界角没有影响

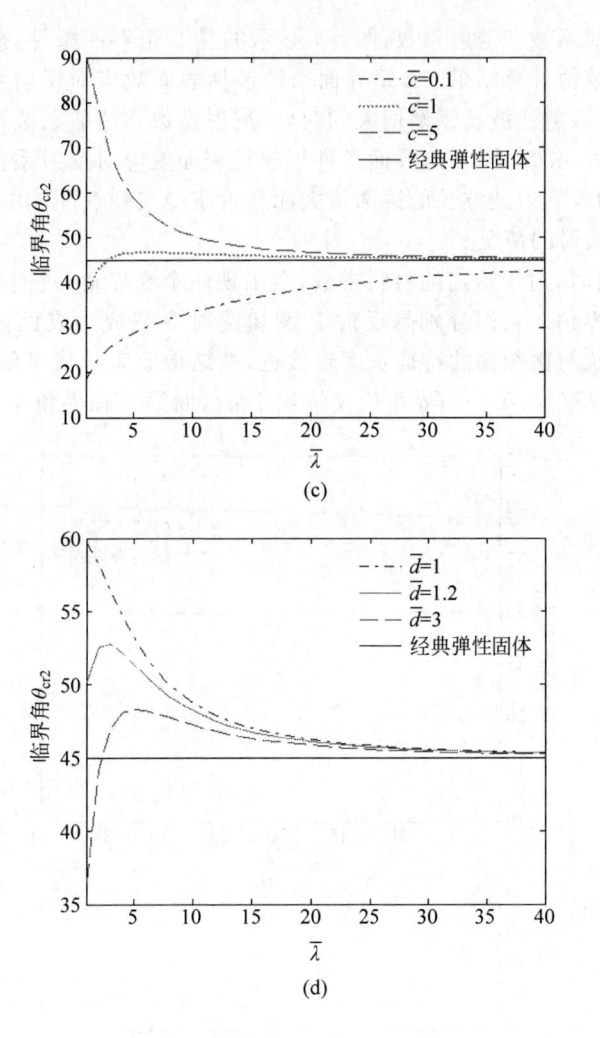

图 4-8　（续）

依赖于 $\bar{c}$ 和 $\bar{d}$，然而这两个临界角都不依赖于表面参数 b_{1y} 和 $\bar{b}$，说明表面效应不影响临界角。注意到，梯度弹性固体中的临界角大于或小于经典弹性固体中的临界角，这取决于微结构参数的比值。另外，临界角的存在会使得入射波通过临界角时反射波和透射波的振幅发生剧烈的变化。

　　图 4-9 显示的是 SV 波入射时，表面参数 b_{1y} 对体波的反射系数和透射系数的影响，图 4-10 显示的表面参数 b_{1y} 对表面波的反射系数和透射系数的影响。从图中可以观察到，在两个临界角处反射波和透射波的振幅发生剧烈的变化，这与我们的理论分析结果是一致的。注意到，表面波对表面参数 b_{1y} 的存在比体波更敏感，考虑表面效应后，所有的表面波携带的能量会显著地增大，但是表面效应使得 P 波的反射系数减小而透射系数增大。

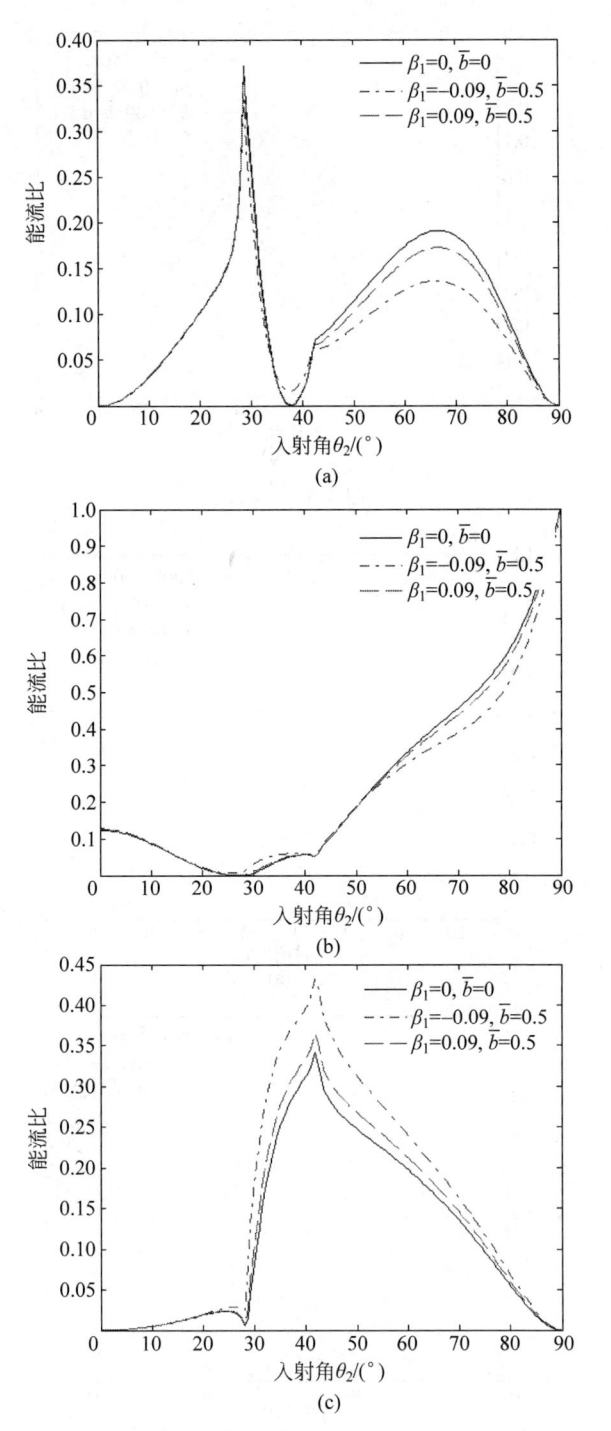

图 4-9　表面参数 β_1 对体波的反射系数和透射系数的影响

（a）反射 P 波；（b）反射 SV 波；（c）透射 P 波；（d）透射 SV 波

$$\alpha_1 = 0.1, \bar{\lambda} = 5$$

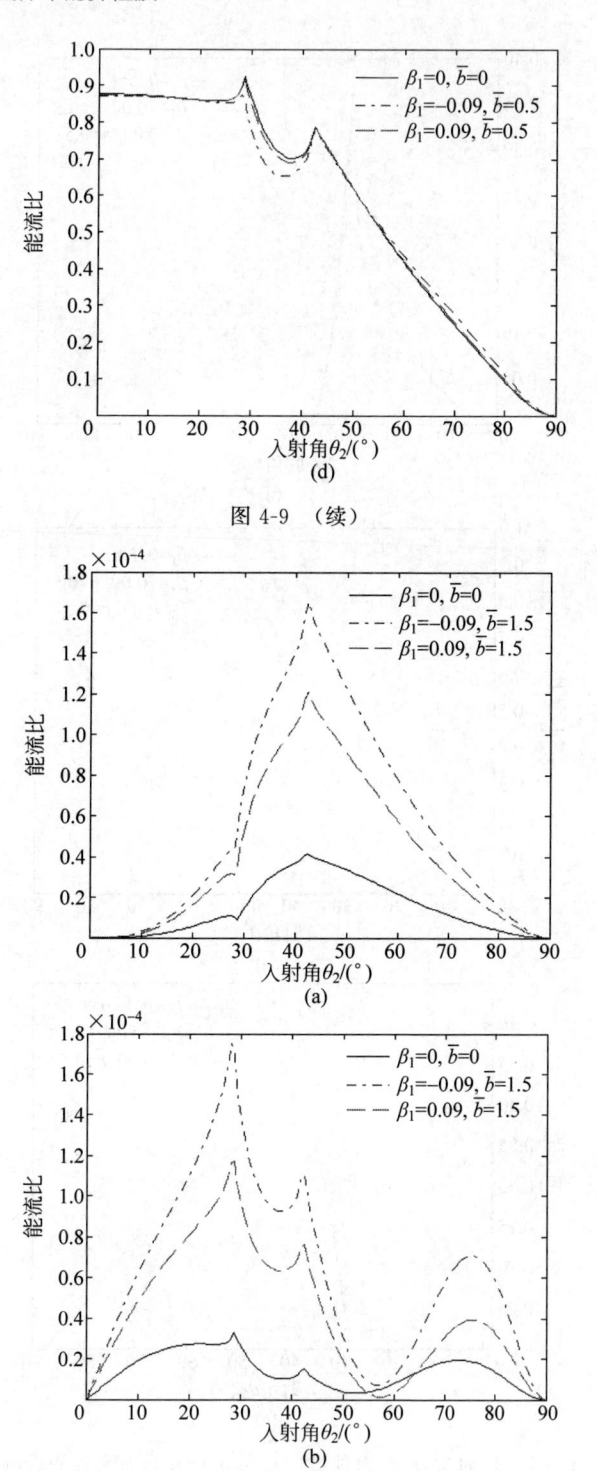

图 4-9　（续）

图 4-10　表面参数 β_1 对表面波的反射系数和透射系数的影响
（a）反射 SP 波；（b）反射 SS 波；（c）透射 SP 波；（d）透射 SS 波
$\alpha_1 = 0.1, \bar{\lambda} = 5$

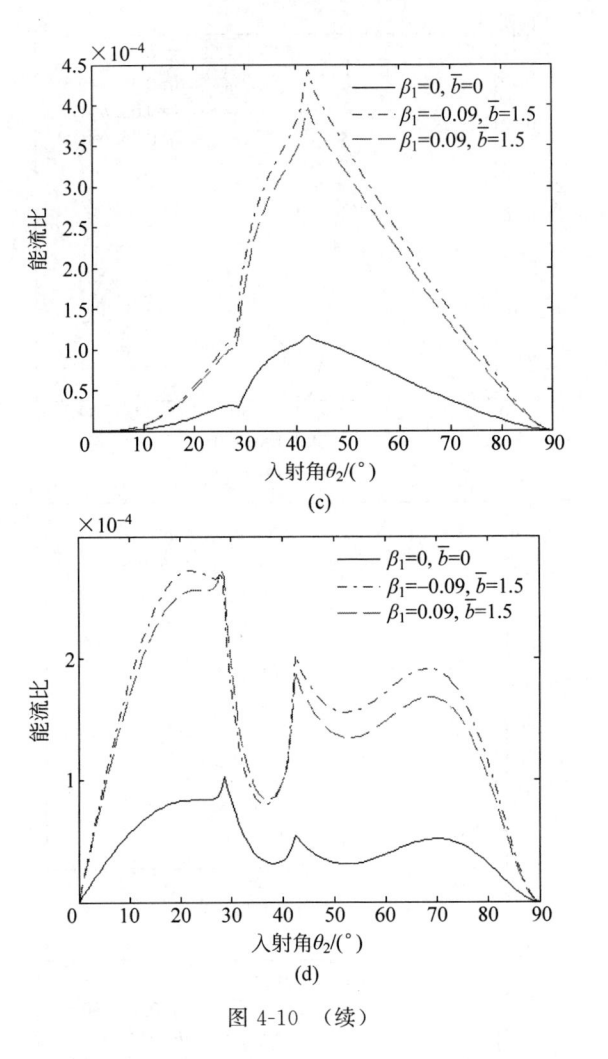

图 4-10　（续）

图 4-11 和图 4-12 分别为表面参数的比值 $\overline{b}$ 对体波和表面波的反射系数和透射系数的影响，从图中可以观察到，与 P 波入射的情况类似，表面参数的比值 $\overline{b}$ 对表面波的影响比对体波的影响显著。考虑表面效应后，体波的反射系数和透射系数的增大或者减小依赖于入射角，然而表面波无论是 SP 波还是 SS 波，其反射系数和透射系数都会发生显著变化。

图 4-13 和图 4-14 分别为入射波波长对反射系数和透射系数的影响。从图中可以观察到，与入射 P 波的情况类似，当入射波波长增大时，体波的振幅趋近于经典弹性固体中体波的振幅，而表面波的振幅趋近于零。

3）能量守恒的验证

图 4-15 和图 4-16 分别表示 P 波入射和 SV 波入射时的能量守恒，从图中可以观察到，误差都不超过 0.2%，能量守恒程度较好，因此我们的数值结果是可以信赖的。

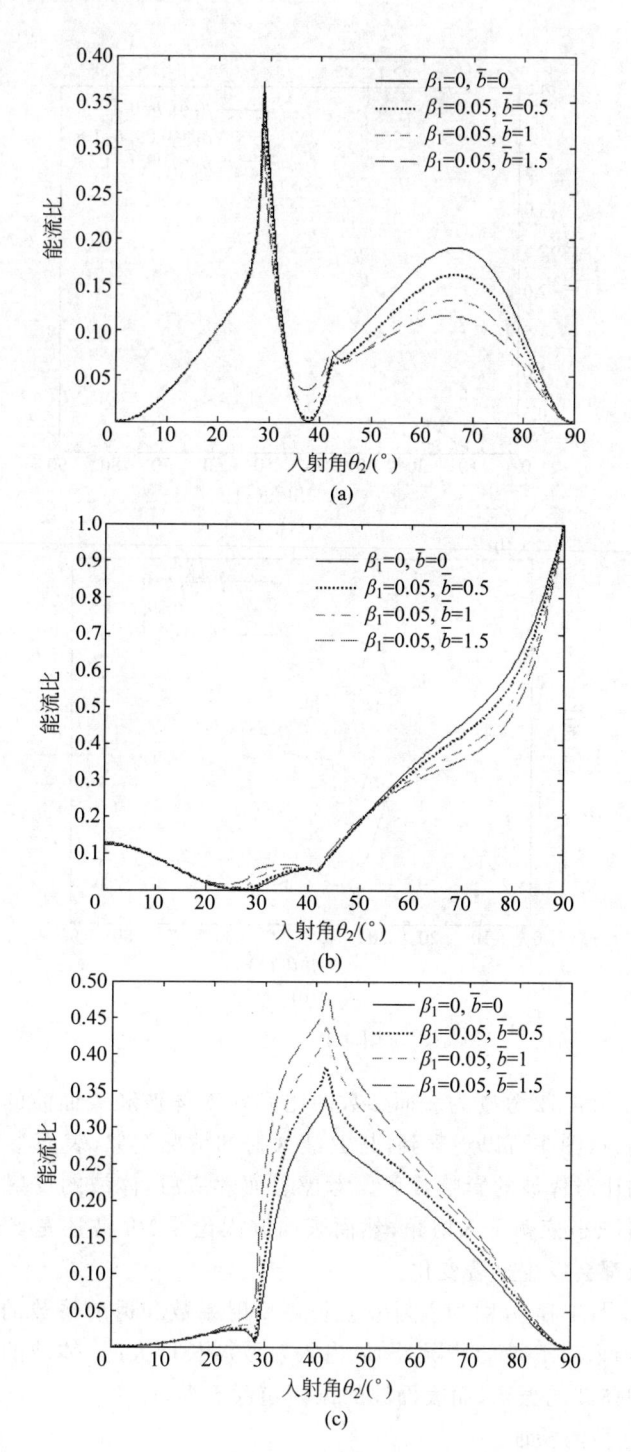

图 4-11　表面参数的比值 $\bar{b}$ 对体波的反射系数和透射系数的影响

(a) 反射 P 波；(b) 反射 SV 波；(c) 透射 P 波；(d) 透射 SV 波

$\beta_1 = 0.05, \alpha_1 = 0.1, \bar{\lambda} = 5$

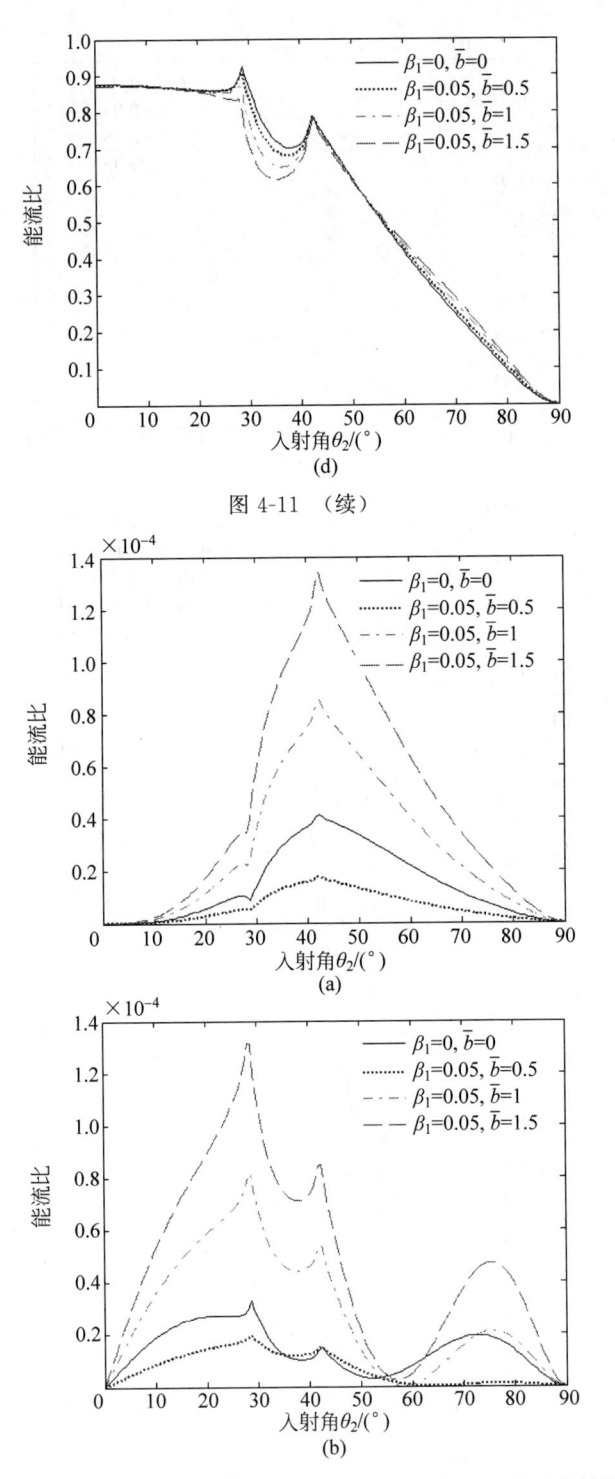

图 4-11　（续）

图 4-12　表面参数的比值 $\bar{b}$ 对表面波的反射系数和透射系数的影响

（a）反射 SP 波；（b）反射 SS 波；（c）透射 SP 波；（d）透射 SS 波

$\alpha_1 = 0.1, \bar{\lambda} = 5$

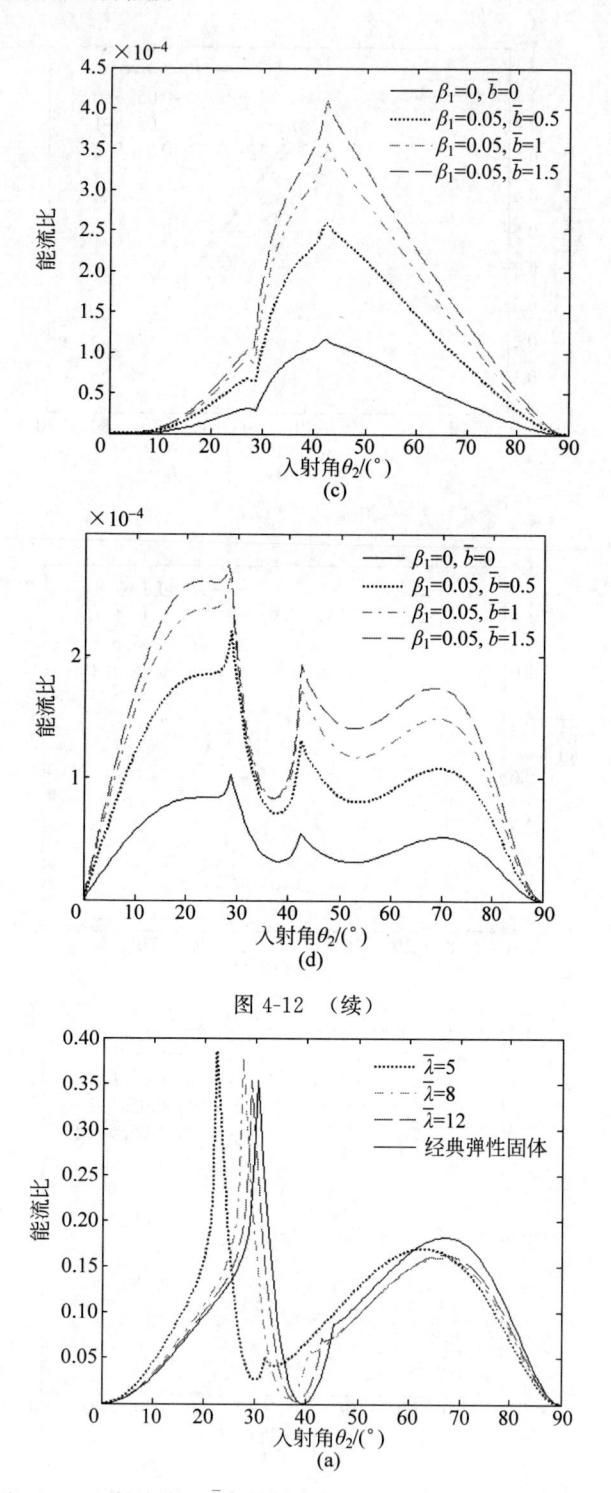

图 4-12　（续）

图 4-13　入射波波长 $\bar{\lambda}$ 对体波的反射系数和透射系数的影响
（a）反射 P 波；（b）反射 SV 波；（c）透射 P 波；（d）透射 SV 波

$$\alpha_1 = 0.1, \bar{b} = 1, \beta_1 = -0.05$$

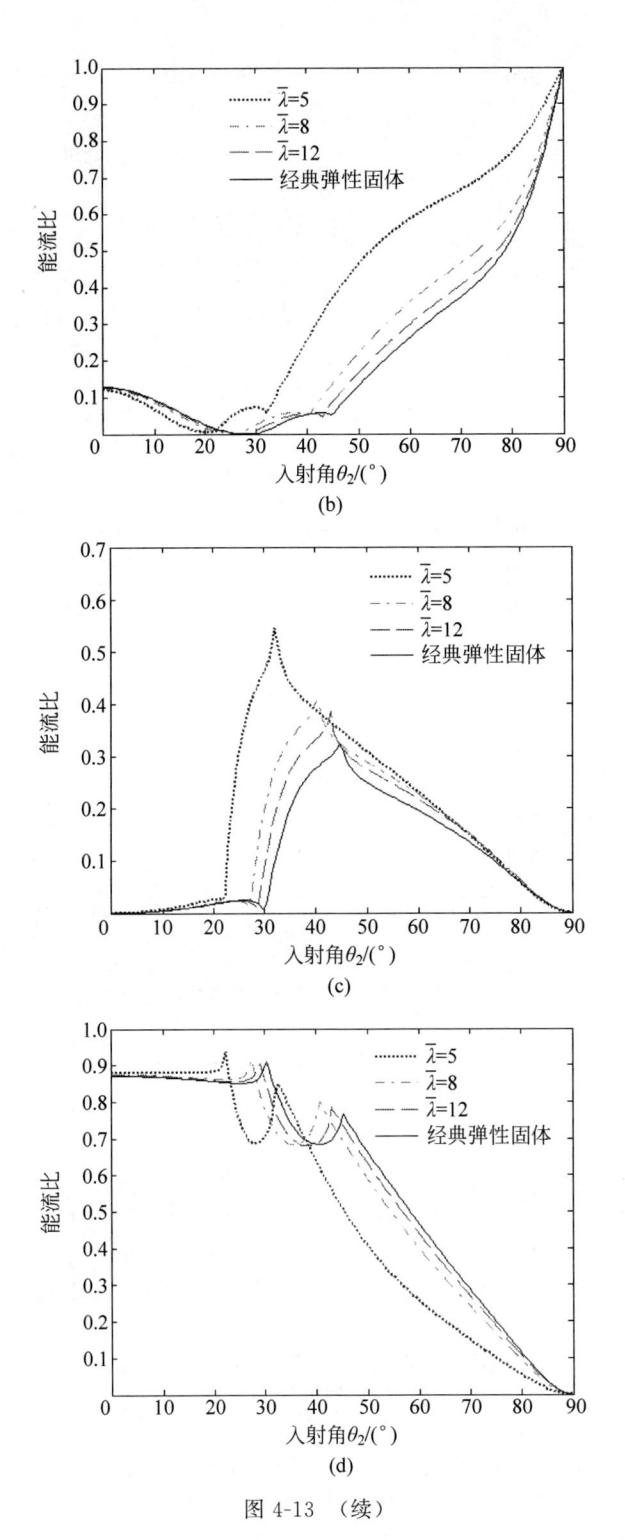

图 4-13　（续）

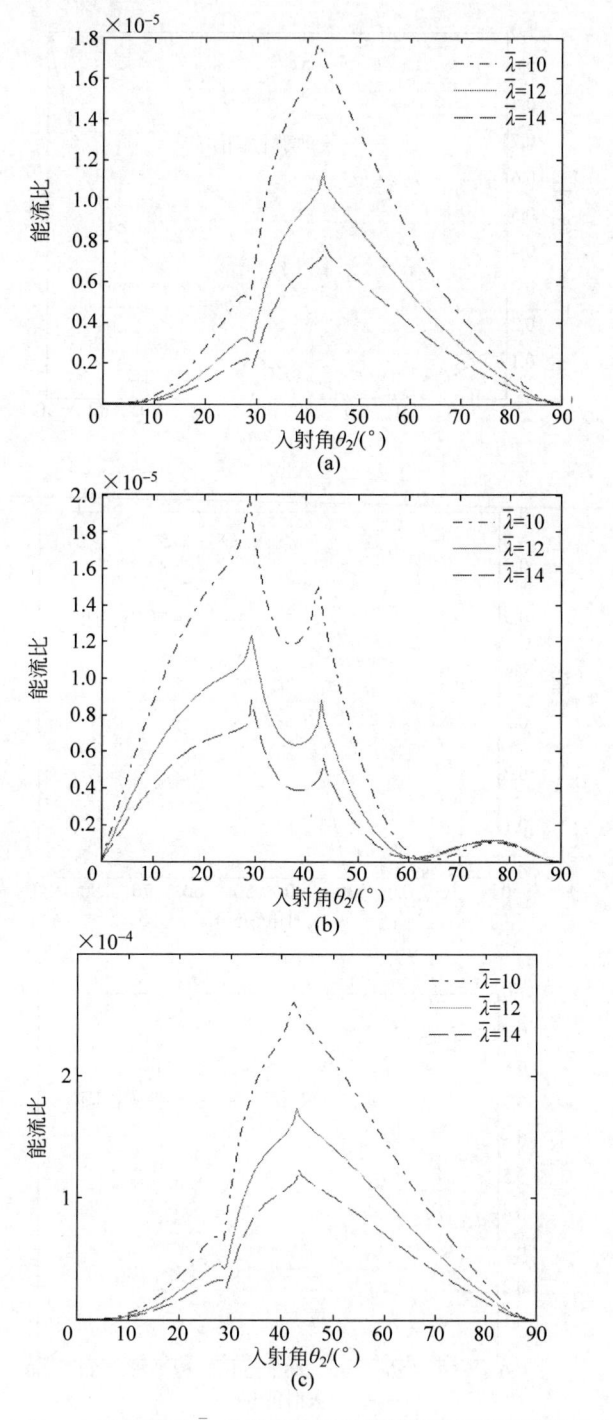

图 4-14　入射波波长 $\bar{\lambda}$ 对表面波的反射系数和透射系数的影响
（a）反射 SP 波；（b）反射 SS 波；（c）透射 SP 波；（d）透射 SS 波
$\alpha_1 = 0.1, \bar{b} = 1, \beta_1 = -0.05$

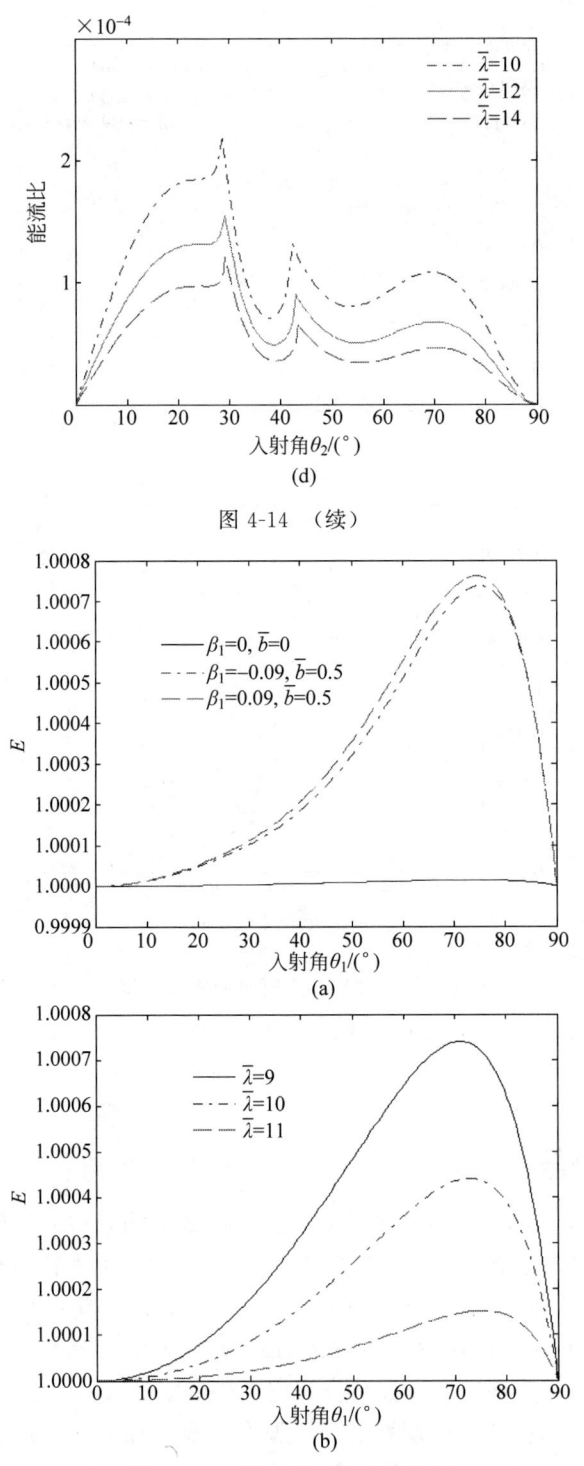

图 4-14　（续）

图 4-15　P 波入射时的能量守恒

（a）对于不同的 β_1；（b）对于不同的 $\bar{\lambda}$

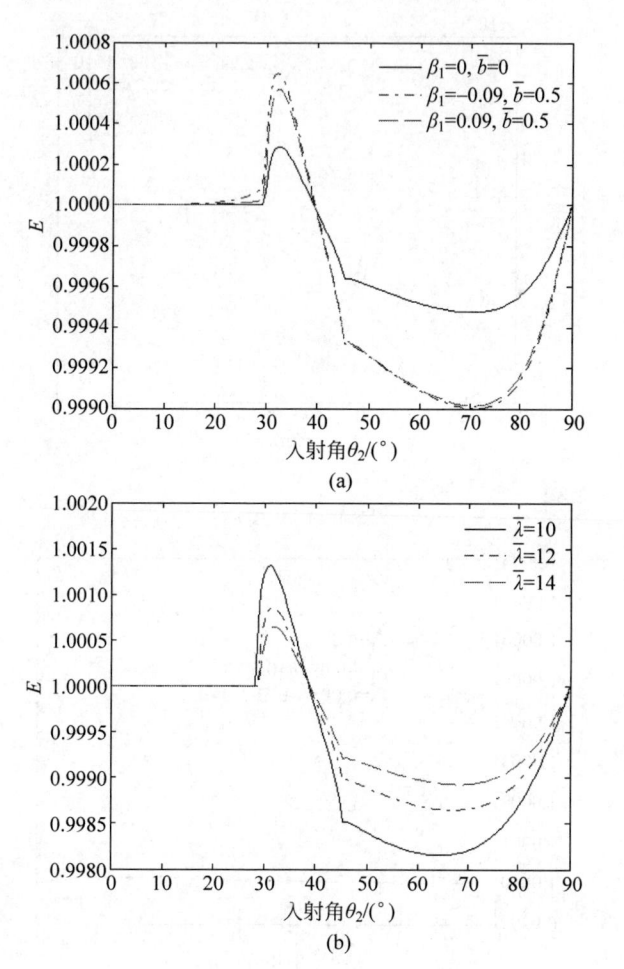

图 4-16　SV 波入射时的能量守恒

(a) 对于不同的 β_1；(b) 对于不同的 $\bar{\lambda}$

4.4　本章小结

当入射波波长与微结构的特征长度相近时，微结构效应对弹性波的影响不容忽视，尤其是微纳米装置，除了微结构效应外，表面效应也发挥重要作用。为了研究表面效应，Gurtin 提出了一种表面弹性理论，在 Gurtin 模型中，假设固体的表面是一层不计厚度相对于固体没有相对滑动的薄膜，而我们选择的是另外一种描述表面效应的方式，将表面效应直接公设到应变能密度函数中，从而在本构关系中得到体现。基于这个方法，我们计算了弹性波在含有表面效应的应变梯度固体界面上的反射系数和透射系数，从数值计算结果中可以得出以下的结论。

（1）反射波和透射波中分别包括体波（P 波和 SV 波）和表面波（SP 波和 SS

波),微结构效应导致了表面效应的出现,引入的表面效应在固体中不会改变波型,但是在界面上会改变波的振幅大小。

（2）表面能对表面波的影响比对体波的影响显著,表面参数的影响使得表面波携带的能量增大。

（3）P 波入射时,对于表面参数的影响,SV 波的反射系数和透射系数比 P 波的反射系数和透射系数敏感; SV 波入射时,恰好相反,即对于表面参数的变化,P 波的反射系数和透射系数比 SV 波的反射系数和透射系数敏感。尤其是当 P 波入射时,表面参数使得 SV 波的反射系数和透射系数增大,这说明表面参数有助于波型转换。

（4）微结构参数对临界角产生影响。临界角大于或小于经典弹性介质中的临界角,取决于微结构参数的比值,但是表面参数不改变临界角的大小。

（5）当入射波波长与微结构的特征长度近似时,微结构效应和表面效应比较显著,随着入射波波长的增大,微结构效应和表面效应逐渐减小,表面波逐渐消失,体波的振幅趋近于经典弹性固体中的振幅。

第5章

热弹性波在固体界面上的反射和透射

本章基于 Green 和 Naghdi(G-N)广义热弹性理论,在两个不同应变梯度固体界面上,研究热弹性波的反射和透射问题。首先推导应变梯度热弹性固体中的能量守恒定律,给出自由能密度函数,由此推导出本构方程和热传输方程。因为不同的界面条件对热弹性波传播行为的影响不同,所以,本章根据微结构效应和热力学效应给出五种热力耦合界面条件,详细分析五种界面条件对反射系数和透射系数的影响,并用能量守恒验证数值计算结果。

5.1 含有热效应的应变梯度弹性理论

5.1.1 应变梯度固体的热力学公式

根据明德林的微结构线弹性理论,假设微观和宏观物质没有相对变形并且微观和宏观物质密度相同,因此,各项同性中心对称的势能密度函数和动能密度函数可以分别设为

$$\Omega = \frac{1}{2}(\lambda \varepsilon_{ii} \varepsilon_{jj} + 2\mu \varepsilon_{ij} \varepsilon_{ij}) + \frac{1}{2}(\lambda c \varepsilon_{ii,k} \varepsilon_{jj,k} + 2\mu c \varepsilon_{ij,k} \varepsilon_{ij,k}) \tag{5-1}$$

$$K = \frac{1}{2}\rho \dot{u}_j \dot{u}_j + \frac{1}{6}\rho d^2 \dot{u}_{k,j} \dot{u}_{k,j} \tag{5-2}$$

应用哈密顿变分原理(1-33),得到的控制方程和边界条件分别是式(1-49)和式(1-50)。为了在应变弹性固体中考虑热效应,下面对一些相关的热力学公式进行推导。

根据热力学第一定律或热力学中的能量守恒定律

$$\dot{K} + \dot{E} = H + W \tag{5-3}$$

其中，K 是全部的动能；E 是全部的内能；H 是全部的供热率；W 是外力所做的总功率，因此，在应变梯度固体中 $\dot{K}, \dot{E}, H, W$（字母上面的点表示对时间的导数）的表达式分别写作

$$\dot{K} = \int_V \left(\rho \ddot{u}_k \dot{u}_k + \frac{1}{3} \rho d^2 \ddot{u}_{k,j} \dot{u}_{k,j} \right) dV \tag{5-4a}$$

$$\dot{E} = \int_V \rho \dot{\varepsilon} \, dV \tag{5-4b}$$

$$H = \int_V \rho r \, dV - \int_S \boldsymbol{Q} \cdot \boldsymbol{n} \, dS \tag{5-4c}$$

$$W = \int_S \boldsymbol{P} \cdot \dot{\boldsymbol{u}} \, dS + \int_S \boldsymbol{R} \cdot D\dot{\boldsymbol{u}} \, dS \tag{5-4d}$$

其中，ε 是每单位质量的内能；r 是热源；$\boldsymbol{Q}$ 是热流矢量；$\boldsymbol{P}$ 是单极力张量；$\boldsymbol{R}$ 是偶极力张量。

将式(5-4)代入式(5-3)得到

$$\rho \dot{\varepsilon} = \tau_{jk} \dot{u}_{k,j} + \mu_{ijk} \dot{u}_{k,ij} + \rho r - Q_{i,i} \tag{5-5}$$

将式(5-5)写成张量的形式：

$$\rho \dot{\varepsilon} = \boldsymbol{T} \cdot \boldsymbol{D} + \boldsymbol{G} \cdot \boldsymbol{H} + \rho r - \boldsymbol{\Phi} \cdot \nabla T - T \nabla \cdot \boldsymbol{\Phi} \tag{5-6}$$

其中，$\dfrac{\boldsymbol{Q}}{T} = \boldsymbol{\Phi}$，$\boldsymbol{\Phi}$ 是熵流张量；$\boldsymbol{T}$ 是应力张量；$\boldsymbol{D}$ 是应变张量；$\boldsymbol{G}$ 是高阶应力张量；$\boldsymbol{H}$ 是应变率梯度张量；T 是热力学温度。

定义

$$\psi = \varepsilon - T\varphi \tag{5-7}$$

其中，ψ 是单位质量的自由能密度；φ 是单位质量的熵密度。

首先对式(5-7)按时间求导，然后在式(5-7)的两边乘以质量密度 ρ，可以得到

$$\rho \dot{\psi} = \rho \dot{\varepsilon} - \rho \dot{T} \varphi - \rho T \dot{\varphi} \tag{5-8}$$

引入熵平衡关系

$$\rho \dot{\varphi} = \rho(s + \zeta) - \nabla \cdot \boldsymbol{\Phi} \tag{5-9}$$

其中，ζ 是固体内部熵产率；s 是外部的熵供率（我们不考虑）。

将式(5-8)和式(5-9)代入式(5-6)中，得到

$$\boldsymbol{T} \cdot \boldsymbol{D} + \boldsymbol{G} \cdot \boldsymbol{H} - \rho(\dot{\psi} + \dot{T}\varphi) - \rho T \zeta - \boldsymbol{\Phi} \cdot \nabla T = 0 \tag{5-10}$$

式(5-10)被称为应变梯度固体中的热力学能量平衡方程。

定义 $\dot{\alpha} = \theta = T - T_0$，$\nabla \dot{\alpha} = \nabla T = \nabla \theta = \nabla(T - T_0)$，其中 α 为热位移，是一个标量；$\dot{\alpha}$ 是热位移率；T_0 是参考温度。

对于广义热弹性模型，假设自由能密度 ψ 是关于变量温度 T、热位移梯度 $\alpha_{,i}$

和应变 ε_{ij} 的函数,即 $\psi=(T,\alpha_{,i},\varepsilon_{ij},\varepsilon_{ij,k})$。

将自由能密度 ψ 和温差 θ 代入能量平衡方程(5-10),得到

$$(\tau_{ij}\dot{\varepsilon}_{ij}+\mu_{kij}\dot{\varepsilon}_{ij,k})-\Phi_i T_{,i}-\rho\left(\frac{\partial\psi}{\partial T}\dot{T}+\frac{\partial\psi}{\partial\alpha_{,i}}T_{,i}+\frac{\partial\psi}{\partial\varepsilon_{ij}}\dot{\varepsilon}_{ij}+\frac{\partial\psi}{\partial\varepsilon_{ij,k}}\dot{\varepsilon}_{ij,k}\right)-$$

$$\rho\varphi\dot{T}-\rho T\zeta=0 \tag{5-11}$$

选择 $\dot{T},T_{,i},\dot{\varepsilon}_{ij},\dot{\varepsilon}_{ij,k}$ 作为独立变量,则有

$$\rho\left(\frac{\partial\psi}{\partial T}+\varphi\right)\dot{T}+\left(\Phi_i+\frac{\partial\rho\psi}{\partial\alpha_{,i}}\right)T_{,i}+\left(\frac{\partial\rho\psi}{\partial\varepsilon_{ij}}-\tau_{ij}\right)\dot{\varepsilon}_{ij}+\left(\frac{\partial\rho\psi}{\partial\varepsilon_{ij,k}}-\mu_{kij}\right)\dot{\varepsilon}_{ij,k}+\rho T\zeta=0$$

$$\tag{5-12}$$

$$\rho\varphi=-\frac{\partial(\rho\psi)}{\partial T},\quad \Phi_i=-\frac{\partial(\rho\psi)}{\partial\alpha_{,i}},\quad \tau_{ij}=\frac{\partial(\rho\psi)}{\partial\varepsilon_{ij}},\quad \mu_{kij}=\frac{\partial(\rho\psi)}{\partial\varepsilon_{ij,k}},\quad \zeta=0 \tag{5-13}$$

从式(5-13)中 $\zeta=0$ 可以看出,内部的熵产率等于零,换言之,内部没有熵源,故在热弹性材料中反映为没有能量耗散。

设 $\Psi(\Psi=\rho\psi)$ 是单位体积上的自由能,仅考虑线性问题,对于均匀和各项同性介质,我们给出一个唯象的简化版的自由能密度函数,即

$$\Psi=\frac{1}{2}(\lambda\varepsilon_{ii}\varepsilon_{jj}+2\mu\varepsilon_{ij}\varepsilon_{ij})+\frac{1}{2}c(\lambda\varepsilon_{ii,k}\varepsilon_{jj,k}+2\mu\varepsilon_{ij,k}\varepsilon_{ij,k})-$$

$$\frac{\rho C_r\theta^2}{2T_0}-\Re\theta\varepsilon_{pp}+\frac{\kappa^*}{2T_0}\alpha_{,i}\alpha_{,i} \tag{5-14}$$

其中,$\Re=(3\lambda+2\mu)\dfrac{\partial(\nabla\cdot u)}{\partial\theta}$,是热力系数;$\dfrac{\partial(\nabla\cdot u)}{\partial\theta}$ 是线性热膨胀系数;κ^* 是与材料性质有关的常数,量纲是 $mLT^{-1}t^{-4}$。

定义本构关系

$$\tau_{ij}=\frac{\partial\Psi}{\partial\varepsilon_{ij}}=\lambda\delta_{ij}\varepsilon_{pp}+2\mu\varepsilon_{ij}-\Re\theta\delta_{ij} \tag{5-15a}$$

$$\mu_{ijk}=\frac{\partial\Psi}{\partial\varepsilon_{jk,i}}=c(\lambda\delta_{jk}\varepsilon_{pp,i}+2\mu\varepsilon_{jk,i}) \tag{5-15b}$$

$$\rho\varphi=-\frac{\partial\Psi}{\partial\theta}=\frac{\rho C_r\theta}{T_0}+\Re\varepsilon_{pp} \tag{5-15c}$$

$$\Phi_i=-\frac{\partial\Psi}{\partial\alpha_{,i}}=-\frac{\kappa^*}{T_0}\alpha_{,i} \tag{5-15d}$$

将式(5-15c)对时间求导,得到

$$\rho\dot{\varphi}=\frac{\rho C_r\dot{\theta}}{T_0}+\Re\dot{\varepsilon}_{pp} \tag{5-16}$$

将式(5-15d)和式(5-16)代入式(5-9)中,得到

$$\rho C_r\ddot{\alpha}+T_0\Re\nabla\cdot\ddot{u}=\kappa^*\nabla^2\alpha \tag{5-17a}$$

式(5-17a)被称为 G-N 类型 II 中的热传导方程。

式(5-17a)可以用温差表示为

$$\rho C_{\mathrm{r}} \ddot{\theta} + T_0 \Re \nabla \cdot \ddot{\boldsymbol{u}} = \kappa^* \nabla^2 \theta \qquad (5\text{-}17\mathrm{b})$$

由式(5-15d)得到热流的表达式：

$$\boldsymbol{Q} = -\kappa^* \nabla \alpha \qquad (5\text{-}18)$$

5.1.2　振幅表示的反射系数和透射系数

将式(5-15a)，式(5-15b)代入式(1-49)中，可以得到位移形式的运动方程：

$$(1 - c\nabla^2)\big[(\lambda + \mu)\,\nabla\nabla\cdot\boldsymbol{u} + \mu\nabla^2\boldsymbol{u}\big] - \Re\nabla\theta = \rho\ddot{\boldsymbol{u}} - \frac{\rho d^2}{3}\nabla^2\ddot{\boldsymbol{u}} \quad (5\text{-}19\mathrm{a})$$

或

$$(1 - c\nabla^2)\big[(\lambda + \mu)\,\nabla\nabla\cdot\boldsymbol{u} + \mu\nabla^2\boldsymbol{u}\big] - \Re\nabla\dot{\alpha} = \rho\ddot{\boldsymbol{u}} - \frac{\rho d^2}{3}\nabla^2\ddot{\boldsymbol{u}} \quad (5\text{-}19\mathrm{b})$$

当微结构参数梯度系数 c 和惯性参数 d 都趋近于零时，式(5-19)退化为经典热弹性理论中的运动方程。对式(5-19)两边分别取散度和旋度运算，得到

$$V_{\mathrm{p}}^2(1 - c\nabla^2)\,\nabla^2\nabla\cdot\boldsymbol{u} - (\Re/\rho)\,\nabla^2\dot{\alpha} = \left(1 - \frac{d^2}{3}\nabla^2\right)\nabla\cdot\ddot{\boldsymbol{u}} \qquad (5\text{-}20\mathrm{a})$$

$$V_{\mathrm{s}}^2(1 - c\nabla^2)\,\nabla^2\nabla\times\boldsymbol{u} = \left(1 - \frac{d^2}{3}\nabla^2\right)\nabla\times\ddot{\boldsymbol{u}} \qquad (5\text{-}20\mathrm{b})$$

其中，$V_{\mathrm{p}} = \sqrt{(\lambda + 2\mu)/\rho}$ 和 $V_{\mathrm{s}} = \sqrt{\mu/\rho}$ 分别是经典弹性固体中的纵波和横波的相速度，假设位移场为

$$\boldsymbol{u} = \boldsymbol{A}\exp[\mathrm{i}(\sigma\boldsymbol{\nu}\cdot\boldsymbol{r} - \omega t)] \qquad (5\text{-}21)$$

将式(5-21)代入式(5-20)中，得到耦合纵波、耦合热波和横波的色散关系，分别是

$$\omega^2 = V_{\mathrm{p}}^2\sigma_{\mathrm{p}}^2(F_{\mathrm{p}} + R_{\mathrm{p}})\left(1 + \frac{d^2}{3}\sigma_{\mathrm{p}}^2\right)^{-1} \qquad (5\text{-}22\mathrm{a})$$

$$\omega^2 = V_{\mathrm{p}}^2\Im_{\mathrm{p}}^2(F_k - R_k)\left(1 + \frac{d^2}{3}\Im_{\mathrm{p}}^2\right)^{-1} \qquad (5\text{-}22\mathrm{b})$$

$$\omega^2 = V_{\mathrm{s}}^2\sigma_{\mathrm{s}}^2(1 + c\sigma_{\mathrm{s}}^2)\left(1 + \frac{d^2}{3}\sigma_{\mathrm{s}}^2\right)^{-1} \qquad (5\text{-}22\mathrm{c})$$

$$\omega^2 = V_{\mathrm{p}}^2\tau_{\mathrm{p}}^2(1 - c\tau_{\mathrm{p}}^2)(L + G)\left(\frac{d^2}{3}\tau_{\mathrm{p}}^2 - 1\right)^{-1} \qquad (5\text{-}22\mathrm{d})$$

$$\omega^2 = V_{\mathrm{s}}^2\tau_{\mathrm{s}}^2(1 - c\tau_{\mathrm{s}}^2)\left(\frac{d^2}{3}\tau_{\mathrm{s}}^2 - 1\right)^{-1} \qquad (5\text{-}22\mathrm{e})$$

其中，

$$F_j = \frac{(1 + c\sigma_j^2)}{2} + \left(1 + \frac{d^2\sigma_j^2}{3}\right)\frac{\kappa^*}{2\rho C_{\mathrm{r}} V_{\mathrm{p}}^2} + \frac{\Re^2}{2\rho^2 C_{\mathrm{r}} V_{\mathrm{p}}^2}$$

$$R_j^2 = F_j^2 - \left(1 + \frac{d^2 \sigma_j^2}{3}\right) \frac{\kappa^*}{\rho C_r V_p^2} (1 + c\sigma_j^2)$$

$$= \left[-\frac{(1 + c\sigma_j^2)}{2} + \left(1 + \frac{d^2 \sigma_j^2}{3}\right) \frac{\kappa^*}{2\rho C_r V_p^2} + \frac{\mathfrak{R}^2}{2\rho^2 C_r V_p^2}\right] + \frac{\mathfrak{R}^2}{\rho^2 C_r V_p^2} (1 + c\sigma_j^2)$$

$$L = \frac{(1 - c\tau_p^2)}{2} + \left(1 - \frac{d^2 \tau_p^2}{3}\right) \frac{\kappa^*}{2\rho C_r V_p^2} + \frac{\mathfrak{R}^2}{2\rho^2 C_r V_p^2}$$

$$G^2 = L^2 - \left(1 - \frac{d^2 \tau_p^2}{3}\right) \frac{\kappa^*}{\rho C_r V_p^2} (1 - c\tau_p^2)$$

$$= \left[-\frac{(1 - c\tau_p^2)}{2} + \left(1 - \frac{d^2 \tau_p^2}{3}\right) \frac{\kappa^*}{2\rho C_r V_p^2} + \frac{\mathfrak{R}^2}{2\rho^2 C_r V_p^2}\right] + \frac{\mathfrak{R}^2}{\rho^2 C_r V_p^2} (1 - c\tau_p^2)$$

其中,当 $j = p$ 时,$\sigma_j = \sigma_p$,σ_p 是耦合纵波的波数;当 $j = k$ 时,$\sigma_j = \mathfrak{I}_p$,$\mathfrak{I}_p$ 是耦合热波的波数;σ_s 是横波的波数。另外,还存在耦合 P 型表面波和 S 型表面波,波数分别为虚数 $i\tau_p$ 和 $i\tau_s$,从式(5-22)可以看到,不仅耦合纵波、耦合热波和剪切波是色散波,耦合 P 型表面波和 S 型表面波也是色散波,进而,从色散关系可以得出应变梯度固体中三种类型的体波的相速度,分别是

$$v_p^g = \frac{\omega}{\sigma_p} = V_p (F_p + R_p)^{\frac{1}{2}} \left(1 + \frac{d^2}{3}\sigma_p^2\right)^{-\frac{1}{2}} \tag{5-23a}$$

$$v_T^g = \frac{\omega}{\mathfrak{I}_p} = V_p (F_k - R_k)^{\frac{1}{2}} \left(1 + \frac{d^2}{3}\mathfrak{I}_p^2\right)^{-\frac{1}{2}} \tag{5-23b}$$

$$v_s^g = \frac{\omega}{\sigma_s} = V_s (1 + c\sigma_s^2)^{\frac{1}{2}} \left(1 + \frac{d^2}{3}\sigma_s^2\right)^{-\frac{1}{2}} \tag{5-23c}$$

应用亥姆霍兹(Helmholtz)向量分解定理

$$\boldsymbol{u}(x, y) = u_x(x, y)\boldsymbol{e}_x + u_y(x, y)\boldsymbol{e}_y = \nabla\delta(x, y) + \nabla \times \vartheta(x, y)\boldsymbol{e}_z \tag{5-24}$$

此处 $\delta(x, y)$ 和 $\vartheta(x, y)$ 分别为位移的势函数,得到

$$V_p^2 (1 - c\nabla^2) \nabla^2 \delta - (\mathfrak{R}/\rho)\theta = \left(1 - \frac{d^2}{3}\nabla^2\right)\ddot{\delta} \tag{5-25a}$$

$$V_s^2 (1 - c\nabla^2) \nabla^2 \vartheta = \left(1 - \frac{d^2}{3}\nabla^2\right)\ddot{\vartheta} \tag{5-25b}$$

应用因式分解定理,式(5-25a)和式(5-25b)分别写作

$$(\nabla^2 + \sigma_p^2)(\nabla^2 + \mathfrak{I}_p^2)(\nabla^2 - \tau_p^2)\delta = 0 \tag{5-26a}$$

$$(\nabla^2 + \sigma_s^2)(\nabla^2 - \tau_s^2)\vartheta = 0 \tag{5-26b}$$

在反射和透射问题中,视波数都是相同的(入射波、反射波和透射波),因此,应用斯涅耳(Snell)定理,得到(图 5-1)

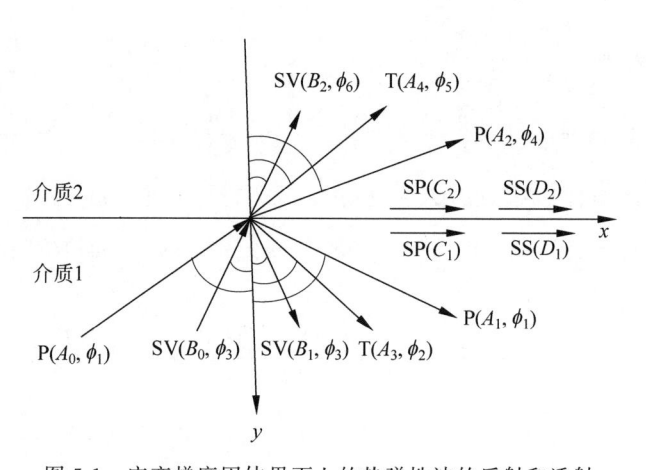

图 5-1 应变梯度固体界面上的热弹性波的反射和透射

$$\frac{\sin\phi_1}{v_{p1}^g} = \frac{\sin\phi_2}{v_{T1}^g} = \frac{\sin\phi_3}{v_{s1}^g} = \frac{\sin\phi_4}{v_{p2}^g} = \frac{\sin\phi_5}{v_{T2}^g} = \frac{\sin\phi_6}{v_{s2}^g} \tag{5-27}$$

应用分离变量法,设势函数解的形式为

$$\delta(x,y,t) = \tilde{\delta}(y)\exp[\mathrm{i}(\xi x - \omega t)] \tag{5-28a}$$

$$\vartheta(x,y,t) = \tilde{\vartheta}(y)\exp[\mathrm{i}(\xi x - \omega t)] \tag{5-28b}$$

将式(5-28)代入式(5-25)中,得到

$$\left(\frac{\mathrm{d}^2}{\mathrm{d}y^2} + \beta_p^2\right)\left(\frac{\mathrm{d}^2}{\mathrm{d}y^2} + \eta_p^2\right)\left(\frac{\mathrm{d}^2}{\mathrm{d}y^2} - \gamma_p^2\right)\tilde{\delta}(y) = 0 \tag{5-29a}$$

$$\left(\frac{\mathrm{d}^2}{\mathrm{d}y^2} + \beta_s^2\right)\left(\frac{\mathrm{d}^2}{\mathrm{d}y^2} - \gamma_s^2\right)\tilde{\vartheta}(y) = 0 \tag{5-29b}$$

其中,$\beta_p^2 = \sigma_p^2 - \xi^2$,$\gamma_p^2 = \tau_p^2 + \xi^2$,$\eta_p^2 = \mathfrak{S}_p^2 - \xi^2$,$\beta_s^2 = \sigma_s^2 - \xi^2$,$\gamma_s^2 = \tau_s^2 + \xi^2$,这里,$\xi$ 是视波数。当纵波和热波解耦合时,式(5-26)的解可以写作

$$\sigma_p^2 = \{[1 + 2(6c/d^2 - 1)m_p + m_p^2]^{1/2} - (1 - m_p)\}/2c$$

$$\mathfrak{S}_p^2 = \frac{\rho C_r \omega^2}{\kappa^*}$$

$$\tau_p^2 = \{[1 + 2(6c/d^2 - 1)m_p + m_p^2]^{1/2} + (1 - m_p)\}/2c$$

$$\sigma_s^2 = \{[1 + 2(6c/d^2 - 1)m_s + m_s^2]^{1/2} - (1 - m_s)\}/2c$$

$$\tau_s^2 = \{[1 + 2(6c/d^2 - 1)m_s + m_s^2]^{1/2} + (1 - m_s)\}/2c$$

$$m_p = \frac{\omega^2 d^2}{3V_p^2}, \quad m_s = \frac{\omega^2 d^2}{3V_s^2}, \quad V_p^2 = \frac{\lambda + 2\mu}{\rho}, \quad V_s^2 = \frac{\mu}{\rho}$$

当纵波和热波耦合在一起时,式(5-26)的解可以写作

$$\tau_p^2 = \left(-\frac{n}{2} + \Delta_p^{1/2}\right)^{1/3} + \left(-\frac{n}{2} - \Delta_p^{1/2}\right)^{1/3} - \frac{F}{3} \tag{5-30a}$$

$$\sigma_{\mathrm{p}}^2 = -\left[\varsigma\left(-\frac{n}{2}+\Delta_{\mathrm{p}}^{1/2}\right)^{1/3}+\varsigma^2\left(-\frac{n}{2}-\Delta_{\mathrm{p}}^{1/2}\right)^{1/3}\right]-\frac{F}{3} \tag{5-30b}$$

$$\mathfrak{I}_{\mathrm{p}}^2 = -\left[\varsigma^2\left(-\frac{n}{2}+\Delta_{\mathrm{p}}^{1/2}\right)^{1/3}+\varsigma\left(-\frac{n}{2}-\Delta_{\mathrm{p}}^{1/2}\right)^{1/3}\right]-\frac{F}{3} \tag{5-30c}$$

$$\sigma_{\mathrm{s}}^2 = \{[1+2(6c/d^2-1)m_{\mathrm{s}}+m_{\mathrm{s}}^2]^{1/2}-(1-m_{\mathrm{s}})\}/2c \tag{5-30d}$$

$$\tau_{\mathrm{s}}^2 = \{[1+2(6c/d^2-1)m_{\mathrm{s}}+m_{\mathrm{s}}^2]^{1/2}+(1-m_{\mathrm{s}})\}/2c \tag{5-30e}$$

其中，

$$\varsigma = \frac{-1+\sqrt{3}\,\mathrm{i}}{2}, \quad \varsigma^2 = \frac{-1-\sqrt{3}\,\mathrm{i}}{2}, \quad h = M-\frac{F^2}{3},$$

$$n = \frac{2}{27}F^3 - \frac{FM}{3} + H, \quad \Delta_{\mathrm{p}} = (n/2)^2+(h/3)^3,$$

$$F = -\frac{1}{c} + \frac{\rho C_{\mathrm{r}}\omega^2}{\kappa^*} + \frac{d^2\omega^2}{3cV_{\mathrm{p}}^2}, \quad H = -\frac{\rho C_{\mathrm{r}}\omega^4}{\kappa^* c V_{\mathrm{p}}^2},$$

$$M = -\frac{\rho C_{\mathrm{r}}\omega^2}{\kappa^* c} - \frac{\omega^2}{cV_{\mathrm{p}}^2} - \frac{\mathfrak{R}^2 T_0\omega^2}{\rho\kappa^* c V_{\mathrm{p}}^2} + \frac{\rho C_{\mathrm{r}} d^2\omega^4}{\kappa^* 3c V_{\mathrm{p}}^2}$$

当 $\Delta_{\mathrm{p}}>0$ 时,等式(5-26a)有两个复数根和一个实数根;当 $\Delta_{\mathrm{p}}=0$ 时,① $n=h=0$,等式(5-26a)有三重零根,② $n,h\neq0$,等式(5-26a)有两个相等实根;当 $\Delta_{\mathrm{p}}<0$ 时,有三个不等实根。我们主要研究 $\Delta_{\mathrm{p}}<0$ 的情况,此时式(5-28)可以写成

$$\begin{aligned}\delta = {}& A_1\exp[\mathrm{i}(\xi x+\beta_{\mathrm{p}}y-\omega t)]+A_2\exp[\mathrm{i}(\xi x-\beta_{\mathrm{p}}y-\omega t)]+\\ & A_3\exp[\mathrm{i}(\xi x+\eta_{\mathrm{p}}y-\omega t)]+A_4\exp[\mathrm{i}(\xi x-\eta_{\mathrm{p}}y-\omega t)]+\\ & C_1\exp[-\gamma_{\mathrm{p}}y+\mathrm{i}(\xi x-\omega t)]+C_2\exp[\gamma_{\mathrm{p}}y+\mathrm{i}(\xi x-\omega t)]\end{aligned} \tag{5-31a}$$

$$\begin{aligned}\vartheta = {}& B_1\exp[\mathrm{i}(\xi x+\beta_{\mathrm{s}}y-\omega t)]+B_2\exp[\mathrm{i}(\xi x-\beta_{\mathrm{s}}y-\omega t)]+\\ & D_1\exp[-\gamma_{\mathrm{s}}y+\mathrm{i}(\xi x-\omega t)]+D_2\exp[\gamma_{\mathrm{s}}y+\mathrm{i}(\xi x-\omega t)]\end{aligned} \tag{5-31b}$$

将式(5-18)代入式(5-25a)中,得到

$$\begin{aligned}\alpha = {}& m_1\{A_1\exp[\mathrm{i}(\xi x+\beta_{\mathrm{p}}y-\omega t)]+A_2\exp[\mathrm{i}(\xi x-\beta_{\mathrm{p}}y-\omega t)]\}+\\ & m_2\{A_3\exp[\mathrm{i}(\xi x+\eta_{\mathrm{p}}y-\omega t)]+A_4\exp[\mathrm{i}(\xi x-\eta_{\mathrm{p}}y-\omega t)]\}+\\ & m_3\{C_1\exp[-\gamma_{\mathrm{p}}y+\mathrm{i}(\xi x-\omega t)]+C_2\exp[\gamma_{\mathrm{p}}y+\mathrm{i}(\xi x-\omega t)]\}\end{aligned} \tag{5-32}$$

其中,

$$m_1 = \frac{\mathrm{i}\omega\mathfrak{R}T_0\sigma_{\mathrm{p}}^2}{\omega^2\rho C_{\mathrm{r}}-\kappa^*\sigma_{\mathrm{p}}^2}, \quad m_2 = \frac{\mathrm{i}\omega\mathfrak{R}T_0\mathfrak{I}_{\mathrm{p}}^2}{\omega^2\rho C_{\mathrm{r}}-\kappa^*\mathfrak{I}_{\mathrm{p}}^2}, \quad m_3 = \frac{-\mathrm{i}\omega\mathfrak{R}T_0\tau_{\mathrm{p}}^2}{\omega^2\rho C_{\mathrm{r}}+\kappa^*\tau_{\mathrm{p}}^2}$$

应用热位移率的概念,即 $\dot{\alpha}=\theta$,得到温度差的表达式为

$$\begin{aligned}\theta = {}& n_1\{A_1\exp[\mathrm{i}(\xi x+\beta_{\mathrm{p}}y-\omega t)]+A_2\exp[\mathrm{i}(\xi x-\beta_{\mathrm{p}}y-\omega t)]\}+\\ & n_2\{A_3\exp[\mathrm{i}(\xi x+\eta_{\mathrm{p}}y-\omega t)]+A_4\exp[\mathrm{i}(\xi x-\eta_{\mathrm{p}}y-\omega t)]\}+\\ & n_3\{C_1\exp[-\gamma_{\mathrm{p}}y+\mathrm{i}(\xi x-\omega t)]+C_2\exp[\gamma_{\mathrm{p}}y+\mathrm{i}(\xi x-\omega t)]\}\end{aligned} \tag{5-33}$$

其中,

$$n_1 = \frac{\omega^2 \mathfrak{R} T_0 \sigma_{\mathrm{p}}^2}{\omega^2 \rho C_{\mathrm{r}} - \kappa^* \sigma_{\mathrm{p}}^2}, \quad n_2 = \frac{\omega^2 \mathfrak{R} T_0 \mathfrak{J}_{\mathrm{p}}^2}{\omega^2 \rho C_{\mathrm{r}} - \kappa^* \mathfrak{J}_{\mathrm{p}}^2}, \quad n_3 = -\frac{\omega^2 \mathfrak{R} T_0 \tau_{\mathrm{p}}^2}{\omega^2 \rho C_{\mathrm{r}} + \kappa^* \tau_{\mathrm{p}}^2}$$

考虑入射的耦合纵波或横波从介质 1 向界面倾斜入射,如图 5-1 所示,当入射波撞击界面的时候,介质 1 中产生了反射波,介质 2 中产生了透射波,入射波、反射波和透射波分别表示为如下形式。

入射波:

$$\delta^{(0)} = A_0 \exp[\mathrm{i}(\xi x - \beta_{\mathrm{p}1} y - \omega t)] \tag{5-34a}$$

$$\vartheta^{(0)} = B_0 \exp[\mathrm{i}(\xi x - \beta_{\mathrm{s}1} y - \omega t)] \tag{5-34b}$$

$$\theta^{(0)} = n_1^{(1)} A_0 \exp[\mathrm{i}(\xi x - \beta_{\mathrm{p}1} y - \omega t)] \tag{5-34c}$$

其中,

$$n_1^{(1)} = \frac{\omega^2 \mathfrak{R}_1 T_{01} \sigma_{\mathrm{p}1}^2}{\omega^2 \rho_1 C_{\mathrm{r}1} - \kappa_1^* \sigma_{\mathrm{p}1}^2}$$

反射波:

$$\delta^{(1)} = A_1 \exp[\mathrm{i}(\xi x + \beta_{\mathrm{p}1} y - \omega t)] + A_3 \exp[\mathrm{i}(\xi x + \eta_{\mathrm{p}1} y - \omega t)] +$$
$$C_1 \exp[-\gamma_{\mathrm{p}1} y + \mathrm{i}(\xi x - \omega t)] \tag{5-35a}$$

$$\vartheta^{(1)} = B_1 \exp[\mathrm{i}(\xi x + \beta_{\mathrm{s}1} y - \omega t)] + D_1 \exp[-\gamma_{\mathrm{s}1} y + \mathrm{i}(\xi x - \omega t)] \tag{5-35b}$$

$$\theta^{(1)} = n_1^{(1)} A_1 \exp[\mathrm{i}(\xi x + \beta_{\mathrm{p}1} y - \omega t)] + n_2^{(1)} A_3 \exp[\mathrm{i}(\xi x + \eta_{\mathrm{p}1} y - \omega t)] +$$
$$n_3^{(1)} C_1 \exp[-\gamma_{\mathrm{p}1} y + \mathrm{i}(\xi x - \omega t)] \tag{5-35c}$$

其中,

$$n_1^{(1)} = \frac{\omega^2 \mathfrak{R}_1 T_{01} \sigma_{\mathrm{p}1}^2}{\omega^2 \rho_1 C_{\mathrm{r}1} - \kappa_1^* \sigma_{\mathrm{p}1}^2}, \quad n_2^{(1)} = \frac{\omega^2 \mathfrak{R}_1 T_{01} \mathfrak{J}_{\mathrm{p}1}^2}{\omega^2 \rho_1 C_{\mathrm{r}1} - \kappa_1^* \mathfrak{J}_{\mathrm{p}1}^2}, \quad n_3^{(1)} = \frac{-\omega^2 \mathfrak{R}_1 T_{01} \tau_{\mathrm{p}1}^2}{\omega^2 \rho_1 C_{\mathrm{r}1} + \kappa_1^* \tau_{\mathrm{p}1}^2}$$

透射波:

$$\delta^{(2)} = A_2 \exp[\mathrm{i}(\xi x - \beta_{\mathrm{p}2} y - \omega t)] + A_4 \exp[\mathrm{i}(\xi x - \eta_{\mathrm{p}2} y - \omega t)] +$$
$$C_2 \exp[+\gamma_{\mathrm{p}2} y + \mathrm{i}(\xi x - \omega t)] \tag{5-36a}$$

$$\psi^{(2)} = B_2 \exp[\mathrm{i}(\xi x - \beta_{\mathrm{s}2} y - \omega t)] + D_2 \exp[+\gamma_{\mathrm{s}2} y + \mathrm{i}(\xi x - \omega t)] \tag{5-36b}$$

$$\theta^{(2)} = n_1^{(2)} A_2 \exp[\mathrm{i}(\xi x - \beta_{\mathrm{p}2} y - \omega t)] + n_2^{(2)} A_4 \exp[\mathrm{i}(\xi x - \eta_{\mathrm{p}2} y - \omega t)] +$$
$$n_3^{(2)} C_2 \exp[\gamma_{\mathrm{p}2} y + \mathrm{i}(\xi x - \omega t)] \tag{5-36c}$$

其中,

$$n_1^{(2)} = \frac{\omega^2 \mathfrak{R}_2 T_{02} \sigma_{\mathrm{p}2}^2}{\omega^2 \rho_2 C_{\mathrm{r}2} - \kappa_2^* \sigma_{\mathrm{p}2}^2}, \quad n_2^{(2)} = \frac{\omega^2 \mathfrak{R}_2 T_{02} \mathfrak{J}_{\mathrm{p}2}^2}{\omega^2 \rho_2 C_{\mathrm{r}2} - \kappa_2^* \mathfrak{J}_{\mathrm{p}2}^2}, \quad n_3^{(2)} = -\frac{\omega^2 \mathfrak{R}_2 T_{02} \tau_{\mathrm{p}2}^2}{\omega^2 \rho_2 C_{\mathrm{r}2} + \kappa_2^* \tau_{\mathrm{p}2}^2}$$

在应变梯度固体中,设 A_1, A_3, B_1, C_1, D_1 分别表示反射波的振幅,$A_2, A_4,$ B_2, C_2, D_2 分别表示透射波的振幅,A_0, B_0 分别表示入射波的振幅。$A_1/A_0, A_3/A_0, B_1/A_0, C_1/A_0$ 和 D_1/A_0 分别是各种反射波(耦合纵波、耦合热波、剪切波、P 型表面波和 S 型表面波)与入射波的振幅比。相似地,$A_2/A_0, A_4/A_0, B_2/A_0,$

C_2/A_0 和 D_2/A_0 分别是各种透射波与入射波的振幅比。这些振幅比是由考虑了热效应的两个应变梯度固体的界面条件决定的。按照式(1-50)，在应变梯度固体中，界面条件包括四个力学量，即位移 u_k、法向位移梯度 Du_k、单极力 P_k 和偶极力 R_k。如果只考虑热效应对各种波的影响，那么仅仅改变热力学界面条件而固定力学界面条件(位移 u_k、法向位移梯度 Du_k、单极力 P_k 和偶极力 R_k)，这样的界面条件可以表示为如下形式。

(1) 理想界面条件(或完好热力界面条件)

在这个界面条件中，不仅四个力学量在界面处是连续的，而且温度和热流在界面处也是连续的，这种界面的完全表达式可以写作

$$(u_i^{(1)} - u_i^{(2)})\,|_{y=0} = 0, \quad i = x, y \tag{5-37a}$$

$$(u_{i,y}^{(1)} - u_{i,y}^{(2)})\,|_{y=0} = 0 \tag{5-37b}$$

$$(P_i^{(1)} - P_i^{(2)})\,|_{y=0} = 0 \tag{5-37c}$$

$$(R_i^{(1)} - R_i^{(2)})\,|_{y=0} = 0 \tag{5-37d}$$

$$(\theta^{(1)} - \theta^{(2)})\,|_{y=0} = 0 \tag{5-37e}$$

$$(Q_y^{(1)} - Q_y^{(2)})\,|_{y=0} = 0 \tag{5-37f}$$

其中，

$$P_x = 2\mu(1 - c\nabla^2)\varepsilon_{yx} - c[(\lambda+2\mu)\varepsilon_{xx,x} + \lambda\varepsilon_{yy,x}]_{,y} + \frac{\rho d^2}{3}\ddot{u}_{x,y} \tag{5-38a}$$

$$P_y = (1 - c\nabla^2)[(\lambda+2\mu)\varepsilon_{yy} + \lambda\varepsilon_{xx}] - 2\mu c\varepsilon_{xy,xy} + \frac{\rho d^2}{3}\ddot{u}_{y,y} - \Re\theta \tag{5-38b}$$

$$R_x = 2\mu c\varepsilon_{yx,y} \tag{5-38c}$$

$$R_y = c[(\lambda+2\mu)\varepsilon_{yy} + \lambda\varepsilon_{xx}]_{,y} \tag{5-38d}$$

$$Q_i = -\kappa^* \alpha_{,i} \tag{5-38e}$$

(2) 绝热界面

在这个界面条件中，如果界面是绝热材料，则在界面处热流等于零，换言之，在界面处没有热流交换；另外，四个力学量仍然在界面处是连续的。这种界面条件的完全的表达式是

$$(u_i^{(1)} - u_i^{(2)})\,|_{y=0} = 0 \tag{5-39a}$$

$$(u_{i,y}^{(1)} - u_{i,y}^{(2)})\,|_{y=0} = 0 \tag{5-39b}$$

$$(P_i^{(1)} - P_i^{(2)})\,|_{y=0} = 0 \tag{5-39c}$$

$$(R_i^{(1)} - R_i^{(2)})\,|_{y=0} = 0 \tag{5-39d}$$

$$Q_y^{(1)}\,|_{y=0} = 0 \tag{5-39e}$$

$$Q_y^{(2)} \mid_{y=0} = 0 \tag{5-39f}$$

（3）热阻界面

在这个界面条件中,因为在界面上有局部的氧化层或油膜的存在,即使四个力学量和热流在界面处是连续的,那么界面也会产生热阻作用,所以在热阻界面处会发生不完全的热交换现象。这种界面条件的完全表达式可以写作

$$(u_i^{(1)} - u_i^{(2)}) \mid_{y=0} = 0 \tag{5-40a}$$

$$(u_{i,y}^{(1)} - u_{i,y}^{(2)}) \mid_{y=0} = 0 \tag{5-40b}$$

$$(P_i^{(1)} - P_i^{(2)}) \mid_{y=0} = 0 \tag{5-40c}$$

$$(R_i^{(1)} - R_i^{(2)}) \mid_{y=0} = 0 \tag{5-40d}$$

$$\left[Q_y^{(1)} + \frac{1}{R_c}(\theta^{(1)} - \theta^{(2)}) \right] \Bigg|_{y=0} = 0 \tag{5-40e}$$

$$(Q_y^{(1)} - Q_y^{(2)}) \mid_{y=0} = 0 \tag{5-40f}$$

其中,R_c 是热阻系数。

（4）等温边界

这种界面的表达式可以写作

$$(u_i^{(1)} - u_i^{(2)}) \mid_{y=0} = 0 \tag{5-41a}$$

$$(u_{i,y}^{(1)} - u_{i,y}^{(2)}) \mid_{y=0} = 0 \tag{5-41b}$$

$$(P_i^{(1)} - P_i^{(2)}) \mid_{y=0} = 0 \tag{5-41c}$$

$$(R_i^{(1)} - R_i^{(2)}) \mid_{y=0} = 0 \tag{5-41d}$$

$$\theta^{(1)} \mid_{y=0} = 0 \tag{5-41e}$$

$$\theta^{(2)} \mid_{y=0} = 0 \tag{5-41f}$$

（5）广义内固支界面

为了研究力学界面对热波的影响,在界面处,温度和熵流是连续地通过界面,单极力和偶极力在界面处消失。应该指出的是,在界面处单极力和偶极力是零,只是多种力学界面条件中的一种选择,这样,就可以与第一种界面条件(理想的热力学界面)进行对比,以便观察力学界面对各种波的影响。这种界面条件的完全表达式可以写作

$$P_i^{(1)} \mid_{y=0} = 0 \tag{5-42a}$$

$$P_i^{(2)} \mid_{y=0} = 0 \tag{5-42b}$$

$$R_i^{(1)} \mid_{y=0} = 0 \tag{5-42c}$$

$$R_i^{(2)} \mid_{y=0} = 0 \tag{5-42d}$$

$$(\theta^{(1)} - \theta^{(2)}) \mid_{y=0} = 0 \tag{5-42e}$$

$$(Q_y^{(1)} - Q_y^{(2)}) \mid_{y=0} = 0 \tag{5-42f}$$

式(5-37)～式(5-42)统一写成矩阵形式：

$$Ax = B + C \tag{5-43}$$

其中，x 是各种波与入射波的振幅比；矩阵 A，B 和 C 中元素的显示表达式被列在附录 F 中。矩阵 B 与入射的耦合纵波相关，矩阵 C 与入射的剪切波相关，通过求解式(5-43)可以得到各种波与入射波的振幅比 x。

5.1.3　能流表示的反射系数和透射系数

沿着方向 n 传播的弹性波的能流密度

$$q(\boldsymbol{n},t) = -P_i(\boldsymbol{n})\dot{u}_i - R_i(\boldsymbol{n})n_j\dot{u}_{i,j} + Q(\boldsymbol{n},t), \quad Q(\boldsymbol{n},t) = \boldsymbol{Q} \cdot \boldsymbol{n} \tag{5-44}$$

式(5-44)中等号右边第一项是单极力做功，第二项是偶极力做功，第三项是热流。各种波在一个周期 T 内的平均能流密度可以通过 $\bar{q}(\boldsymbol{n}) = \dfrac{1}{T}\displaystyle\int_0^T q(\boldsymbol{n},t)\mathrm{d}t$ 计算得到。

在考虑热效应的应变梯度固体中，剪切波不与热波耦合，因此，剪切波的平均能流密度是

$$\bar{q}_0^{\mathrm{s}}(\boldsymbol{n}_0) = \frac{1}{2}\omega\sigma_{\mathrm{s}1}^3\mu_1(1 - m_{\mathrm{s}1} + 2c_1\sigma_{\mathrm{s}1}^2)B_0 B_0^* \tag{5-45a}$$

$$\bar{q}_j^{\mathrm{s}}(\boldsymbol{n}_{\mathrm{s}j}) = \frac{1}{2}\omega\sigma_{\mathrm{s}j}^3\mu_j(1 - m_{\mathrm{s}j} + 2c_j\sigma_{\mathrm{s}j}^2)B_j B_j^*, \quad j = 1,2 \tag{5-45b,c}$$

其中，式(5-45a)是入射波的平均能流密度；式(5-45b)是反射波和透射波的平均能流密度。式(5-45c)是透射波的平均能流密度。

耦合纵波和热波的平均能流密度分别为

$$\bar{q}_0^{\mathrm{p}}(\boldsymbol{n}_0) = \frac{1}{2}\omega\sigma_{\mathrm{p}1}^3(\lambda_1 + 2\mu_1)(1 - m_{\mathrm{p}1} + 2c_1\sigma_{\mathrm{p}1}^2)A_0 A_0^* +$$

$$\omega\sigma_{\mathrm{p}1}\Re_1 n_1^{(1)}A_0 A_0^* + \frac{\kappa_1^*\sigma_{\mathrm{p}1}}{\omega T_{01}}(n_1^{(1)})^2 A_0 A_0^* \tag{5-46a}$$

$$\bar{q}_j^{\mathrm{p}}(\boldsymbol{n}_{\mathrm{p}j}) = \frac{1}{2}\omega\sigma_{\mathrm{p}j}^3(\lambda_j + 2\mu_j)(1 - m_{\mathrm{p}j} + 2c_j\sigma_{\mathrm{p}j}^2)A_j A_j^* +$$

$$\omega\sigma_{\mathrm{p}j}\Re_j n_j^{(1)}A_j A_j^* + \frac{\kappa_j^*\sigma_{\mathrm{p}j}}{\omega T_{0j}}(n_j^{(1)})^2 A_j A_j^*, \quad j = 1,2 \tag{5-46b,c}$$

$$\bar{q}_j^{\mathrm{T}}(\boldsymbol{n}_{\mathrm{T}j}) = \frac{1}{2}\omega\mathfrak{I}_{\mathrm{p}j}^3(\lambda_j + 2\mu_j)(1 - m_{\mathrm{p}j} + 2c_j\mathfrak{I}_{\mathrm{p}j}^2)A_{j+2} A_{j+2}^* +$$

$$\omega\mathfrak{I}_{\mathrm{T}j}\Re_j n_j^{(2)}A_{j+2} A_{j+2}^* + \frac{\kappa_1^*\mathfrak{I}J_{\mathrm{p}j}}{\omega T_{0j}}(n_j^{(2)})^2 A_{j+2} A_{j+2}^*, \quad j = 1,2$$

$$\tag{5-46d,e}$$

其中，式(5-46a)是入射波的平均能流密度；式(5-46b,c)分别是反射和透射的耦合

纵波的平均能流密度；式(5-46d,e)分别是反射和透射的耦合热波的平均能流密度。

S型表面波与剪切波相伴而生，而且不与热波耦合，因此，S型表面波的平均能流密度

$$\bar{q}_j^{\text{ss}}(\boldsymbol{n}) = \frac{1}{2} M \omega \xi (D_j D_j^*) J_j^{\text{ss}} \tag{5-47}$$

其中，

$$M = \frac{1 - \exp(-2)}{2}$$

$$J_j^{\text{ss}} = \mu_j [-(3\tau_{\text{s}j}^2 + 4\zeta_j^2) + m_{\text{s}j}(\tau_{\text{s}j}^2 + 2\zeta_j^2) + 2c_j\tau_{\text{s}j}^2(2\tau_{\text{s}j}^2 + 3\zeta_j^2)]$$

式(5-47)是反射S型表面波及透射S型表面波的平均能流密度。

P型表面波与耦合纵波和耦合热波相伴而生，所以P型表面波也是机械和热的耦合波，那么P型表面波的平均能流密度

$$\bar{q}_j^{\text{sp}}(\boldsymbol{n}) = \frac{1}{2} M \omega \xi (C_j C_j^*) J_j^{\text{sp}} \tag{5-48}$$

其中，

$$J_j^{\text{sp}} = \lambda_j \tau_{\text{p}j}^2 - 2\mu_j(\tau_{\text{p}j}^2 + \xi^2) + \mu_j m_{\text{s}j}(\tau_{\text{p}j}^2 + 2\xi^2) +$$

$$2c_j\tau_{\text{p}j}^2 [\lambda_j\xi^2 + 2\mu_j(\tau_{\text{p}j}^2 + 2\xi^2)] - 2\Re_j n_3^{(j)} + \frac{2\kappa_j^*}{\omega^2 T_{0j}} (n_3^{(j)})^2$$

各种反射波和透射波的平均能流密度与入射波的平均能流密度的比值被定义为反射系数和透射系数，即在P波入射情况下，$\bar{q}_j^{\text{p}}(\boldsymbol{n}_{\text{p}j})/\bar{q}_0^{\text{p}}(\boldsymbol{n}_0)$，$\bar{q}_j^{\text{s}}(\boldsymbol{n}_{\text{s}j})/\bar{q}_0^{\text{p}}(\boldsymbol{n}_0)$ 和 $\bar{q}_j^{\text{T}}(\boldsymbol{n}_{\text{T}j})/\bar{q}_0^{\text{p}}(\boldsymbol{n}_0)$ 表示体波的反射系数和透射系数，$\bar{q}_j^{\text{sp}}(\boldsymbol{n})/\bar{q}_0^{\text{p}}(\boldsymbol{n}_0)$ 和 $\bar{q}_j^{\text{ss}}(\boldsymbol{n})/\bar{q}_0^{\text{p}}(\boldsymbol{n}_0)$ 表示表面波的反射系数和透射系数；SV波入射时，只需用 $\bar{q}_0^{\text{s}}(\boldsymbol{n}_0)$ 替换原来的分母。考虑到各种表面波沿着界面传播，所以能量守恒要求

$$E = \frac{\bar{q}_1^{\text{p}}(\boldsymbol{n}_{\text{p}1})\cos\theta_{\text{p}1} + \bar{q}_1^{\text{T}}(\boldsymbol{n}_{\text{T}1})\cos\theta_{\text{T}1} + \bar{q}_1^{\text{s}}(\boldsymbol{n}_{\text{s}1})\cos\theta_{\text{s}1}}{\bar{q}_0(\boldsymbol{n}_0)\cos\theta} +$$

$$\frac{\bar{q}_2^{\text{p}}(\boldsymbol{n}_{\text{p}2})\cos\theta_{\text{p}2} + \bar{q}_2^{\text{T}}(\boldsymbol{n}_{\text{T}2})\cos\theta_{\text{T}2} + \bar{q}_2^{\text{s}}(\boldsymbol{n}_{\text{s}2})\cos\theta_{\text{s}2}}{\bar{q}_0(\boldsymbol{n}_0)\cos\theta} \tag{5-49}$$

式(5-49)说明，入射波通过界面单位面积上的能量等于通过相同面积上的反射波和透射波能量的和。

5.2　数值算例和讨论

具有热效应的应变梯度固体中的反射系数和透射系数依赖于两个固体介质中的材料参数（$\nu_i, \mu_i, \rho_i, c_i, d_i, C_{\text{r}i}, \kappa_i^*, \Re_i, T_{0i}$）和入射波的参数（$A_0, \omega, T_{01}, \phi$），即

$$\boldsymbol{x} = f(\nu_1, \mu_1, \rho_1, c_1, d_1, C_{r1}, \kappa_1^*, \mathfrak{R}_1,$$

$$T_{01}, \nu_2, \mu_2, \rho_2, c_2, d_2, C_{r2}, \kappa_2^*, \mathfrak{R}_2, T_{02}, \omega, \phi) \qquad (5\text{-}50)$$

如果选择 $(\rho_1, d_1, \omega, T_{01})$ 作为基本物理量，那么式(5-50)的无量纲形式为

$$\boldsymbol{x} = f\left(\nu_1, \frac{\mu_1}{\rho_1 d_1^2 \omega^2}, 1, \frac{\sqrt{c_1}}{d_1}, 1, \frac{T_{01} C_{r1}}{d_1^2 \omega^2}, \frac{T_{01} \kappa_1^*}{\rho_1 d_1^4 \omega^4}, \frac{T_{01} \mathfrak{R}_1}{\rho_1 d_1^2 \omega^2}, 1, \right.$$

$$\left. \frac{\nu_2}{\nu_1}, \frac{\mu_2}{\mu_1}, \frac{\rho_2}{\rho_1}, \frac{c_2}{c_1}, \frac{d_2}{d_1}, \frac{C_{r2}}{C_{r1}}, \frac{\kappa_2^*}{\kappa_1^*}, \frac{\mathfrak{R}_2}{\mathfrak{R}_1}, \frac{T_{02}}{T_{01}}, 1, \phi \right) \qquad (5\text{-}51)$$

设 $\bar{\omega} = \dfrac{\omega^2 d_1^2}{V_{s1}^2}, \varepsilon_1 = \dfrac{\sqrt{c_1}}{d_1}, C_1 = \dfrac{T_{01} C_{r1}}{d_1^2 \omega^2}, K_1 = \dfrac{T_{01} \kappa_1^*}{\rho_1 d_1^4 \omega^4}, R_1 = \dfrac{T_{01} \mathfrak{R}_1}{\rho_1 d_1^2 \omega^2}, \bar{d} = \dfrac{d_2}{d_1}, \bar{c} = \dfrac{c_2}{c_1},$

$\bar{\mu} = \dfrac{\mu_2}{\mu_1}, \nu = \dfrac{\nu_2}{\nu_1}$ (ν_1 和 ν_2 是 Poisson 比), $\bar{\rho} = \dfrac{\rho_2}{\rho_1}, \bar{\mathfrak{R}} = \dfrac{\mathfrak{R}_2}{\mathfrak{R}_1}, \bar{\kappa}^* = \dfrac{\kappa_2^*}{\kappa_1^*}, \bar{C}_r = \dfrac{C_{r2}}{C_{r1}},$

$\bar{T} = \dfrac{T_{02}}{T_{01}}$,那么

$$\boldsymbol{x} = f(\nu_1, \bar{\omega}, 1, \varepsilon_1, 1, C_1, K_1, R_1, 1, \nu, \bar{\mu}, \bar{\rho}, \bar{c}, \bar{d}, \bar{C}_r, \bar{\kappa}^*, \bar{\mathfrak{R}}, \bar{T}, 1, \phi) \qquad (5\text{-}52)$$

在数值算例中，我们关心的是上面提到的五个界面条件对反射系数和透射系数的影响，所以，此处将涉及的材料常数都列出，介质 1 和介质 2 中的 Poisson 比取作 $\nu_1 = \nu_2 = 1/3$，其余无量纲物理量分别取作 $\bar{\omega} = 0.5, \varepsilon_1 = 0.05, C_1 = 0.8$，$K_1 = 0.4, R_1 = 0.1, \bar{d} = 0.8, \bar{c} = 0.8, \bar{\mu} = 1/3, \bar{\rho} = 1, \bar{\mathfrak{R}} = 0.5, \bar{\kappa}^* = 0.5, \bar{C}_r = 0.8$，$\dot{T} = 1$。

5.2.1 耦合 P 波入射情况

图 5-2 显示的是耦合 P 波入射时以能流表示的体波的反射系数和透射系数，为了便于比较五个界面对各种体波的影响，将每种波型在五种界面条件下的曲线画在同一幅图中。从图中可以观察到，界面 Ⅰ，Ⅱ，Ⅲ，Ⅳ 对耦合纵波和剪切波的反射系数和透射系数的影响不大，但是对耦合热波的反射系数和透射系数的影响比较大。界面 Ⅴ 相对于其他界面条件而言，对各种波的影响最大，如果热学界面条件在界面处也是不连续的，那么透射波会完全消失。这不难理解，因为，界面 Ⅴ 的力学界面条件使得两个固体是完全分离的，所以入射波的能量不能通过界面传递到另外的固体中。

图 5-3 显示的是以能流表示的表面波的反射系数和透射系数。P 型表面波的反射系数和 P 型与 S 型表面波的透射系数，分别比热波的反射系数和透射系数大 1～2 个数量级。如果仅仅改变热学界面条件，即温度和熵流的变化，相对于其他界面条件，界面 Ⅳ 对各种波的影响是最大的，当然，在五个界面条件中，还是界面 Ⅴ（力学界面条件完全不连续）对各种波的影响最大。

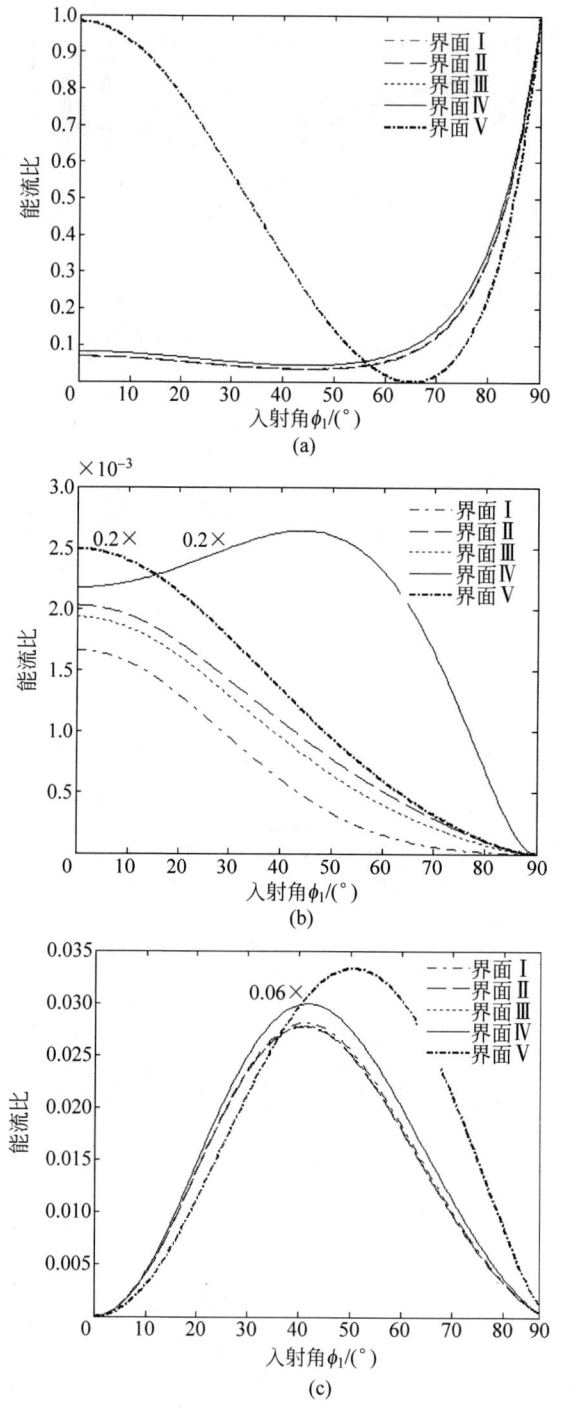

图 5-2　体波在五个界面上以能流表示的反射系数和透射系数

(a) 耦合纵波的反射；(b) 耦合热波的反射；(c) 剪切波的反射；

(d) 耦合纵波的透射；(e) 耦合热波透射；(f) 切变波透射

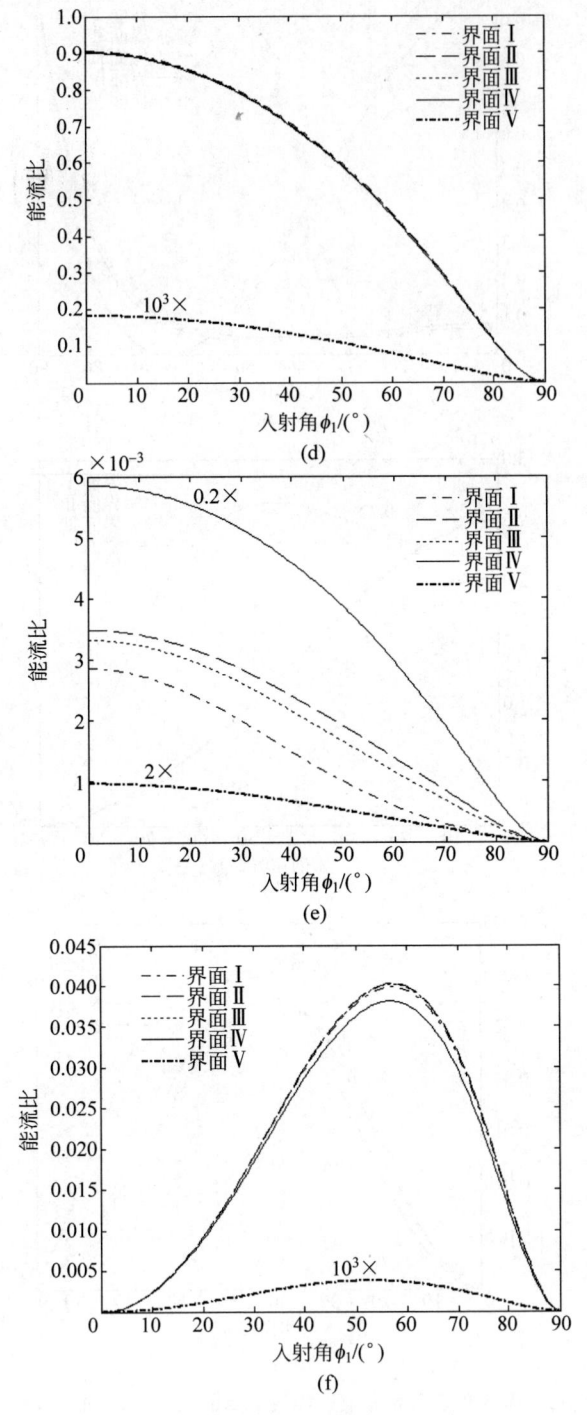

图 5-2 （续）

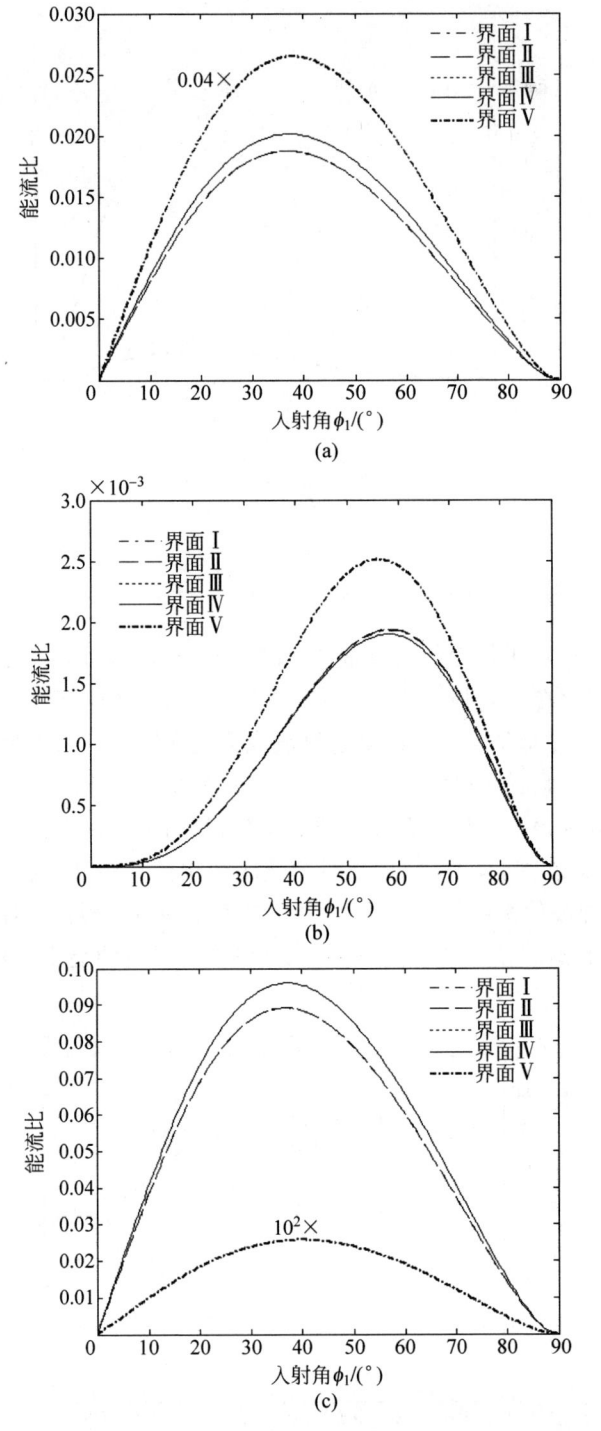

图 5-3　表面波在五个界面上以能流表示的反射系数和透射系数

（a）反射 P 型表面波；（b）反射 S 型表面波；（c）透射 P 型表面波；（d）透射 S 型表面波

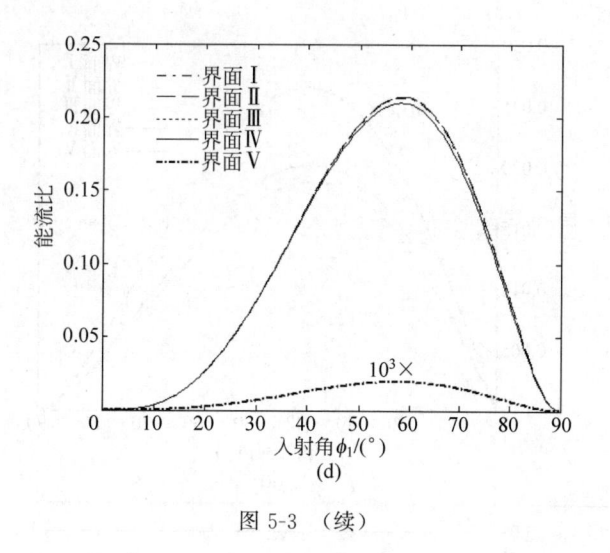

图 5-3 （续）

5.2.2 SV 波入射情况

SV 波入射时,对于给定的材料常数,界面条件Ⅰ,Ⅱ,Ⅲ和Ⅳ存在两个临界角,而界面条件Ⅴ仅存在一个临界角,第一临界角是当反射的耦合纵波成为表面波时的入射角,第二临界角是当透射的耦合纵波成为表面波时的入射角,界面条件Ⅴ的临界角指的是第一临界角(图 5-4)。图 5-5 显示的是 SV 波入射时,各种体波在五个界面上的以能流表示的反射系数和透射系数,从图中可以观察到,如果仅改变热学界面条件,界面条件Ⅰ,Ⅱ,Ⅲ和Ⅳ对热波的影响比其余波的影响显著,当然,界面条件Ⅴ对各种波的影响最大;另外,界面条件Ⅴ的热学界面是连续的,而力学界面是完全断开的,这就使得透射波虽然存在,但是透射波的能量非常小,换言之,振幅值很小。

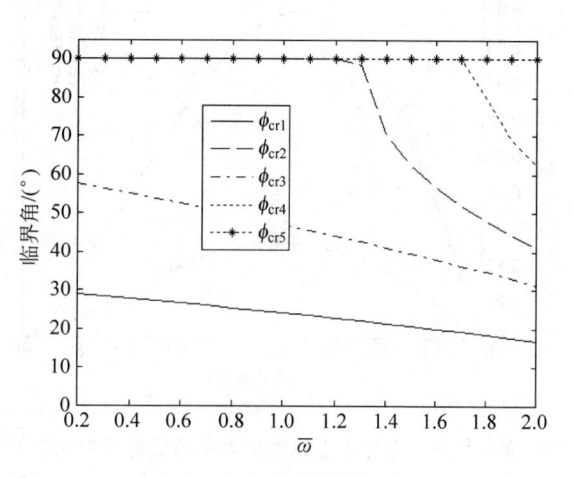

图 5-4 各种波的临界角

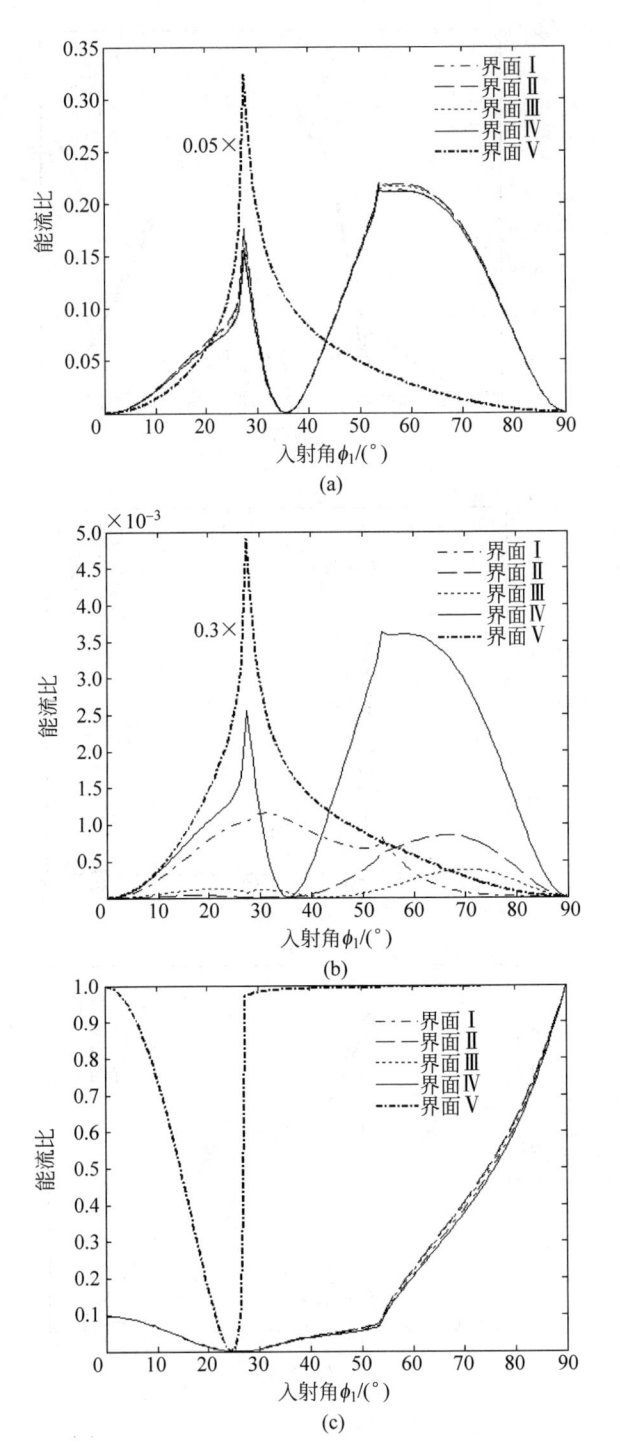

图 5-5　体波在五个界面上以能流表示的反射系数和透射系数

（a）反射耦合纵向波；（b）反射耦合热波；（c）反射切变波

（d）传输耦合纵波；（e）传输耦合热波；（f）传输切变波

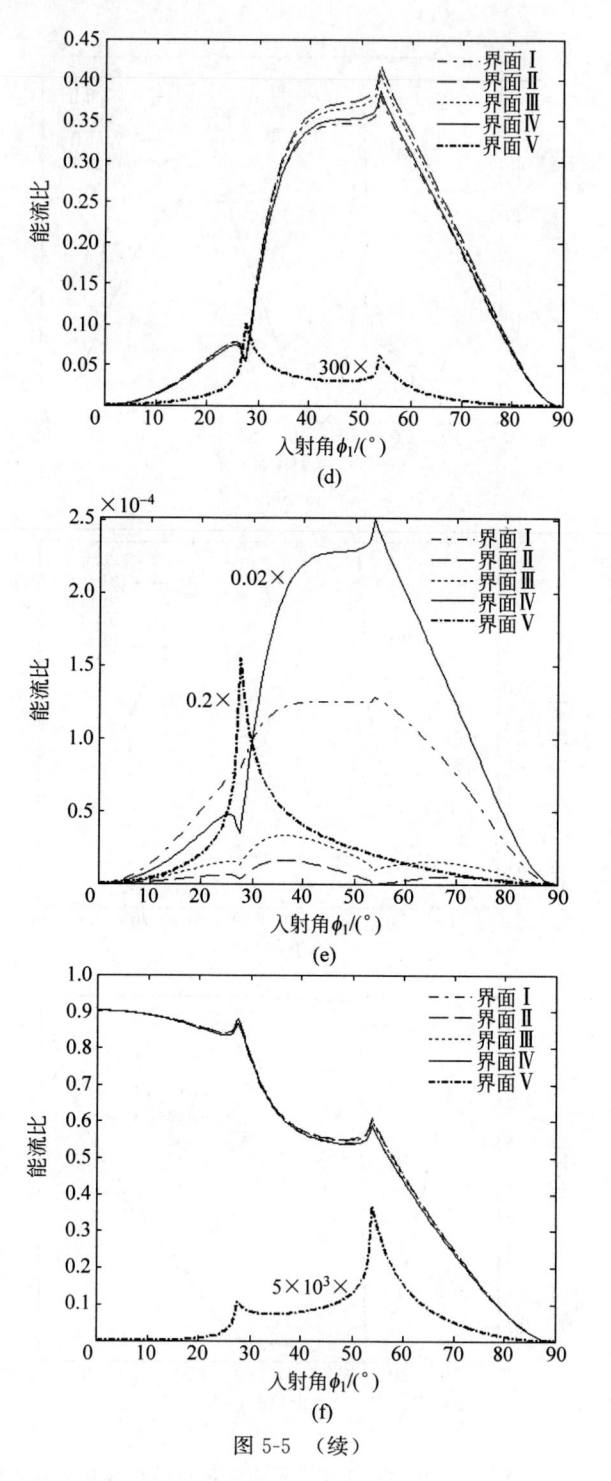

图 5-5　（续）

　　图 5-6 显示的是以能流表示的表面波在五种界面上的反射系数和透射系数，从图中可以观察到，界面条件 V 对各种表面波的影响最大，但是表面波在其余的四个界

面条件下几乎不变,还可以看到表面波的透射系数比反射系数大 1～2 个数量级。

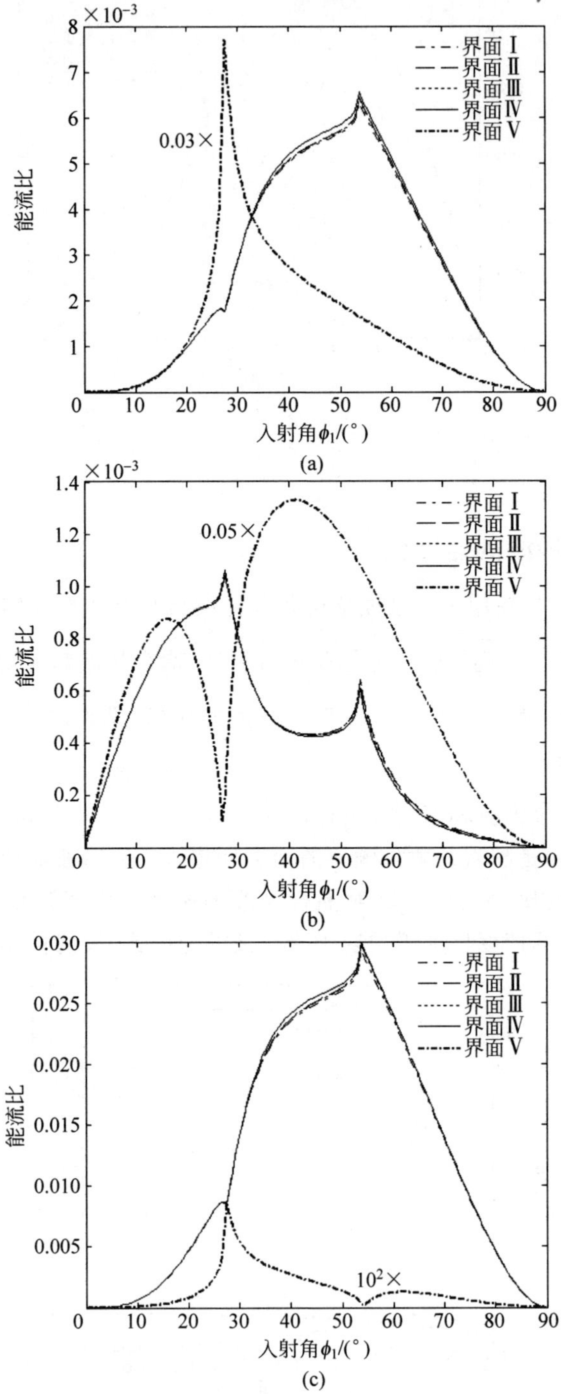

图 5-6 表面波在五个界面上的反射系数和透射系数

(a) 反射 P 型曲面波;(b) 反射 S 型曲面波;(c) 透射 P 型曲面波;(d) 透射 S 型曲面波

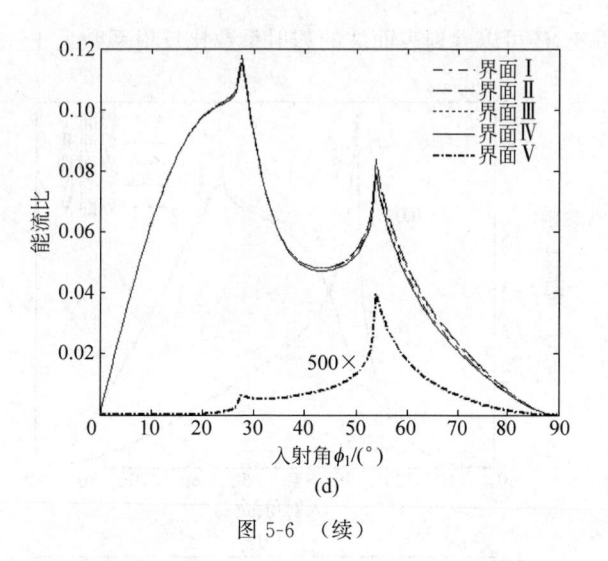

图 5-6　（续）

5.2.3　各种波的速度比

图 5-7 显示的是在应变梯度固体中各种体波与经典弹性介质 1 中 P 波的传播速度比的曲线。$\overline{V_{\mathrm{P}}^{(i)}}$, $\overline{V_{\mathrm{T}}^{(i)}}$, $\overline{V_{\mathrm{S}}^{(i)}}$ 分别是耦合纵波、耦合热波和剪切波在应变梯度固体中的速度与经典弹性介质 1 中的 P 波波速的比值，即 $\overline{V_{\mathrm{P}}^{(i)}} = v_{\mathrm{P}}^{\mathrm{g}(i)}/V_{\mathrm{P}}^{(1)}$, $\overline{V_{\mathrm{T}}^{(i)}} = v_{\mathrm{T}}^{\mathrm{g}(i)}/V_{\mathrm{P}}^{(1)}$ 和 $\overline{V_{\mathrm{S}}^{(i)}} = v_{\mathrm{S}}^{\mathrm{g}(i)}/V_{\mathrm{P}}^{(1)}$，另外，$i = 1, 2$ 分别指的是介质 1 和介质 2。从图中可以观察到，耦合纵波和剪切波的速度比随着入射角频率的增大而逐渐减小，但是热波的速度比却是随着入射角频率的增大而增大；反射波的速度比略大于同类型的透射波的速度比，换言之，反射耦合纵波的速度比大于透射耦合纵波的速度比，反射耦合热波的速度比大于透射耦合热波的速度比，反射剪切波的速度比大于

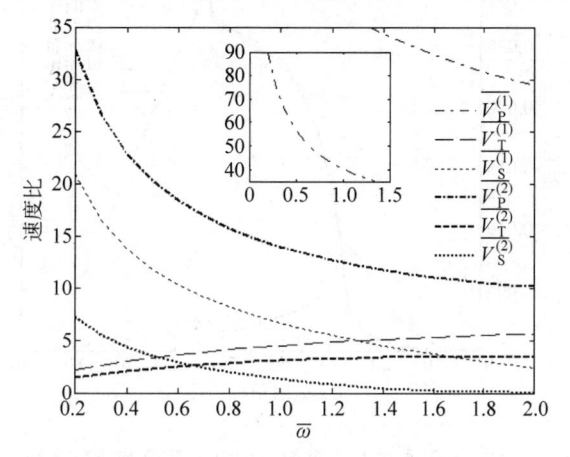

图 5-7　应变梯度固体中各种体波与经典弹性介质 1 中 P 波的速度比曲线

透射剪切波的速度比,另外,无论是反射波还是透射波,其耦合纵波的速度比大于剪切波的速度比,这一点与经典弹性固体中纵波的速度比大于剪切波的速度比是一致的。

5.2.4　能量守恒的验证

图 5-8 显示的是在考虑热效应和微结构效应的情况下,耦合纵波和剪切波入射时在五种界面条件下的能量守恒曲线。从图中可以看到,耦合 P 波入射时,在入射角为 60°～70°时,误差最大;在 SV 波入射时,在两个临界角处的误差最大,误差最大也不超过 5%,因此,本书的数值计算结果是有效的。

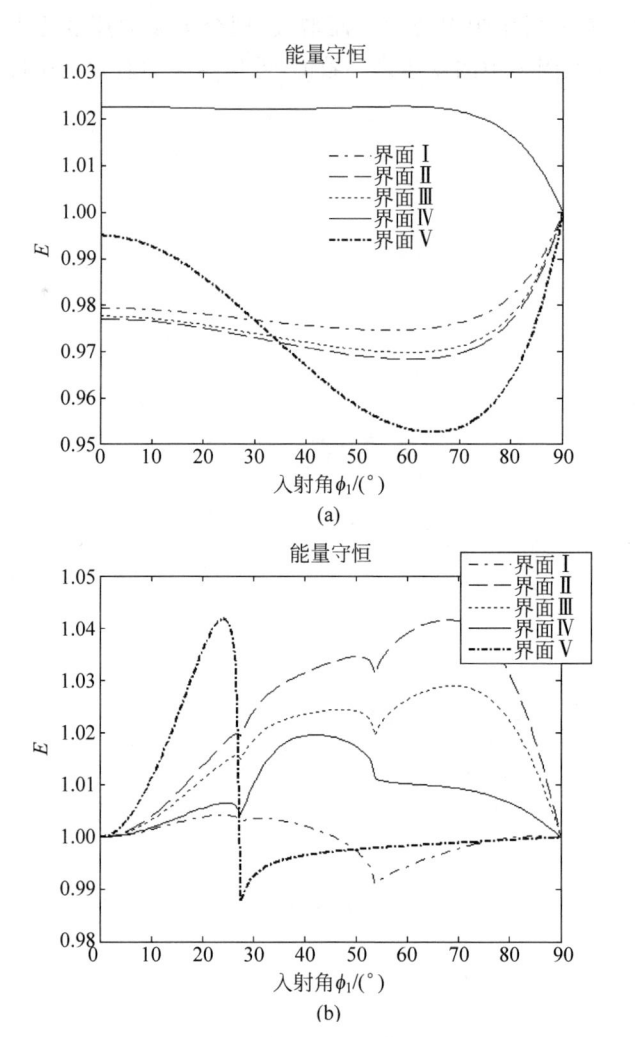

图 5-8　五种界面上的能量守恒

(a) 入射耦合 P 波;(b) 入射 SV 波

5.3　本章小结

　　本章主要研究了五种不同的界面条件对反射波和透射波的影响,五种界面条件中既考虑了热效应也考虑了微结构效应。在五种界面条件中发现仅仅改变力学界面条件对各种波的影响最大,热学界面条件对热波的影响最大。在耦合 P 波入射的情况下,P 型表面波的反射系数和 P 型及 S 型表面波的透射系数比热波的反射系数和透射系数大 1～2 个数量级。在 SV 波入射的情况下,表面波的透射系数比反射系数大。耦合纵波和剪切波的速度比随着入射角频率的增大而减小,然而热波的速度比随着入射角频率的增大而增大,耦合纵波的速度比大于剪切波的速度比,这与经典弹性固体中的规律是一致的,数值结果的有效性由能量守恒的结果得到了验证。

附录

附录 A 应变梯度固体反射和透射问题中的矩阵

式(1-74)中，矩阵 $\boldsymbol{A}=(a_{ij})_{8\times8}$，$\boldsymbol{b}=(b_{ij})_{8\times1}$，$\boldsymbol{c}=(c_{ij})_{8\times1}$ 中元素的表达式分别为

$a_{11}=\mathrm{i}\xi$， $a_{12}=\mathrm{i}\xi$， $a_{13}=\mathrm{i}\beta_{s1}$， $a_{14}=-\gamma_{s1}$， $a_{15}=-\mathrm{i}\xi$， $a_{16}=-\mathrm{i}\xi$，

$a_{17}=\mathrm{i}\beta_{s2}$， $a_{18}=-\gamma_{s2}$， $a_{21}=\mathrm{i}\beta_{p1}$， $a_{22}=-\gamma_{p1}$， $a_{23}=-\mathrm{i}\xi$，

$a_{24}=-\mathrm{i}\xi$， $a_{25}=\mathrm{i}\beta_{p2}$， $a_{26}=-\gamma_{p2}$， $a_{27}=\mathrm{i}\xi$， $a_{28}=\mathrm{i}\xi$， $a_{31}=-\xi\beta_{p1}$，

$a_{32}=-\mathrm{i}\xi\gamma_{p1}$， $a_{33}=-\beta_{s1}^{2}$， $a_{34}=\gamma_{s1}^{2}$， $a_{35}=-\xi\beta_{p2}$， $a_{36}=-\mathrm{i}\xi\gamma_{p2}$，

$a_{37}=\beta_{s2}^{2}$， $a_{38}=-\gamma_{s2}^{2}$， $a_{41}=-\beta_{p1}^{2}$， $a_{42}=\gamma_{p1}^{2}$， $a_{43}=\xi\beta_{s1}$， $a_{44}=\mathrm{i}\xi\gamma_{s1}$，

$a_{45}=\beta_{p2}^{2}$， $a_{46}=-\gamma_{p2}^{2}$， $a_{47}=\xi\beta_{s2}$， $a_{48}=\mathrm{i}\xi\gamma_{s2}$，

$a_{51}=\mu_{1}[-2+m_{s1}-2c_{1}(2\sigma_{p1}^{2}+\xi^{2})]\xi\beta_{p1}$，

$a_{52}=\mu_{1}[-2+m_{s1}+2c_{1}(2\tau_{p1}^{2}-\xi^{2})]\mathrm{i}\xi\gamma_{p1}$，

$a_{53}=\mu_{1}[(\xi^{2}-\beta_{s1}^{2})+m_{s1}\beta_{s1}^{2}-c_{1}(\sigma_{s1}^{4}-2\xi^{2})]$，

$a_{54}=\mu_{1}[(\xi^{2}+\gamma_{s1}^{2})-m_{s1}\gamma_{s1}^{2}-c_{1}(\tau_{s1}^{4}-2\xi^{4})]$，

$a_{55}=-\mu_{2}[2-m_{s2}+2c_{2}(2\sigma_{p2}^{2}+\xi^{2})]\xi\beta_{p2}$，

$a_{56}=-\mu_{2}[2-m_{s2}-2c_{2}(2\tau_{p2}^{2}-\xi^{2})]\mathrm{i}\xi\gamma_{p2}$，

$a_{57}=-\mu_{2}[(\xi^{2}-\beta_{s2}^{2})+m_{s2}\beta_{s2}^{2}-c_{2}(\sigma_{s2}^{4}-2\xi^{4})]$，

$$a_{58} = -\mu_2 \left[(\xi^2 + \gamma_{s2}^2) - m_{s2}\gamma_{s2}^2 - c_2(\tau_{s2}^4 - 2\xi^4) \right],$$

$$a_{61} = \mu_1 \left[-2(\sigma_{p1}^2 + \beta_{p1}^2) + m_{s1}\beta_{p1}^2 - 2c_1(2\sigma_{p1}^4 - \xi^4) \right],$$

$$a_{62} = \mu_1 \left[2(2\tau_{p1}^2 + \xi^2) - m_{s1}\gamma_{p1}^2 - 2c_1(2\tau_{p1}^4 - \xi^4) \right],$$

$$a_{63} = \mu_1 \left[2 - m_{s1} + c_1(\sigma_{s1}^2 + 2\xi^2) \right]\xi\beta_{s1},$$

$$a_{64} = \mu_1 \left[2 - m_{s1} - c_1(\tau_{s1}^2 - 2\xi^2) \right]\mathrm{i}\xi\gamma_{s1},$$

$$a_{65} = -\mu_2 \left[-2(\sigma_{p2}^2 + \beta_{p2}^2) + m_{s2}\beta_{p2}^2 - 2c_2(2\sigma_{p2}^4 - \xi^4) \right],$$

$$a_{66} = -\mu_2 \left[2(2\tau_{p2}^2 + \xi^2) - m_{s2}\gamma_{p2}^2 - 2c_2(2\tau_{p2}^4 - \xi^4) \right],$$

$$a_{67} = -\mu_2 \left[-2 + m_{s2} - c_2(\sigma_{s2}^2 + 2\xi^2) \right]\xi\beta_{s2},$$

$$a_{68} = -\mu_2 \left[-2 + m_{s2} + c_2(\tau_{s2}^2 - 2\xi^2) \right]\mathrm{i}\xi\gamma_{s2},$$

$$a_{71} = -2\mu_1 c_1 \xi\beta_{p1}^2\mathrm{i}, \quad a_{72} = 2\mu_1 c_1 \xi\gamma_{p1}^2\mathrm{i}, \quad a_{73} = (\xi^2 - \beta_{s1}^2)\mu_1 c_1 \beta_{s1}\mathrm{i},$$

$$a_{74} = -(\xi^2 + \gamma_{s1}^2)\mu_1 c_1 \gamma_{s1}, \quad a_{75} = 2\mu_2 c_2 \xi\beta_{p2}^2\mathrm{i}, \quad a_{76} = -2\mu_2 c_2 \xi\gamma_{p2}^2\mathrm{i},$$

$$a_{77} = (\xi^2 - \beta_{s2}^2)\mu_2 c_2 \beta_{s2}\mathrm{i}, \quad a_{78} = -(\xi^2 + \gamma_{s2}^2)\mu_2 c_2 \gamma_{s2},$$

$$a_{81} = -2\mu_1 c_1 \beta_{p1}\mathrm{i}(\sigma_{p1}^2 + \beta_{p1}^2), \quad a_{82} = -2\mu_1 c_1 \gamma_{p1}(2\tau_{p1}^2 + \xi^2),$$

$$a_{83} = 2\mu_1 c_1 \xi\beta_{s1}^2\mathrm{i}, \quad a_{84} = -2\mu_1 c_1 \xi\gamma_{s1}^2\mathrm{i},$$

$$a_{85} = -2\mu_2 c_2 \beta_{p2}\mathrm{i}(\sigma_{p2}^2 + \beta_{p2}^2), \quad a_{86} = -2\mu_2 c_2 \gamma_{p2}(2\tau_{p2}^2 + \xi^2),$$

$$a_{87} = -2\mu_2 c_2 \xi\beta_{s2}^2\mathrm{i}, \quad a_{88} = 2\mu_2 c_2 \xi\gamma_{s2}^2\mathrm{i};$$

$$b_{11} = -\mathrm{i}\xi, \quad b_{21} = \mathrm{i}\beta_{p1},$$

$$b_{31} = -\xi\beta_{p1}, \quad b_{41} = \beta_{p1}^2,$$

$$b_{51} = -\mu_1 \left[2 - m_{s1} + 2c_1(2\sigma_{p1}^2 + \xi_1^2) \right]\xi\beta_{p1},$$

$$b_{61} = \mu_1 \left[2(\sigma_{p1}^2 + \beta_{p1}^2) - m_{s1}\beta_{p1}^2 + 2c_1(2\sigma_{p1}^4 - \xi^4) \right],$$

$$b_{71} = 2\mu_1 c_1 \mathrm{i}\xi\beta_{p1}^2, \quad b_{81} = -2\mu_1 c_1 \mathrm{i}\beta_{p1}(\sigma_{p1}^2 + \beta_{p1}^2);$$

$$c_{11} = \mathrm{i}\beta_{s1}, \quad c_{21} = \mathrm{i}\xi, \quad c_{31} = \beta_{s1}^2, \quad c_{41} = \xi\beta_{s1},$$

$$c_{51} = -\mu_1 \left[(\xi^2 - \beta_{s1}^2) + m_{s1}\beta_{s1}^2 - c_1(\sigma_{s1}^4 - 2\xi^4) \right],$$

$$c_{61} = -\mu_1 \left[-2 + m_{s1} - c_1(\sigma_{s1}^2 + 2\xi^2) \right]\xi\beta_{s1},$$

$$c_{71} = c_1\mu_1 \mathrm{i}\beta_{s1}(\xi^2 - \beta_{s1}^2), \quad c_{81} = -c_1\mu_1 \mathrm{i}\xi\beta_{s1}^2$$

附录 B 五种界面问题中的矩阵

五种界面条件中,矩阵 $\boldsymbol{A} = (a_{ij})_{8\times8}$, $\boldsymbol{b} = (b_{ij})_{8\times1}$ 和 $\boldsymbol{c} = (c_{ij})_{8\times1}$ 的显示表达式如下所列。

（1）广义内固支界面

与附录 A 相同。

（2）广义内铰支界面

$$a_{11} = \mathrm{i}\xi, \quad a_{12} = \mathrm{i}\xi, \quad a_{13} = \mathrm{i}\beta_{s1}, \quad a_{14} = -\gamma_{s1}, \quad a_{15} = -\mathrm{i}\xi,$$

$a_{16} = -\mathrm{i}\xi, \quad a_{17} = \mathrm{i}\beta_{s2}, \quad a_{18} = -\gamma_{s2}, \quad a_{21} = \mathrm{i}\beta_{p1}, \quad a_{22} = -\gamma_{p1},$

$a_{23} = -\mathrm{i}\xi, \quad a_{24} = -\mathrm{i}\xi, \quad a_{25} = \mathrm{i}\beta_{p2}, \quad a_{26} = -\gamma_{p2}, \quad a_{27} = \mathrm{i}\xi, \quad a_{28} = \mathrm{i}\xi,$

$a_{31} = \mu_1[-2 + m_{s1} - 2c_1(2\sigma_{p1}^2 + \xi^2)]\xi\beta_{p1},$

$a_{32} = \mu_1[-2 + m_{s1} + 2c_1(2\tau_{p1}^2 - \xi^2)]\mathrm{i}\xi\gamma_{p1},$

$a_{33} = \mu_1[(\xi^2 - \beta_{s1}^2) + m_{s1}\beta_{s1}^2 - c_1(\sigma_{s1}^4 - 2\xi^2)],$

$a_{34} = \mu_1[(\xi^2 + \gamma_{s1}^2) - m_{s1}\gamma_{s1}^2 - c_1(\tau_{s1}^4 - 2\xi^4)],$

$a_{35} = -\mu_2[2 - m_{s2} + 2c_2(2\sigma_{p2}^2 + \xi^2)]\xi\beta_{p2},$

$a_{36} = -\mu_2[2 - m_{s2} - 2c_2(2\tau_{p2}^2 - \xi^2)]\mathrm{i}\xi\gamma_{p2},$

$a_{37} = -\mu_2[(\xi^2 - \beta_{s2}^2) + m_{s2}\beta_{s2}^2 - c_2(\sigma_{s2}^4 - 2\xi^4)],$

$a_{38} = -\mu_2[(\xi^2 + \gamma_{s2}^2) - m_{s2}\gamma_{s2}^2 - c_2(\tau_{s2}^4 - 2\xi^4)],$

$a_{41} = \mu_1[-2(\sigma_{p1}^2 + \beta_{p1}^2) + m_{s1}\beta_{p1}^2 - 2c_1(2\sigma_{p1}^4 - \xi^4)],$

$a_{42} = \mu_1[2(2\tau_{p1}^2 + \xi^2) - m_{s1}\gamma_{p1}^2 - 2c_1(2\tau_{p1}^4 - \xi^4)],$

$a_{43} = \mu_1[2 - m_{s1} + c_1(\sigma_{s1}^2 + 2\xi^2)]\xi\beta_{s1},$

$a_{44} = \mu_1[2 - m_{s1} - c_1(\tau_{s1}^2 - 2\xi^2)]\mathrm{i}\xi\gamma_{s1},$

$a_{45} = -\mu_2[-2(\sigma_{p2}^2 + \beta_{p2}^2) + m_{s2}\beta_{p2}^2 - 2c_2(2\sigma_{p2}^4 - \xi^4)],$

$a_{46} = -\mu_2[2(2\tau_{p2}^2 + \xi^2) - m_{s2}\gamma_{p2}^2 - 2c_2(2\tau_{p2}^4 - \xi^4)],$

$a_{47} = -\mu_2[-2 + m_{s2} - c_2(\sigma_{s2}^2 + 2\xi^2)]\xi\beta_{s2},$

$a_{48} = -\mu_2[-2 + m_{s2} + c_2(\tau_{s2}^2 - 2\xi^2)]\mathrm{i}\xi\gamma_{s2},$

$a_{51} = -2\xi\beta_{p1}^2\mathrm{i}, \quad a_{52} = 2\xi\gamma_{p1}^2\mathrm{i}, \quad a_{53} = (\xi^2 - \beta_{s1}^2)\beta_{s1}\mathrm{i},$

$a_{54} = -(\xi^2 + \gamma_{s1}^2)\gamma_{s1}, \quad a_{55} = a_{56} = a_{57} = a_{58} = 0, \quad a_{61} = -\mathrm{i}\beta_{p1}(\sigma_{p1}^2 + \beta_{p1}^2),$

$a_{62} = -\gamma_{p1}(2\tau_{p1}^2 + \xi^2), \quad a_{63} = \mathrm{i}\xi\beta_{s1}^2, \quad a_{64} = -\mathrm{i}\xi\gamma_{s1}^2,$

$a_{65} = a_{66} = a_{67} = a_{68} = 0, \quad a_{71} = a_{72} = a_{73} = a_{74} = 0,$

$a_{75} = -2\mathrm{i}\xi\beta_{p2}^2, \quad a_{76} = 2\mathrm{i}\xi\gamma_{p2}^2, \quad a_{77} = -\mathrm{i}\beta_{s2}(\xi^2 - \beta_{s2}^2),$

$a_{78} = \gamma_{s2}(\xi^2 + \gamma_{s2}^2), \quad a_{81} = a_{82} = a_{83} = a_{84} = 0, \quad a_{85} = \mathrm{i}\beta_{p2}(\sigma_{p2}^2 + \beta_{p2}^2),$

$a_{86} = \gamma_{p2}(2\tau_{p2}^2 + \xi^2), \quad a_{87} = \mathrm{i}\xi\beta_{s2}^2, \quad a_{88} = -\mathrm{i}\xi\gamma_{s2}^2;$

$b_{11} = -\mathrm{i}\xi, \quad b_{21} = \mathrm{i}\beta_{p1}, \quad b_{31} = -\mu_1[2 - m_{s1} + 2c_1(2\sigma_{p1}^2 + \xi_1^2)]\xi\beta_{p1},$

$b_{41} = \mu_1[2(\sigma_{p1}^2 + \beta_{p1}^2) - m_{s1}\beta_{p1}^2 + 2c_1(2\sigma_{p1}^4 - \xi^4)], \quad b_{51} = 2\mathrm{i}\xi\beta_{p1}^2,$

$b_{61} = -\mathrm{i}\beta_{p1}(\sigma_{p1}^2 + \beta_{p1}^2), \quad b_{71} = b_{81} = 0;$

$c_{11} = \mathrm{i}\beta_{s1}, \quad c_{21} = \mathrm{i}\xi,$

$c_{31} = -\mu_1[(\xi^2 - \beta_{s1}^2) + m_{s1}\beta_{s1}^2 - c_1(\sigma_{s1}^4 - 2\xi^4)],$

$c_{41} = -\mu_1[-2 + m_{s1} - c_1(\sigma_{s1}^2 + 2\xi^2)]\xi\beta_{s1}, \quad c_{51} = \mathrm{i}\beta_{s1}(\xi^2 - \beta_{s1}^2),$

$c_{61} = -\mathrm{i}\xi\beta_{s1}^2, \quad c_{71} = c_{81} = 0_{\circ}$

（3）广义内滚支界面

$a_{11} = -\xi\beta_{p1}$,　$a_{12} = -i\xi\gamma_{p1}$,　$a_{13} = -\beta_{s1}^2$,　$a_{14} = \gamma_{s1}^2$,　$a_{15} = -\xi\beta_{p2}$,

$a_{16} = -i\xi\gamma_{p2}$,　$a_{17} = \beta_{s2}^2$,　$a_{18} = -\gamma_{s2}^2$,　$a_{21} = -\beta_{p1}^2$,　$a_{22} = \gamma_{p1}^2$,

$a_{23} = \xi\beta_{s1}$,　$a_{24} = i\xi\gamma_{s1}$,　$a_{25} = \beta_{p2}^2$,　$a_{26} = -\gamma_{p2}^2$,　$a_{27} = \xi\beta_{s2}$,

$a_{28} = i\xi\gamma_{s2}$,　$a_{31} = \mu_1[-2 + m_{s1} - c_1(6\xi^2 + 4\beta_{p1}^2)]\xi\beta_{p1}$,

$a_{32} = \mu_1[-2 + m_{s1} - c_1(6\xi^2 - 4\gamma_{p1}^2)]i\xi\gamma_{p1}$,

$a_{33} = \mu_1[(\xi^2 - \beta_{s1}^2) + m_{s1}\beta_{s1}^2 - c_1(\sigma_{s1}^4 - 2\xi^4)]$,

$a_{34} = \mu_1[(\xi^2 + \gamma_{s1}^2) - m_{s1}\gamma_{s1}^2 - c_1(\tau_{s1}^4 - 2\xi^4)]$,　$a_{35} = a_{36} = a_{37} = a_{38} = 0$,

$a_{41} = \mu_1[-2(\sigma_{p1}^2 + \beta_{p1}^2) + m_{s1}\beta_{p1}^2 - 2c_1(2\sigma_{p1}^4 - \xi^4)]$,

$a_{42} = \mu_1[2(2\tau_{p1}^2 + \xi^2) - m_{s1}\gamma_{p1}^2 - 2c_1(2\tau_{p1}^4 - \xi^4)]$,

$a_{43} = \mu_1[2 - m_{s1} + c_1(\sigma_{s1}^2 + 2\xi^2)]\xi\beta_{s1}$,

$a_{44} = \mu_1[2 - m_{s1} - c_1(\tau_{s1}^2 - 2\xi^2)]i\xi\gamma_{s1}$,

$a_{45} = a_{46} = a_{47} = a_{48} = 0$,　$a_{51} = a_{52} = a_{53} = a_{54} = 0$,

$a_{55} = \mu_2[2 - m_{s2} + 2c_2(2\sigma_{p2}^2 + \xi^2)]\xi\beta_{p2}$,

$a_{56} = \mu_2[2 - m_{s2} - 2c_2(2\tau_{p2}^2 - \xi^2)]i\xi\gamma_{p2}$,

$a_{57} = \mu_2[(\xi^2 - \beta_{s2}^2) + m_{s2}\beta_{s2}^2 - c_2(\sigma_{s2}^4 - 2\xi^4)]$,

$a_{58} = \mu_2[(\xi^2 + \gamma_{s2}^2) - m_{s2}\gamma_{s2}^2 - c_2(\tau_{s2}^4 - 2\xi^4)]$,

$a_{61} = a_{62} = a_{63} = a_{64} = 0$,

$a_{65} = \mu_2[-2(\sigma_{p2}^2 + \beta_{p2}^2) + m_{s2}\beta_{p2}^2 - 2c_2(2\sigma_{p2}^4 - \xi^4)]$,

$a_{66} = \mu_2[2(2\tau_{p2}^2 + \xi^2) - m_{s2}\gamma_{p2}^2 - 2c_2(2\tau_{p2}^4 - \xi^4)]$,

$a_{67} = \mu_2[-2 + m_{s2} - c_2(\sigma_{s2}^2 + 2\xi^2)]\xi\beta_{s2}$,

$a_{68} = \mu_2[-2 + m_{s2} + c_2(\tau_{s2}^2 - 2\xi^2)]i\xi\gamma_{s2}$,

$a_{71} = -2\mu_1 c_1\xi\beta_{p1}^2 i$,　$a_{72} = 2\mu_1 c_1\xi\gamma_{p1}^2 i$,　$a_{73} = (\xi^2 - \beta_{s1}^2)\mu_1 c_1\beta_{s1} i$,

$a_{74} = -(\xi^2 + \gamma_{s1}^2)\mu_1 c_1\gamma_{s1}$,　$a_{75} = 2\mu_2 c_2\xi\beta_{p2}^2 i$,

$a_{76} = -2\mu_2 c_2\xi\gamma_{p2}^2 i$,　$a_{77} = (\xi^2 - \beta_{s2}^2)\mu_2 c_2\beta_{s2} i$,

$a_{78} = -(\xi^2 + \gamma_{s2}^2)\mu_2 c_2\gamma_{s2}$,　$a_{81} = -2\mu_1 c_1\beta_{p1} i(\sigma_{p1}^2 + \beta_{p1}^2)$,

$a_{82} = -2\mu_1 c_1\gamma_{p1}(2\tau_{p1}^2 + \xi^2)$,　$a_{83} = 2\mu_1 c_1\xi\beta_{s1}^2 i$,

$a_{84} = -2\mu_1 c_1\xi\gamma_{s1}^2 i$,　$a_{85} = -2\mu_2 c_2\beta_{p2} i(\sigma_{p2}^2 + \beta_{p2}^2)$,

$a_{86} = -2\mu_2 c_2\gamma_{p2}(2\tau_{p2}^2 + \xi^2)$,　$a_{87} = -2\mu_2 c_2\xi\beta_{s2}^2 i$,　$a_{88} = 2\mu_2 c_2\xi\gamma_{s2}^2 i$;

$b_{11} = -\xi\beta_{p1}$,　$b_{21} = \beta_{p1}^2$,　$b_{31} = -\mu_1[2 - m_{s1} + 2c_1(2\sigma_{p1}^2 + \xi^2)]\xi\beta_{p1}$,

$b_{41} = -\mu_1[-2 + m_{s1} - c_1(\sigma_{s1}^2 + 2\xi^2)]\xi\beta_{s1}$,　$b_{51} = 0$,　$b_{61} = 0$,

$b_{71} = 2\mu_1 c_1 i\xi\beta_{p1}^2$,　$b_{81} = -2\mu_1 c_1 i\beta_{p1}(\sigma_{p1}^2 + \beta_{p1}^2)$;

$c_{11} = \beta_{s1}^2$,　$c_{21} = \xi\beta_{s1}$,　$c_{31} = -\mu_1[(\xi^2 - \beta_{s1}^2) + m_{s1}\beta_{s1}^2 - c_1(\sigma_{s1}^4 - 2\xi^4)]$,

$c_{41} = -\mu_1[-2 + m_{s1} - c_1(\sigma_{s1}^2 + 2\xi^4)]\xi\beta_{s1}, \quad c_{51} = 0, \quad c_{61} = 0,$

$c_{71} = c_1\mu_1 i\beta_{s1}(\xi^2 - \beta_{s1}^2), \quad c_{81} = -c_1\mu_1 i\xi\beta_{s1}^2 。$

（4）广义内自由端界面

$a_{11} = -2\xi\beta_{p1}^2 i, \quad a_{12} = 2\xi\gamma_{p1}^2 i, \quad a_{13} = (\xi^2 - \beta_{s1}^2)\beta_{s1} i,$

$a_{14} = -(\xi^2 + \gamma_{s1}^2)\gamma_{s1}, \quad a_{15} = a_{16} = a_{17} = a_{18} = 0, \quad a_{21} = -i\beta_{p1}(\sigma_{p1}^2 + \beta_{p1}^2),$

$a_{22} = -\gamma_{p1}(2\tau_{p1}^2 + \xi^2), \quad a_{23} = i\xi\beta_{s1}^2, \quad a_{24} = -i\xi\gamma_{s1}^2,$

$a_{25} = a_{26} = a_{27} = a_{28} = 0, \quad a_{31} = a_{32} = a_{33} = a_{34} = 0, \quad a_{35} = -2i\xi\beta_{p2}^2,$

$a_{36} = 2i\xi\gamma_{p2}^2, \quad a_{37} = -i\beta_{s2}(\xi^2 - \beta_{s2}^2), \quad a_{38} = \gamma_{s2}(\xi^2 + \gamma_{s2}^2),$

$a_{41} = a_{42} = a_{43} = a_{44} = 0, \quad a_{45} = i\beta_{p2}(\sigma_{p2}^2 + \beta_{p2}^2), \quad a_{46} = \gamma_{p2}(2\tau_{p2}^2 + \xi^2),$

$a_{47} = i\xi\beta_{s2}^2, \quad a_{48} = -i\xi\gamma_{s2}^2, \quad a_{51} = \mu_1[-2 + m_{s1} - c_1(6\xi^2 + 4\beta_{p1}^2)]\xi\beta_{p1},$

$a_{52} = \mu_1[-2 + m_{s1} - c_1(6\xi^2 - 4\gamma_{p1}^2)]i\xi\gamma_{p1},$

$a_{53} = \mu_1[(\xi^2 - \beta_{s1}^2) + m_{s1}\beta_{s1}^2 - c_1(\sigma_{s1}^4 - 2\xi^4)],$

$a_{54} = \mu_1[(\xi^2 + \gamma_{s1}^2) - m_{s1}\gamma_{s1}^2 - c_1(\tau_{s1}^4 - 2\xi^4)], \quad a_{55} = a_{56} = a_{57} = a_{58} = 0,$

$a_{61} = \mu_1[-2(\sigma_{p1}^2 + \beta_{p1}^2) + m_{s1}\beta_{p1}^2 - 2c_1(2\sigma_{p1}^4 - \xi^4)],$

$a_{62} = \mu_1[2(2\tau_{p1}^2 + \xi^2) - m_{s1}\gamma_{p1}^2 - 2c_1(2\tau_{p1}^4 - \xi^4)],$

$a_{63} = \mu_1[2 - m_{s1} + c_1(\sigma_{s1}^2 + 2\xi^2)]\xi\beta_{s1},$

$a_{64} = \mu_1[2 - m_{s1} - c_1(\tau_{s1}^2 - 2\xi^2)]i\xi\gamma_{s1},$

$a_{65} = a_{66} = a_{67} = a_{68} = 0, \quad a_{71} = a_{72} = a_{73} = a_{74} = 0,$

$a_{75} = \mu_2[2 - m_{s2} + 2c_2(2\sigma_{p2}^2 + \xi^2)]\xi\beta_{p2},$

$a_{76} = \mu_2[2 - m_{s2} - 2c_2(2\tau_{p2}^2 - \xi^2)]i\xi\gamma_{p2},$

$a_{77} = \mu_2[(\xi^2 - \beta_{s2}^2) + m_{s2}\beta_{s2}^2 - c_2(\sigma_{s2}^4 - 2\xi^4)],$

$a_{78} = \mu_2[(\xi^2 + \gamma_{s2}^2) - m_{s2}\gamma_{s2}^2 - c_2(\tau_{s2}^4 - 2\xi^4)],$

$a_{81} = a_{82} = a_{83} = a_{84} = 0,$

$a_{85} = \mu_2[-2(\sigma_{p2}^2 + \beta_{p2}^2) + m_{s2}\beta_{p2}^2 - 2c_2(2\sigma_{p2}^4 - \xi^4)],$

$a_{86} = \mu_2[2(2\tau_{p2}^2 + \xi^2) - m_{s2}\gamma_{p2}^2 - 2c_2(2\tau_{p2}^4 - \xi^4)],$

$a_{87} = \mu_2[-2 + m_{s2} - c_2(\sigma_{s2}^2 + 2\xi^2)]\xi\beta_{s2},$

$a_{88} = \mu_2[-2 + m_{s2} + c_2(\tau_{s2}^2 - 2\xi^2)]i\xi\gamma_{s2};$

$b_{11} = 2i\xi\beta_{p1}^2, \quad b_{21} = -i\beta_{p1}(\sigma_{p1}^2 + \beta_{p1}^2), \quad b_{31} = b_{41} = 0,$

$b_{51} = -\mu_1[2 - m_{s1} + 2c_1(2\sigma_{p1}^2 + \xi^2)]\xi\beta_{p1},$

$b_{61} = -\mu_1[-2 + m_{s1} - c_1(\sigma_{s1}^2 + 2\xi^2)]\xi\beta_{s1}, \quad b_{71} = 0, \quad b_{81} = 0;$

$c_{11} = i\beta_{s1}(\xi^2 - \beta_{s1}^2), \quad c_{21} = -i\xi\beta_{s1}^2, \quad c_{31} = c_{41} = 0,$

$c_{51} = -\mu_1[(\xi^2 - \beta_{s1}^2) + m_{s1}\beta_{s1}^2 - c_1(\sigma_{s1}^4 - 2\xi^4)],$

$c_{61} = -\mu_1[-2 + m_{s1} - c_1(\sigma_{s1}^2 + 2\xi^4)]\xi\beta_{s1}, \quad c_{71} = 0, \quad c_{81} = 0 。$

（5）广义内固定端界面

$a_{11}=i\xi$, $\quad a_{12}=i\xi$, $\quad a_{13}=i\beta_{s1}$, $\quad a_{14}=-\gamma_{s1}$, $\quad a_{25}=i\xi$, $\quad a_{26}=i\xi$,

$a_{27}=-i\beta_{s2}$, $\quad a_{28}=\gamma_{s2}$,

$a_{ij}=0$, $\quad i=1,3,5,7; j=5,\cdots,8$ 和 $i=2,4,6,8; j=1,\cdots,4$,

$a_{31}=i\beta_{p1}$, $\quad a_{32}=-\gamma_{p1}$, $\quad a_{33}=-i\xi$, $\quad a_{34}=-i\xi$,

$a_{45}=-i\beta_{p2}$, $\quad a_{46}=\gamma_{p2}$, $\quad a_{47}=-i\xi$,

$a_{48}=-i\xi$, $\quad a_{51}=-\xi\beta_{p1}$, $\quad a_{52}=-\xi\gamma_{p1}$, $\quad a_{53}=-\beta_{s1}^2$, $\quad a_{54}=\gamma_{s1}^2$,

$a_{65}=\xi\beta_{p2}$, $\quad a_{66}=i\xi\gamma_{p2}$, $\quad a_{67}=-\beta_{s2}^2$, $\quad a_{68}=\gamma_{s2}^2$, $\quad a_{71}=-\beta_{p1}^2$,

$a_{72}=\gamma_{p1}^2$, $\quad a_{73}=\xi\beta_{s1}$, $\quad a_{74}=i\xi\gamma_{s1}$, $\quad a_{85}=-\beta_{p2}^2$, $\quad a_{86}=\gamma_{p2}^2$,

$a_{87}=-\xi\beta_{s2}$, $\quad a_{88}=-i\xi\gamma_{s2}$;

$b_{11}=-i\xi$, $\quad b_{31}=i\beta_{p1}$, $\quad b_{51}=-\xi\beta_{p1}$, $\quad b_{71}=\beta_{p1}^2$;

$c_{11}=i\beta_{s1}$, $\quad c_{31}=i\xi$, $\quad c_{51}=\beta_{s1}^2$, $\quad c_{71}=\xi\beta_{s1}$, $\quad b_{i1}=c_{i1}=0, i=2,4,6,8$。

附录 C　三明治问题中的矩阵

当界面 1、界面 2 和界面 3 都是偶极应变梯度弹性固体时，矩阵 $\boldsymbol{A}=(a_{i,j})_{16\times16}$ 和 $\boldsymbol{B}=(b_{i,j})_{16\times1}$ 的表达式分别如下所列。

$a_{1,1}=a_{1,2}=\xi_1$, $\quad a_{1,3}=-\beta_{s1}$, $\quad a_{1,4}=-i\gamma_{s1}$,

$a_{1,5}=a_{1,6}=a_{1,7}=a_{1,8}=-\xi_2$, $\quad -a_{1,9}=a_{1,11}=\beta_{s2}$, $\quad -a_{1,10}=a_{1,12}=i\gamma_{s2}$,

$a_{2,1}=-\beta_{p1}$, $\quad a_{2,2}=-i\gamma_{p1}$, $\quad a_{2,3}=a_{2,4}=-\zeta_1$, $\quad -a_{2,5}=a_{2,7}=\beta_{p2}$,

$-a_{2,6}=a_{2,8}=i\gamma_{p2}$, $\quad a_{2,9}=a_{2,10}=a_{2,11}=a_{2,12}=\zeta_2$, $\quad a_{3,1}=\xi_1\beta_{p1}$,

$a_{3,2}=i\xi_1\gamma_{p1}$, $\quad a_{3,3}=-\beta_{s1}^2$, $\quad a_{3,4}=\gamma_{s1}^2$, $\quad a_{3,5}=-a_{3,7}=\xi_2\beta_{p2}$,

$a_{3,6}=-a_{3,8}=i\xi_2\gamma_{p2}$, $\quad a_{3,9}=a_{3,11}=\beta_{s2}^2$, $\quad a_{3,10}=a_{3,12}=-\gamma_{s2}^2$,

$a_{4,1}=-\beta_{p1}^2$, $\quad a_{4,2}=\gamma_{p1}^2$, $\quad a_{4,3}=-\zeta_1\beta_{s1}$, $\quad a_{4,4}=-i\zeta_1\gamma_{s1}$,

$a_{4,5}=a_{4,7}=\beta_{p2}^2$, $\quad a_{4,6}=a_{4,8}=-\gamma_{p2}^2$, $\quad -a_{4,9}=a_{4,11}=\zeta_2\beta_{s2}$,

$-a_{4,10}=a_{4,12}=i\zeta_2\gamma_{s2}$, $\quad a_{5,1}=\mu_1[2\xi_1\beta_{p1}+2c_1\xi_1\beta_{p1}(2\sigma_{p1}^2+\xi_1^2)-m_1\xi_1\beta_{p1}]$,

$a_{5,2}=\mu_1[2\xi_1\gamma_{p1}i-2c_1\xi_1\gamma_{p1}(2\tau_{p1}^2-\xi_1^2)i-m_1\xi_1\gamma_{p1}i]$,

$a_{5,3}=\mu_1[(\zeta_1^2-\beta_{s1}^2)-c_1(\beta_{s1}^4-\zeta_1^4+2\zeta_1^2\beta_{s1}^2)+m_1\beta_{s1}^2]$,

$a_{5,4}=\mu_1[(\zeta_1^2+\gamma_{s1}^2)-c_1(\gamma_{s1}^4-\zeta_1^4-2\zeta_1^2\gamma_{s1}^2)-m_1\gamma_{s1}^2]$,

$a_{5,5}=-\mu_2[-2\xi_2\beta_{p2}-2c_2\xi_2\beta_{p2}(2\sigma_{p2}^2+\xi_2^2)+m_2\xi_2\beta_{p2}]$,

$a_{5,6}=-\mu_2[-2\xi_2\gamma_{p2}i+2c_2\xi_2\gamma_{p2}(2\tau_{p2}^2-\xi_2^2)i+m_2\xi_2\gamma_{p2}i]$,

$a_{5,7}=-\mu_2[2\xi_2\beta_{p2}+2c_2\xi_2\beta_{p2}(2\sigma_{p2}^2+\xi_2^2)-m_2\xi_2\beta_{p2}]$,

$a_{5,8}=-\mu_2[2\xi_2\gamma_{p2}i-2c_2\xi_2\gamma_{p2}(2\tau_{p2}^2-\xi_2^2)i-m_2\xi_2\gamma_{p2}i]$,

$a_{5,9}=-\mu_2[(\zeta_2^2-\beta_{s2}^2)-c_2(\beta_{s2}^4-\zeta_2^4+2\zeta_2^2\beta_{s2}^2)+m_2\beta_{s2}^2]$,

$a_{5,10}=-\mu_2[(\zeta_2^2+\gamma_{s2}^2)-c_2(\gamma_{s2}^4-\zeta_2^4-2\zeta_2^2\gamma_{s2}^2)-m_2\gamma_{s2}^2]$,

$$a_{5,11} = -\mu_2 \big[(\zeta_2^2 - \beta_{s2}^2) - c_2(\beta_{s2}^4 - \zeta_2^4 + 2\zeta_2^2\beta_{s2}^2) + m_2\beta_{s2}^2 \big],$$

$$a_{5,12} = -\mu_2 \big[(\zeta_2^2 + \gamma_{s2}^2) - c_2(\gamma_{s2}^4 - \zeta_2^4 - 2\zeta_2^2\gamma_{s2}^2) - m_2\gamma_{s2}^2 \big],$$

$$a_{6,1} = \mu_1 \big[-2(\sigma_{p1}^2 + \beta_{p1}^2) - 2c_1(\xi_1^4 + 4\xi_1^2\beta_{p1}^2 + 2\beta_{p1}^4) + m_1\beta_{p1}^2 \big],$$

$$a_{6,2} = \mu_1 \big[2(2\tau_{p1}^2 + \xi_{pl}^2) - 2c_1(\xi_1^4 - 4\xi_1^2\gamma_{p1}^2 + 2\gamma_{p1}^4) - m_1\gamma_{p1}^2 \big],$$

$$a_{6,3} = \mu_1 \big[-2\zeta_1\beta_{s1} - c_1\zeta_1\beta_{s1}(\sigma_{s1}^2 + 2\zeta_1^2) + m_1\zeta_1\beta_{s1} \big],$$

$$a_{6,4} = \mu_1 \big[-2\zeta_1\gamma_{s1}\mathrm{i} + c_1\zeta_1\gamma_{s1}(\tau_{s1}^2 - 2\zeta_1^2)\mathrm{i} + m_1\zeta_1\gamma_{s1}\mathrm{i} \big],$$

$$a_{6,5} = -\mu_2 \big[-2(\sigma_{p2}^2 + \beta_{p2}^2) - 2c_2(\xi_2^4 + 4\xi_2^2\beta_{p2}^2 + 2\beta_{p2}^4) + m_2\beta_{p2}^2 \big],$$

$$a_{6,6} = -\mu_2 \big[2(2\tau_{p2}^2 + \xi_{p2}^2) - 2c_2(\xi_2^4 - 4\xi_2^2\gamma_{p2}^2 + 2\gamma_{p2}^4) - m_2\gamma_{p2}^2 \big],$$

$$a_{6,7} = -\mu_2 \big[-2(\sigma_{p2}^2 + \beta_{p2}^2) - 2c_2(\xi_2^4 + 4\xi_2^2\beta_{p2}^2 + 2\beta_{p2}^4) + m_2\beta_{p2}^2 \big],$$

$$a_{6,8} = -\mu_2 \big[2(2\tau_{p2}^2 + \xi_{p2}^2) - 2c_2(\xi_2^4 - 4\xi_2^2\gamma_{p2}^2 + 2\gamma_{p2}^4) - m_2\gamma_{p2}^2 \big],$$

$$a_{6,9} = -\mu_2 \big[2\zeta_2\beta_{s2} + c_2\zeta_2\beta_{s2}(\sigma_{s2}^2 + 2\zeta_2^2) - m_2\zeta_2\beta_{s2} \big],$$

$$a_{6,10} = -\mu_2 \big[2\zeta_2\gamma_{s2}\mathrm{i} - c_2\zeta_2\gamma_{s2}(\tau_{s2}^2 - 2\zeta_2^2)\mathrm{i} - m_2\zeta_2\gamma_{s2}\mathrm{i} \big],$$

$$a_{6,11} = -\mu_2 \big[-2\zeta_2\beta_{s2} - c_2\zeta_2\beta_{s2}(\sigma_{s2}^2 + 2\zeta_2^2) + m_2\zeta_2\beta_{s2} \big],$$

$$a_{6,12} = -\mu_2 \big[-2\zeta_2\gamma_{s2}\mathrm{i} + c_2\zeta_2\gamma_{s2}(\tau_{s2}^2 - 2\zeta_2^2)\mathrm{i} + m_2\zeta_2\gamma_{s2}\mathrm{i} \big],$$

$$a_{7,1} = -2c_1\xi_1\beta_{p1}^2\mathrm{i}\mu_1, \quad a_{7,2} = 2c_1\xi_1\gamma_{p1}^2\mathrm{i}\mu_1, \quad a_{7,3} = -c_1\beta_{s1}\mathrm{i}(\zeta_1^2 - \beta_{s1}^2)\mu_1,$$

$$a_{7,4} = c_1\gamma_{s1}(\zeta_1^2 + \gamma_{s1}^2)\mu_1, \quad a_{7,5} = 2c_2\mathrm{i}\xi_2\beta_{p2}^2\mu_2, \quad a_{7,6} = -2c_2\xi_2\gamma_{p2}^2\mathrm{i}\mu_2,$$

$$a_{7,7} = 2c_2\xi_2\beta_{p2}^2\mathrm{i}\mu_2, \quad a_{7,8} = -2c_2\xi_2\gamma_{p2}^2\mathrm{i}\mu_2, \quad a_{7,9} = -c_2\beta_{s2}\mathrm{i}(\zeta_2^2 - \beta_{s2}^2)\mu_2,$$

$$a_{7,10} = c_2\gamma_{s2}(\zeta_2^2 + \gamma_{s2}^2)\mu_2, \quad a_{7,11} = c_2\beta_{s2}\mathrm{i}(\zeta_2^2 - \beta_{s2}^2)\mu_2,$$

$$a_{7,12} = -c_2\gamma_{s2}(\zeta_2^2 + \gamma_{s2}^2)\mu_2,$$

$$a_{8,1} = 2c_1\beta_{p1}\mathrm{i}\mu_1(\sigma_{p1}^2 + \beta_{p1}^2), \quad a_{8,2} = 2\mu_1c_1\gamma_{p1}(2\tau_{p1}^2 + \xi_{p1}^2),$$

$$a_{8,3} = 2\mu_1c_1\beta_{s1}^2\mathrm{i}\zeta_1, \quad a_{8,4} = -2c_1\mu_1\zeta_1\gamma_{s1}^2\mathrm{i}, \quad a_{8,5} = 2\mu_2c_2\beta_{p2}\mathrm{i}(\sigma_{p2}^2 + \beta_{p2}^2),$$

$$a_{8,6} = 2\mu_2c_2\gamma_{p2}(2\tau_{p2}^2 + \xi_{p2}^2), \quad a_{8,7} = -2\mu_2c_2\beta_{p2}\mathrm{i}(\sigma_{p2}^2 + \beta_{p2}^2),$$

$$a_{8,8} = -2\mu_2c_2\gamma_{p2}(2\tau_{p2}^2 + \xi_{p2}^2), \quad a_{8,9} = -2\mu_2c_2\beta_{s2}^2\mathrm{i}\zeta_2, \quad a_{8,10} = 2\mu_2c_2\gamma_{s2}^2\zeta_2\mathrm{i},$$

$$a_{8,11} = 2\mu_2c_2\beta_{s2}^2\mathrm{i}\zeta_2, \quad a_{8,12} = 2\mu_2c_2\gamma_{s2}^2\zeta_2\mathrm{i},$$

$$q_1 = \exp(\mathrm{i}\beta_{p2}h), \quad q_2 = \exp(-\gamma_{p2}h), \quad q_3 = \exp(-\mathrm{i}\beta_{p2}h), \quad q_4 = \exp(\gamma_{p2}h),$$

$$q_5 = \exp(\mathrm{i}\beta_{s2}h), \quad q_6 = \exp(-\gamma_{s2}h), \quad q_7 = \exp(-\mathrm{i}\beta_{s2}h), \quad q_8 = \exp(\gamma_{s2}h),$$

$$p_1 = \exp(\mathrm{i}\beta_{p3}h), \quad p_2 = \exp(-\gamma_{p3}h), \quad p_3 = \exp(\mathrm{i}\beta_{s3}h), \quad p_4 = \exp(-\gamma_{s3}h),$$

$$a_{9,5} = a_{1,5}q_1, \quad a_{9,6} = a_{1,6}q_2, \quad a_{9,7} = a_{1,7}q_3, \quad a_{9,8} = a_{1,8}q_4,$$

$$a_{9,9} = a_{1,9}q_5, \quad a_{9,10} = a_{1,10}q_6, \quad a_{9,11} = a_{1,11}q_7, \quad a_{9,12} = a_{1,12}q_8,$$

$$a_{9,13} = \xi_3p_1, \quad a_{9,14} = \xi_3p_2, \quad a_{9,15} = \beta_{s3}p_3, \quad a_{9,16} = \mathrm{i}\gamma_{s3}p_4,$$

$$a_{10,5} = a_{2,5}q_1, \quad a_{10,6} = a_{2,6}q_2, \quad a_{10,7} = a_{2,7}q_3,$$

$$a_{10,8} = a_{2,8}q_4, \quad a_{10,9} = a_{2,9}q_5, \quad a_{10,10} = a_{2,10}q_6, \quad a_{10,11} = a_{2,11}q_7,$$

$$a_{10,12} = a_{2,12}q_8, \quad a_{10,13} = \beta_{p3}p_1, \quad a_{10,14} = \mathrm{i}\gamma_{p3}p_2, \quad a_{10,15} = -\zeta_3p_3,$$

$$a_{10,16} = -\zeta_3p_4, \quad a_{11,5} = a_{3,5}q_1, \quad a_{11,6} = a_{3,6}q_2, \quad a_{11,7} = a_{3,7}q_3,$$

$$a_{11,8} = a_{3,8}q_4, \quad a_{11,9} = a_{3,9}q_5, \quad a_{11,10} = a_{3,10}q_6, \quad a_{11,11} = a_{3,11}q_7,$$

$a_{11,12} = a_{3,12}q_8$, $\quad a_{11,13} = -\xi_3\beta_{p3}p_1$, $\quad a_{11,14} = -i\xi_3\gamma_{p3}p_2$,

$a_{11,15} = -\beta_{s3}^2 p_3$, $\quad a_{11,16} = \gamma_{s3}^2 p_4$, $\quad a_{12,5} = a_{4,5}q_1$, $\quad a_{12,6} = a_{4,6}q_2$,

$a_{12,7} = a_{4,7}q_3$, $\quad a_{12,8} = a_{4,8}q_4$, $\quad a_{12,9} = a_{4,9}q_5$, $\quad a_{12,10} = a_{4,10}q_6$,

$a_{12,11} = a_{4,11}q_7$, $\quad a_{12,12} = a_{4,12}q_8$, $\quad a_{12,13} = -\beta_{p3}^2 p_1$, $\quad a_{12,14} = \gamma_{p3}^2 p_2$,

$a_{12,15} = \zeta_3\beta_{s3}p_3$, $\quad a_{12,16} = i\zeta_3\gamma_{s3}p_4$, $\quad a_{13,5} = a_{5,5}q_1$, $\quad a_{13,6} = a_{5,6}q_2$,

$a_{13,7} = a_{5,7}q_3$, $\quad a_{13,8} = a_{5,8}q_4$, $\quad a_{13,9} = a_{5,9}q_5$, $\quad a_{13,10} = a_{5,10}q_6$,

$a_{13,11} = a_{5,11}q_7$, $\quad a_{13,12} = a_{5,12}q_8$,

$a_{13,13} = \mu_3[-2\xi_3\beta_{p3} - 2c_3\xi_3\beta_{p3}(2\sigma_{p3}^2 + \xi_3^2) + m_3\xi_3\beta_{p3}]p_1$,

$a_{13,14} = \mu_3[-2\xi_3\gamma_{p3}i + 2c_3\xi_3\gamma_{p3}(2\tau_{p3}^2 - \xi_3^2)i + m_3\xi_3\gamma_{p3}i]p_2$,

$a_{13,15} = \mu_3[(\zeta_3^2 - \beta_{s3}^2) - c_3(\beta_{s3}^4 - \zeta_3^4 + 2\zeta_3^2\beta_{s3}^2) + m_3\beta_{s3}^2]p_3$,

$a_{13,16} = \mu_3[(\zeta_3^2 + \gamma_{s3}^2) - c_3(\gamma_{s3}^4 - \zeta_3^4 - 2\zeta_3^2\gamma_{s3}^2) - m_3\gamma_{s3}^2]p_4$,

$a_{14,5} = a_{6,5}q_1$, $\quad a_{14,6} = a_{6,6}q_2$, $\quad a_{14,7} = a_{6,7}q_3$, $\quad a_{14,8} = a_{6,8}q_4$,

$a_{14,9} = a_{6,9}q_5$, $\quad a_{14,10} = a_{6,10}q_6$, $\quad a_{14,11} = a_{6,11}q_7$, $\quad a_{14,12} = a_{6,12}q_8$,

$a_{14,13} = \mu_3[-2(\sigma_{p3}^2 + \beta_{p3}^2) - 2c_3(\xi_3^4 + 4\xi_3^2\beta_{p3}^2 + 2\beta_{p3}^4) + m_3\beta_{p3}^2]p_1$,

$a_{14,14} = \mu_3[2(2\tau_{p3}^2 + \xi_3^2) - 2c_3(\xi_3^4 - 4\xi_3^2\gamma_{p3}^2 + 2\gamma_{p3}^4) - m_3\gamma_{p3}^2]p_2$,

$a_{14,15} = \mu_3[2\zeta_3\beta_{s3} + c_3\zeta_3\beta_{s3}(\sigma_{s3}^2 + 2\zeta_3^2) - m_3\zeta_3\beta_{s3}]p_3$,

$a_{14,16} = \mu_3[2\zeta_3\gamma_{s3}i - c_3\zeta_3\gamma_{s3}(\tau_{s3}^2 - 2\zeta_3^2)i - m_3\zeta_3\gamma_{s3}i]p_4$,

$a_{15,5} = a_{7,5}q_1$, $\quad a_{15,6} = a_{7,6}q_2$, $\quad a_{15,7} = a_{7,7}q_3$, $\quad a_{15,8} = a_{7,8}q_4$,

$a_{15,9} = a_{7,9}q_5$, $\quad a_{15,10} = a_{7,10}q_6$, $\quad a_{15,11} = a_{7,11}q_7$, $\quad a_{15,12} = a_{7,12}q_8$,

$a_{15,13} = -2i\mu_3 c_3\beta_{p3}^2\xi_3 p_1$, $\quad a_{15,14} = 2\mu_3 c_3\gamma_{p3}^2\xi_3 i p_2$,

$a_{15,15} = \mu_3 c_3\beta_{s3}i(\zeta_3^2 - \beta_{s3}^2)p_3$, $\quad a_{15,16} = -\mu_3 c_3\gamma_{s3}(\zeta_3^2 + \gamma_{s3}^2)p_4$,

$a_{16,5} = a_{8,5}q_1$, $\quad a_{16,6} = a_{8,6}q_2$, $\quad a_{16,7} = a_{8,7}q_3$, $\quad a_{16,8} = a_{8,8}q_4$,

$a_{16,9} = a_{8,9}q_5$, $\quad a_{16,10} = a_{8,10}q_6$, $\quad a_{16,11} = a_{8,11}q_7$, $\quad a_{16,12} = a_{8,12}q_8$,

$a_{16,13} = -2\mu_3 c_3\beta_{p3}i(\sigma_{p3}^2 + \beta_{p3}^2)p_1$, $\quad a_{16,14} = -2\mu_3 c_3\gamma_{p3}(2\tau_{p3}^2 + \xi_3^2)p_2$,

$a_{16,15} = 2\mu_3 c_3\beta_{s3}^2\zeta_3 i p_3$, $\quad a_{16,16} = -2c_3\mu_3\zeta_3\gamma_{s3}^2 i p_4$,

$a_{ij} = 0$ $\quad (i = 1,\cdots,8; j = 13,\cdots,16)$ 和$(i = 9,\cdots,16; j = 1,\cdots,4)$;

$b_{11} = -\xi_1$, $\quad b_{21} = -\beta_{p1}$, $\quad b_{31} = \xi_1\beta_{p1}$, $\quad b_{41} = \beta_{p1}^2$,

$b_{51} = -\mu_1[-2\xi_1\beta_{p1} - 2c_1\xi_1\beta_{p1}(2\sigma_{p1}^2 + \xi_1^2) + m_1\xi_1\beta_{p1}]$,

$b_{61} = -\mu_1[-2(\sigma_{p1}^2 + \beta_{p1}^2) - 2c_1(\xi_1^4 + 4\xi_1^2\beta_{p1}^2 + 2\beta_{p1}^4) + m_1\beta_{p1}^2]$,

$b_{71} = 2c_1\xi_1\beta_{p1}^2 i\mu_1$, $b_{81} = 2\mu_1 c_1\beta_{s1}i\zeta_1(\sigma_{p1}^2 + \beta_{p1}^2)$, $b_{l1} = 0$ $\quad (l = 9,\cdots,16)$

其中，

$\xi_1 = \sigma_{p1}\sin\theta_1$, $\quad \beta_{p1} = \sigma_{p1}\cos\theta_1$, $\quad \zeta_1 = \sigma_{s1}\sin\theta_2$, $\quad \beta_{s1} = \sigma_{s1}\cos\theta_2$,

$\xi_2 = \sigma_{p2}\sin\theta_p$, $\quad \beta_{p2} = \sigma_{p2}\cos\theta_p$, $\quad \zeta_2 = \sigma_{s2}\sin\theta_s$, $\quad \beta_{s2} = \sigma_{s2}\cos\theta_s$,

$\xi_3 = \sigma_{p3}\sin\theta_3$, $\quad \beta_{p3} = \sigma_{p3}\cos\theta_3$, $\quad \zeta_3 = \sigma_{s3}\sin\theta_4$, $\quad \beta_{s3} = \sigma_{s3}\cos\theta_4$。

附录 D 声子晶体问题中的矩阵

出平面布洛赫波传播情况,传递矩阵 $T_j = [1/(\sigma_{sj}^2 + \tau_{sj}^2)](t_{kn}^{(j)})_{4\times4}$ $(j(=\text{A},\text{B})$ 表示 A 层或 B 层)如下所列。

$$t_{k1}^{(j)} = e_{k1}^{(j)}(\sigma_{sj}^2 + \tau_{sj}^2 - \beta_{sj}^2) + \beta_{sj}^2 e_{k2}^{(j)},$$

$$t_{k2}^{(j)} = [(\tau_{sj}^2 - \xi^2) - (1-m_{sj})/c_j]e_{k3}^{(j)} + [(1-m_{sj})/c_j + (\sigma_{sj}^2 + \xi^2)]e_{k4}^{(j)},$$

$$t_{k3}^{(j)} = \frac{e_{k3}^{(j)} - e_{k4}^{(j)}}{\mu_j c_j}, \quad t_{k4}^{(j)} = \frac{e_{k2}^{(j)} - e_{k1}^{(j)}}{\mu_j c_j}, \quad k = 1,2,3,4;$$

$$e_{11}^{(j)} = \cos(\beta_{sj}a_j), \quad e_{12}^{(j)} = \cosh(\gamma_{sj}a_j), \quad e_{13}^{(j)} = \sin(\beta_{sj}a_j)/\beta_{sj},$$

$$e_{14}^{(j)} = \sinh(\gamma_{sj}a_j)/\gamma_{sj}, \quad e_{21}^{(j)} = -\beta_{sj}\sin(\beta_{sj}a_j), \quad e_{22}^{(j)} = \gamma_{sj}\sinh(\gamma_{sj}a_j),$$

$$e_{23}^{(j)} = \cos(\beta_{sj}a_j), \quad e_{24}^{(j)} = \cosh(\gamma_{sj}a_j),$$

$$e_{31}^{(j)} = \mu_j[-\beta_{sj}(1-m_{sj})\sin(\beta_{sj}a_j) - c_j\beta_{sj}(\sigma_{sj}^2 + \xi^2)\sin(\beta_{sj}a_j)],$$

$$e_{32}^{(j)} = \mu_j[\gamma_{sj}(1-m_{sj})\sinh(\gamma_{sj}a_j) - c_j\gamma_{sj}(\tau_{sj}^2 - \xi^2)\sinh(\gamma_{sj}a_j)],$$

$$e_{33}^{(j)} = \mu_j[(1-m_{sj})\cos(\beta_{sj}a_j) + c_j(\sigma_{sj}^2 + \xi^2)\cos(\beta_{sj}a_j)],$$

$$e_{34}^{(j)} = \mu_j[(1-m_{sj})\cosh(\gamma_{sj}a_j) - c_j(\tau_{sj}^2 - \xi^2)\cosh(\gamma_{sj}a_j)],$$

$$e_{41}^{(j)} = -\mu_j c_j\beta_{sj}^2\cos(\beta_{sj}a_j), \quad e_{42}^{(j)} = \mu_j c_j\gamma_{sj}^2\cosh(\gamma_{sj}a_j),$$

$$e_{43}^{(j)} = -\mu_j c_j\beta_{sj}\sin(\beta_{sj}a_j), \quad e_{44}^{(j)} = \mu_j c_j\gamma_{sj}\sinh(\gamma_{sj}a_j)。$$

面内布洛赫波传播情况,传递矩阵 $T_j = (t_{kn}^{(j)})_{4\times4}$ $(j(=\text{A},\text{B})$ 表示 A 层或 B 层)如下所列。

$$t_{k5}^{(j)} = [(\mathrm{i}\xi e_{k7}^{(j)} - e_{k5}^{(j)}) - (e_{k6}^{(j)} - e_{k5}^{(j)})\sigma_{pj}^2/(\sigma_{pj}^2 + \tau_{pj}^2) + \mathrm{i}\xi(e_{k8}^{(j)} - e_{k7}^{(j)})\sigma_{sj}^2/$$
$$(\sigma_{sj}^2 + \tau_{sj}^2)]/[(\lambda_j + 2\mu_j)c_j\sigma_{pj}^2\tau_{pj}^2],$$

$$t_{k8}^{(j)} = \frac{e_{k8}^{(j)} - e_{k7}^{(j)}}{\mu_j c_j(\sigma_{sj}^2 + \tau_{sj}^2)} - t_{k5}^{(j)}\mathrm{i}\xi,$$

$$t_{k3}^{(j)} = \frac{e_{k6}^{(j)} - e_{k5}^{(j)}}{\sigma_{pj}^2 + \tau_{pj}^2} - t_{k5}^{(j)}[(\lambda_j + 2\mu_j) - \mu_j m_{sj} + (\lambda_j + 2\mu_j)c_j(\sigma_{pj}^2 - \tau_{pj}^2)] -$$
$$t_{k8}^{(j)}2\mu_j c_j\mathrm{i}\xi,$$

$$t_{k2}^{(j)} = e_{k7}^{(j)} + \mathrm{i}\xi t_{k3}^{(j)} + t_{k5}^{(j)}\mu_j\mathrm{i}\xi[2 - m_{sj} + c_j(\sigma_{sj}^2 + 2\xi^2)] + t_{k8}^{(j)}\mu_j c_j(\sigma_{sj}^2 - 2\xi^2),$$

$$t_{k6}^{(j)} = [(e_{k3}^{(j)} - \mathrm{i}\xi e_{k1}^{(j)}) - (e_{k3}^{(j)} - e_{k4}^{(j)})\sigma_{sj}^2/(\sigma_{sj}^2 + \tau_{sj}^2) + \mathrm{i}\xi(e_{k1}^{(j)} - e_{k2}^{(j)})\sigma_{pj}^2/(\sigma_{pj}^2 +$$
$$\tau_{pj}^2)]/(\mu_j c_j\sigma_{sj}^2\tau_{sj}^2),$$

$$t_{k7}^{(j)} = t_{k6}^{(j)}\mathrm{i}\xi - \frac{e_{k1}^{(j)} - e_{k2}^{(j)}}{(\lambda_j + 2\mu_j)c_j(\sigma_{pj}^2 + \tau_{pj}^2)},$$

$$t_{k4}^{(j)} = \frac{e_{k3}^{(j)} - e_{k4}^{(j)}}{\sigma_{sj}^2 + \tau_{sj}^2} - t_{k6}^{(j)}\mu_j[1 - m_{sj} + c_j(\sigma_{sj}^2 - \tau_{sj}^2)] + t_{k7}^{(j)}2\mu_j c_j\mathrm{i}\xi,$$

$$t_{k1}^{(j)} = e_{k1}^{(j)} - \mathrm{i}\xi t_{k4}^{(j)} + t_{k7}^{(j)} c_j (\lambda_j \sigma_{pj}^2 + 2\mu_j \beta_{pj}^2) -$$
$$t_{k6}^{(j)} \mathrm{i}\xi \{(2 - m_{sj})\mu_j + c_j [(\lambda_j + 2\mu_j)\sigma_{pj}^2 + 2\mu_j \xi^2]\}, \quad k = 1, 2, \cdots, 8$$

其中，

$$e_{11}^{(j)} = \cos(\beta_{pj} a_j), \quad e_{12}^{(j)} = \cosh(\gamma_{pj} a_j), \quad e_{13}^{(j)} = \mathrm{i}\xi \cos(\beta_{sj} a_j),$$

$$e_{14}^{(j)} = \mathrm{i}\xi \cosh(\gamma_{sj} a_j), \quad e_{15}^{(j)} = -\beta_{pj} \sin(\beta_{pj} a_j), \quad e_{16}^{(j)} = \gamma_{pj} \sinh(\gamma_{pj} a_j),$$

$$e_{17}^{(j)} = -\mathrm{i}\xi \sin(\beta_{sj} a_j)/\beta_{sj}, \quad e_{18}^{(j)} = -\mathrm{i}\xi \sinh(\gamma_{sj} a_j)/\gamma_{sj},$$

$$e_{21}^{(j)} = \mathrm{i}\xi \sin(\beta_{pj} a_j)/\beta_{pj}, \quad e_{22}^{(j)} = \mathrm{i}\xi \sinh(\gamma_{pj} a_j)/\gamma_{pj},$$

$$e_{23}^{(j)} = \beta_{sj} \sin(\beta_{sj} a_j), \quad e_{24}^{(j)} = -\gamma_{sj} \sinh(\gamma_{sj} a_j), \quad e_{25}^{(j)} = \mathrm{i}\xi \cos(\beta_{pj} a_j),$$

$$e_{26}^{(j)} = \mathrm{i}\xi \cosh(\gamma_{pj} a_j), \quad e_{27}^{(j)} = \cos(\beta_{sj} a_j), \quad e_{28}^{(j)} = \cosh(\gamma_{sj} a_j),$$

$$e_{31}^{(j)} = -\beta_{pj} \sin(\beta_{pj} a_j), \quad e_{32}^{(j)} = \gamma_{pj} \sinh(\gamma_{pj} a_j), \quad e_{33}^{(j)} = -\mathrm{i}\xi \beta_{sj} \sin(\beta_{sj} a_j),$$

$$e_{34}^{(j)} = \mathrm{i}\xi \gamma_{sj} \sinh(\gamma_{sj} a_j), \quad e_{35}^{(j)} = -\beta_{pj}^2 \cos(\beta_{pj} a_j), \quad e_{36}^{(j)} = \gamma_{pj}^2 \cosh(\gamma_{pj} a_j),$$

$$e_{37}^{(j)} = -\mathrm{i}\xi \cos(\beta_{sj} a_j), \quad e_{38}^{(j)} = -\mathrm{i}\xi \cosh(\gamma_{sj} a_j), \quad e_{41}^{(j)} = \mathrm{i}\xi \cos(\beta_{pj} a_j),$$

$$e_{42}^{(j)} = \mathrm{i}\xi \cosh(\gamma_{pj} a_j), \quad e_{43}^{(j)} = \beta_{sj}^2 \cos(\beta_{sj} a_j), \quad e_{44}^{(j)} = -\gamma_{sj}^2 \cosh(\gamma_{sj} a_j),$$

$$e_{45}^{(j)} = -\mathrm{i}\xi \beta_{pj} \sin(\beta_{pj} a_j), \quad e_{46}^{(j)} = \mathrm{i}\xi \gamma_{pj} \sinh(\gamma_{pj} a_j), \quad e_{47}^{(j)} = -\beta_{sj} \sin(\beta_{sj} a_j),$$

$$e_{48}^{(j)} = \gamma_{sj} \sinh(\gamma_{sj} a_j),$$

$$e_{51}^{(j)} = \{(-\lambda_j \sigma_{pj}^2 - 2\mu_j \beta_{pj}^2) + \mu_j m_{sj} \beta_{pj}^2 - c_j [\lambda_j \sigma_{pj}^4 + 2\mu_j (\sigma_{pj}^4 - \xi^4)]\} \sin(\beta_{pj} a_j)/\beta_{pj},$$

$$e_{52}^{(j)} = \{(\lambda_j \tau_{pj}^2 + 2\mu_j \gamma_{pj}^2) - \mu_j m_{sj} \gamma_{pj}^2 - c_j [\lambda_j \tau_{pj}^4 + 2\mu_j (\tau_{pj}^4 - \xi^4)]\} \sinh(\gamma_{pj} a_j)/\gamma_{pj},$$

$$e_{53}^{(j)} = \mu_j [-2 + m_{sj} - c_j (\sigma_{sj}^2 + 2\xi^2)] \mathrm{i}\xi \beta_{sj} \sin(\beta_{sj} a_j),$$

$$e_{54}^{(j)} = \mu_j [2 - m_{sj} + c_j (-\tau_{sj}^2 + 2\xi^2)] \mathrm{i}\xi \gamma_{sj} \sinh(\gamma_{sj} a_j),$$

$$e_{55}^{(j)} = \{(-\lambda_j \sigma_{pj}^2 - 2\mu_j \beta_{pj}^2) + \mu_j m_{sj} \beta_{pj}^2 - c_j [\lambda_j \sigma_{pj}^4 + 2\mu_j (\sigma_{pj}^4 - \xi^4)]\} \cos(\beta_{pj} a_j),$$

$$e_{56}^{(j)} = \{(\lambda_j \tau_{pj}^2 + 2\mu_j \gamma_{pj}^2) - \mu_j m_{sj} \gamma_{pj}^2 - c_j [\lambda_j \tau_{pj}^4 + 2\mu_j (\tau_{pj}^4 - \xi^4)]\} \cosh(\gamma_{pj} a_j),$$

$$e_{57}^{(j)} = -\mu_j [2 - m_{sj} + c_j (\sigma_{sj}^2 + 2\xi^2)] \mathrm{i}\xi \cos(\beta_{sj} a_j),$$

$$e_{58}^{(j)} = -\mu_j [2 - m_{sj} + c_j (-\tau_{sj}^2 + 2\xi^2)] \mathrm{i}\xi \cosh(\gamma_{sj} a_j),$$

$$e_{61}^{(j)} = \{(2 - m_{sj})\mu_j + c_j [(\lambda_j + 2\mu_j)\sigma_{pj}^2 + 2\mu_j \xi^2]\} \mathrm{i}\xi \cos(\beta_{pj} a_j),$$

$$e_{62}^{(j)} = \{(2 - m_{sj})\mu_j - c_j [(\lambda_j + 2\mu_j)\tau_{pj}^2 - 2\mu_j \xi^2]\} \mathrm{i}\xi \cosh(\gamma_{pj} a_j),$$

$$e_{63}^{(j)} = \mu_j [(\beta_{sj}^2 - \xi^2) - m_{sj} \beta_{sj}^2 + c_j (\sigma_{sj}^4 - 2\xi^4)] \cos(\beta_{sj} a_j),$$

$$e_{64}^{(j)} = \mu_j [-(\xi^2 + \gamma_{sj}^2) + m_{sj} \gamma_{sj}^2 + c_j (\tau_{sj}^4 - 2\xi^2)] \cosh(\gamma_{sj} a_j),$$

$$e_{65}^{(j)} = -\{(2 - m_{sj})\mu_j + c_j [(\lambda_j + 2\mu_j)\sigma_{pj}^2 + 2\mu_j \xi^2]\} \mathrm{i}\xi \beta_{pj} \sin(\beta_{pj} a_j),$$

$$e_{66}^{(j)} = \{(2 - m_{sj})\mu_j - c_j [(\lambda_j + 2\mu_j)\tau_{pj}^2 - 2\mu_j \xi^2]\} \mathrm{i}\xi \gamma_{pj} \sinh(\gamma_{pj} a_j),$$

$$e_{67}^{(j)} = -\mu_j [(\beta_{sj}^2 - \xi^2) - m_{sj} \beta_{sj}^2 + c_j (\sigma_{sj}^4 - 2\xi^4)] \sin(\beta_{sj} a_j)/\beta_{sj},$$

$$e_{68}^{(j)} = -\mu_j [-(\xi^2 + \gamma_{sj}^2) + m_{sj} \gamma_{sj}^2 + c_j (\tau_{sj}^4 - 2\xi^2)] \sinh(\gamma_{sj} a_j)/\gamma_{sj},$$

$$e_{71}^{(j)} = -c_j \cos(\beta_{pj} a_j)(\lambda_j \sigma_{pj}^2 + 2\mu_j \beta_{pj}^2), \quad e_{72}^{(j)} = c_j \cosh(\gamma_{pj} a_j)(\lambda_j \tau_{pj}^2 + 2\mu_j \gamma_{pj}^2),$$

$$e_{73}^{(j)} = -2\mu_j c_j \beta_{sj}^2 \mathrm{i}\xi \cos(\beta_{sj} a_j), \quad e_{74}^{(j)} = 2\mu_j c_j \gamma_{sj}^2 \mathrm{i}\xi \cosh(\gamma_{sj} a_j),$$

$$e_{75}^{(j)} = c_j \sin(\beta_{pj} a_j)(\lambda_j \sigma_{pj}^2 + 2\mu_j \beta_{pj}^2), \quad e_{76}^{(j)} = c_j \gamma_{pj} \sinh(\gamma_{pj} a_j)(\lambda_j \tau_{pj}^2 + 2\mu_j \gamma_{pj}^2),$$

$$e_{77}^{(j)} = 2\mu_j c_j \beta_{sj} i\xi \sin(\beta_{sj} a_j), \quad e_{78}^{(j)} = -2\mu_j c_j \gamma_{sj} \sinh(\gamma_{sj} a_j) i\xi,$$

$$e_{81}^{(j)} = -2\mu_j c_j \beta_{pj} \sin(\beta_{pj} a_j) i\xi, \quad e_{82}^{(j)} = 2\mu_j c_j \gamma_{pj} \sinh(\gamma_{pj} a_j) i\xi,$$

$$e_{83}^{(j)} = -\mu_j c_j \beta_{sj}(\beta_{sj}^2 - \xi^2)\sin(\beta_{sj} a_1), \quad e_{84}^{(j)} = -\mu_j c_j \gamma_{sj}(\xi^2 + \gamma_{sj}^2)\sinh(\gamma_{sj} a_j),$$

$$e_{85}^{(j)} = 2\mu_j c_j \beta_{pj}^2 i\xi \cos(\beta_{pj} a_j), \quad e_{86}^{(j)} = 2\mu_j i\xi \gamma_{pj}^2 c_j \cosh(\gamma_{pj} a_j),$$

$$e_{87}^{(j)} = -\mu_j c_j \cos(\beta_{sj} a_1)(\beta_{sj}^2 - \xi^2), \quad e_{88}^{(j)} = \mu_j c_j \cosh(\gamma_{sj} a_j)(\xi^2 + \gamma_{sj}^2).$$

法向传播情况下,布洛赫 SH 波,布洛赫 P 波和布洛赫 SV 波的传递矩阵分别如下所列。

$$T_j = [1/(\sigma_{rj}^2 + \tau_{rj}^2)](t_{kn}^{(j)})_{4\times 4}, \quad (j(=A, B) \text{ 表示 A 层或 B 层})$$

$$t_{11}^{(j)} = \sigma_{rj}^2 \cosh(\tau_{rj} a_j) + \tau_{rj}^2 \cos(\sigma_{rj} a_j),$$

$$t_{12}^{(j)} = \sigma_{rj} \sin(\sigma_{rj} a_j) + \tau_{rj} \sinh(\tau_{rj} a_j),$$

$$t_{13}^{(j)} = [\tau_{rj} \sin(\sigma_{rj} a_j) - \sigma_{rj} \sinh(\tau_{rj} a_j)]/c_j \varepsilon_j \sigma_{rj} \tau_{rj},$$

$$t_{14}^{(j)} = [\cosh(\tau_{rj} a_j) - \cos(\sigma_{rj} a_j)]/c_j \varepsilon_j,$$

$$t_{21}^{(j)} = \sigma_{rj}^2 \tau_{rj} \sinh(\tau_{rj} a_j) - \tau_{rj}^2 \sigma_{rj} \sin(\sigma_{rj} a_j),$$

$$t_{22}^{(j)} = \sigma_{rj}^2 \cos(\sigma_{rj} a_j) + \tau_{rj}^2 \cosh(\tau_{rj} a_j),$$

$$t_{23}^{(j)} = [\cos(\sigma_{rj} a_j) - \cosh(\tau_{rj} a_j)]/c_j \varepsilon_j,$$

$$t_{24}^{(j)} = [\tau_{rj} \sinh(\tau_{rj} a_j) + \sigma_{rj} \sin(\sigma_{rj} a_j)]/c_j \varepsilon_j,$$

$$t_{31}^{(j)} = -c_j \varepsilon_j \sigma_{rj} \tau_{rj}[\sigma_{rj}^3 \sinh(\tau_{rj} a_j) + \tau_{rj}^3 \sin(\sigma_{rj} a_j)],$$

$$t_{32}^{(j)} = c_j \varepsilon_j \sigma_{rj}^2 \tau_{rj}^2[\cos(\sigma_{rj} a_j) - \cosh(\tau_{rj} a_j)],$$

$$t_{33}^{(j)} = \tau_{rj}^2 \cos(\sigma_{rj} a_j) + \sigma_{rj}^2 \cosh(\tau_{rj} a_j),$$

$$t_{34}^{(j)} = \tau_{rj} \sigma_{rj}[\tau_{rj} \sin(\sigma_{rj} a_j) - \sigma_{rj} \sinh(\tau_{rj} a_j)],$$

$$t_{41}^{(j)} = c_j \varepsilon_j \sigma_{rj}^2 \tau_{rj}^2[\cosh(\tau_{rj} a_j) - \cos(\sigma_{rj} a_j)],$$

$$t_{42}^{(j)} = c_j \varepsilon_j[\tau_{rj}^3 \sinh(\tau_{rj} a_j) - \sigma_{rj}^3 \sin(\sigma_{rj} a_j)],$$

$$t_{43}^{(j)} = -\tau_{rj} \sinh(\tau_{rj} a_j) - \sigma_{rj} \sin(\sigma_{rj} a_j),$$

$$t_{44}^{(j)} = \tau_{rj}^2 \cosh(\tau_{rj} a_j) + \sigma_{rj}^2 \cos(\sigma_{rj} a_j).$$

其中,r=s 表示布洛赫 SH 波和布洛赫 SV 波;r=p 表示布洛赫 P 波。当布洛赫 SH 波和布洛赫 SV 波传播时 $\varepsilon = \mu$,当布洛赫 P 波传播时 $\varepsilon = \lambda + 2\mu$。

附录 E　表面效应反射和透射问题中的矩阵

式(4-18)中,矩阵 $A = (a_{ij})_{8\times 8}$,$B = (b_{ij})_{8\times 1}$ 和 $C = (c_{ij})_{8\times 1}$ 的显示表达式分别如下所列。

$$a_{11} = \xi_1, \quad a_{12} = \xi_1, \quad a_{13} = \beta_{s1}, \quad a_{14} = \gamma_{s1} i, \quad a_{15} = -\xi_2, \quad a_{16} = -\xi_2,$$

$$a_{17} = \beta_{s2}, \quad a_{18} = \gamma_{s2} i, \quad a_{21} = \beta_{p1}, \quad a_{22} = \gamma_{p1} i, \quad a_{23} = -\zeta_1, \quad a_{24} = -\zeta_1,$$

$a_{25} = \beta_{p2}, \quad a_{26} = \gamma_{p2}i, \quad a_{27} = \zeta_2, \quad a_{28} = \zeta_2, \quad a_{31} = -\xi_1\beta_{p1},$

$a_{32} = -\xi_1\gamma_{p1}i, \quad a_{33} = -\beta_{s1}^2, \quad a_{34} = \gamma_{s1}^2, \quad a_{35} = -\xi_2\beta_{p2}, \quad a_{36} = -\xi_2\gamma_{p2}i,$

$a_{37} = \beta_{s2}^2, \quad a_{38} = -\gamma_{s2}^2, \quad a_{41} = -\beta_{p1}^2, \quad a_{42} = \gamma_{p1}^2, \quad a_{43} = \zeta_1\beta_{s1},$

$a_{44} = \zeta_1\gamma_{s1}i, \quad a_{45} = \beta_{p2}^2, \quad a_{46} = -\gamma_{p2}^2, \quad a_{47} = \zeta_2\beta_{s2}, \quad a_{48} = \zeta_2\gamma_{s2}i,$

$$a_{51} = \mu_1\left[-2\xi_1\beta_{p1} + 2b_y^{(1)}i\xi_1(\xi_1^2 + \sigma_{p1}^2) - 2c_1\xi_1\beta_{p1}(2\sigma_{p1}^2 + \xi_1^2) + \frac{d_1^2\omega^2}{3V_{s1}^2}\xi_1\beta_{p1}\right],$$

$$a_{52} = \mu_1\left[-2\xi_1\gamma_{p1}i - 2b_y^{(1)}i\xi_1(\tau_{p1}^2 - \xi_1^2) + 2c_1\xi_1\gamma_{p1}(2\tau_{p1}^2 - \xi_1^2)i + \frac{d_1^2\omega^2}{3V_{s1}^2}\xi_1\gamma_{p1}i\right],$$

$$a_{53} = \mu_1\left[(\zeta_1^2 - \beta_{s1}^2 + 2b_y^{(1)}\zeta_1^2\beta_{s1}i) - c_1(\beta_{s1}^4 - \zeta_1^4 + 2\zeta_1^2\beta_{s1}^2) + \frac{d_1^2\omega^2}{3V_{s1}^2}\beta_{s1}^2\right],$$

$$a_{54} = \mu_1\left[(\zeta_1^2 + \gamma_{s1}^2 - 2b_y^{(1)}\zeta_1^2\gamma_{s1}) - c_1(\gamma_{s1}^4 - \zeta_1^4 - 2\zeta_1^2\gamma_{s1}^2) - \frac{d_1^2\omega^2}{3V_{s1}^2}\gamma_{s1}^2\right],$$

$$a_{55} = -\mu_2\left[2\xi_2\beta_{p2} + 2b_y^{(2)}i\xi_2(\xi_2^2 + \sigma_{p2}^2) + 2c_2\xi_2\beta_{p2}(2\sigma_{p2}^2 + \xi_2^2) - \frac{d_2^2\omega^2}{3V_{s2}^2}\xi_2\beta_{p2}\right],$$

$$a_{56} = -\mu_2\left[2\xi_2\gamma_{p2}i - 2b_y^{(2)}i\xi_2(\tau_{p2}^2 - \xi_2^2) - 2c_2\xi_2\gamma_{p2}(2\tau_{p2}^2 - \xi_2^2)i + \frac{d_2^2\omega^2}{3V_{s2}^2}\xi_2\gamma_{p2}i\right],$$

$$a_{57} = -\mu_2\left[(\zeta_2^2 - \beta_{s2}^2 - 2b_y^{(2)}\zeta_2^2\beta_{s2}i) - c_2(\beta_{s2}^4 - \zeta_2^4 + 2\zeta_2^2\beta_{s2}^2) + \frac{d_2^2\omega^2}{3V_{s2}^2}\beta_{s2}^2\right],$$

$$a_{58} = -\mu_2\left[(\zeta_2^2 + \gamma_{s2}^2 + 2b_y^{(2)}\zeta_2^2\gamma_{s2}) - c_2(\gamma_{s2}^4 - \zeta_2^4 - 2\zeta_2^2\gamma_{s2}^2) - \frac{d_2^2\omega^2}{3V_{s2}^2}\gamma_{s1}^2\right],$$

$$a_{61} = \mu_1\left(-2(\sigma_{p1}^2 + \beta_{p1}^2) + 2b_y^{(1)}\xi_1^2\beta_{p1}i - 2c_1(\xi_1^4 + 4\xi_1^2\beta_{p1}^2 + 2\beta_{p1}^4) + \frac{d_1^2\omega^2}{3V_{s1}^2}\beta_{p1}^2\right),$$

$$a_{62} = \mu_1\left(2(2\tau_{p1}^2 + \xi_{p1}^2) - 2b_y^{(1)}\xi_1^2\gamma_{p1} - 2c_1(\xi_1^4 - 4\xi_1^2\gamma_{p1}^2 + 2\gamma_{p1}^4) - \frac{d_1^2\omega^2}{3V_{s1}^2}\gamma_{p1}^2\right),$$

$$a_{63} = \mu_1\left[2\zeta_1\beta_{s1} - b_y^{(1)}\zeta_1(\zeta_1^2 - \beta_{s1}^2)i + c_1\zeta_1\beta_{s1}(\sigma_{s1}^2 + 2\zeta_1^2) - \frac{d_1^2\omega^2}{3V_{s1}^2}\zeta_1\beta_{s1}\right],$$

$$a_{64} = \mu_1\left[2\zeta_1\gamma_{s1}i - b_y^{(1)}\zeta_1(\zeta_1^2 + \gamma_{s1}^2)i - c_1\zeta_1\gamma_{s1}(\tau_{s1}^2 - 2\zeta_1^2)i - \frac{d_1^2\omega^2}{3V_{s1}^2}\zeta_1\gamma_{s1}i\right],$$

$$a_{65} = -\mu_2\left(-2(\sigma_{p2}^2 + \beta_{p2}^2) - 2b_y^{(2)}\xi_2^2\beta_{p2}i - 2c_2(\xi_2^4 + 4\xi_2^2\beta_{p2}^2 + 2\beta_{p2}^4) + \frac{d_2^2\omega^2}{3V_{s2}^2}\beta_{p2}^2\right),$$

$$a_{66} = -\mu_2\left(2(2\tau_{p2}^2 + \xi_{p2}^2) + 2b_y^{(2)}\xi_2^2\gamma_{p2} - 2c_2(\xi_2^4 - 4\xi_2^2\gamma_{p2}^2 + 2\gamma_{p2}^4) - \frac{d_2^2\omega^2}{3V_{s2}^2}\gamma_{p2}^2\right),$$

$$a_{67} = -\mu_2\left[-2\zeta_2\beta_{s2} - b_y^{(2)}\zeta_2(\zeta_2^2 - \beta_{s2}^2)i - c_2\zeta_2\beta_{s2}(\sigma_{s2}^2 + 2\zeta_2^2) + \frac{d_2^2\omega^2}{3V_{s2}^2}\zeta_2\beta_{s2}\right],$$

$$a_{68} = -\mu_2 \left[2\zeta_2 \gamma_{s2} \mathrm{i} - b_y^{(2)} \zeta_2 (\zeta_2^2 + \gamma_{s2}^2) \mathrm{i} + c_2 \zeta_2 \gamma_{s2} (\tau_{s2}^2 - 2\zeta_2^2) \mathrm{i} + \frac{d_2^2 \omega^2}{3V_{s2}^2} \zeta_2 \gamma_{s2} \mathrm{i} \right],$$

$$a_{71} = -2\xi_1 \beta_{p1} (b_y^{(1)} + c_1 \beta_{p1} \mathrm{i}) \mu_1, \quad a_{72} = -2\xi_1 \gamma_{p1} (b_y^{(1)} - c_1 \gamma_{p1}) \mathrm{i} \mu_1,$$

$$a_{73} = (\zeta_1^2 - \beta_{s1}^2)(b_y^{(1)} + c_1 \beta_{s1} \mathrm{i}) \mu_1, \quad a_{74} = (\zeta_1^2 + \gamma_{s1}^2)(b_y^{(1)} - c_1 \gamma_{s1}) \mu_1,$$

$$a_{75} = -2\xi_2 \beta_{p2} (b_y^{(2)} - c_2 \beta_{p2} \mathrm{i}) \mu_2, \quad a_{76} = -2\xi_2 \gamma_{p2} (b_y^{(2)} + c_2 \gamma_{p2}) \mathrm{i} \mu_2,$$

$$a_{77} = -(\zeta_2^2 - \beta_{s2}^2)(b_y^{(2)} - c_2 \beta_{s2} \mathrm{i}) \mu_2, \quad a_{78} = -(\zeta_2^2 + \gamma_{s2}^2)(b_y^{(2)} + c_2 \gamma_{s2}) \mu_2,$$

$$a_{81} = -2\mu_1 (\sigma_{p1}^2 + \beta_{p1}^2)(b_y^{(1)} + c_1 \beta_{p1} \mathrm{i}), \quad a_{82} = 2\mu_1 (2\tau_{p1}^2 + \xi_{p1}^2)(b_y^{(1)} - c_1 \gamma_{p1}),$$

$$a_{83} = 2\mu_1 \zeta_1 \beta_{s1} (b_y^{(1)} + c_1 \beta_{s1} \mathrm{i}), \quad a_{84} = 2\mu_1 \zeta_1 \gamma_{s1} (b_y^{(1)} - c_1 \gamma_{s1}) \mathrm{i},$$

$$a_{85} = 2\mu_2 (\sigma_{p2}^2 + \beta_{p2}^2)(b_y^{(2)} - c_2 \beta_{p2} \mathrm{i}), \quad a_{86} = -2\mu_2 (2\tau_{p2}^2 + \xi_{p2}^2)(b_y^{(2)} + c_2 \gamma_{p2}),$$

$$a_{87} = 2\mu_2 \zeta_2 \beta_{s2} (b_y^{(2)} - c_2 \beta_{s2} \mathrm{i}), \quad a_{88} = 2\mu_2 \zeta_2 \gamma_{s2} (b_y^{(2)} + c_2 \gamma_{s2}) \mathrm{i};$$

$$b_{11} = -\xi_1, \quad b_{21} = \beta_{p1}, \quad b_{31} = -\xi_1 \beta_{p1}, \quad b_{41} = \beta_{p1}^2,$$

$$b_{51} = -\mu_1 \left[2\xi_1 \beta_{p1} + 2b_y^{(1)} \mathrm{i} \xi_1 (\xi_1^2 + \sigma_{p1}^2) + 2c_1 \xi_1 \beta_{p1} (2\sigma_{p1}^2 + \xi_1^2) - \frac{d_1^2 \omega^2}{3V_{s1}^2} \xi_1 \beta_{p1} \right],$$

$$b_{61} = \mu_1 \left[2(\sigma_{p1}^2 + \beta_{p1}^2) + 2b_y^{(1)} \xi_1^2 \beta_{p1} \mathrm{i} + 2c_1 (\xi_1^4 + 4\xi_1^2 \beta_{p1}^2 + 2\beta_{p1}^4) - \frac{d_1^2 \omega^2}{3V_{s1}^2} \beta_{p1}^2 \right],$$

$$b_{71} = -2\xi_1 \beta_{p1} (b_y^{(1)} - c_1 \beta_{p1} \mathrm{i}) \mu_1, \quad b_{81} = 2\mu_1 \zeta_1 (\sigma_{p1}^2 + \beta_{p1}^2)(b_y^{(1)} - c_1 \beta_{s1} \mathrm{i});$$

$$c_{11} = \beta_{s1}, \quad c_{21} = \zeta_1, \quad c_{31} = \beta_{s1}^2, \quad c_{41} = \zeta_1 \beta_{s1},$$

$$c_{51} = -\mu_1 \left[(\zeta_1^2 - \beta_{s1}^2 - 2b_y^{(1)} \zeta_1^2 \beta_{s1} \mathrm{i}) - c_1 (\beta_{s1}^4 - \zeta_1^4 + 2\zeta_1^2 \beta_s^2) + \frac{d_1^2 \omega^2}{3V_{s1}^2} \beta_{s1}^2 \right],$$

$$c_{61} = \mu_1 \left[2\zeta_1 \beta_{s1} + b_y^{(1)} \zeta_1 (\zeta_1^2 - \beta_{s1}^2) \mathrm{i} + c_1 \zeta_1 \beta_{s1} (\sigma_{s1}^2 + 2\zeta_1^2) - \frac{d_1^2 \omega^2}{3V_{s1}^2} \zeta_1 \beta_{s1} \right],$$

$$c_{71} = -(\zeta_1^2 - \beta_{s1}^2)(b_y^{(1)} - c_1 \beta_{s1} \mathrm{i}) \mu_1, \quad c_{81} = 2\mu_1 \zeta_1 \beta_{s1} (b_y^{(1)} - c_1 \beta_{s1} \mathrm{i}) 。$$

附录 F　热弹性波反射和透射问题中的矩阵

矩阵 $A = (a_{ij})_{10 \times 10}$，$B = (b_{ij})_{10 \times 1}$ 和 $C = (c_{ij})_{10 \times 1}$ 中元素的显示表达式分别如下所列。

界面 I

$$a_{11} = \xi, \quad a_{12} = \xi, \quad a_{13} = \xi, \quad a_{14} = \beta_{s1}, \quad a_{15} = \gamma_{s1} \mathrm{i}, \quad a_{16} = -\xi,$$

$$a_{17} = -\xi, \quad a_{18} = -\xi, \quad a_{19} = \beta_{s2}, \quad a_{1,10} = \gamma_{s2} \mathrm{i}, \quad a_{21} = \beta_{p1},$$

$$a_{22} = \eta_{p1}, \quad a_{23} = \gamma_{p1} \mathrm{i}, \quad a_{24} = -\xi, \quad a_{25} = -\xi, \quad a_{26} = \beta_{p2}, \quad a_{27} = \eta_{p2},$$

$$a_{28} = \gamma_{p2} \mathrm{i}, \quad a_{29} = \xi, \quad a_{2,10} = \xi, \quad a_{31} = -\xi \beta_{p1}, \quad a_{32} = -\xi \eta_{p1},$$

$$a_{33} = -\xi \gamma_{p1} \mathrm{i}, \quad a_{34} = -\beta_{s1}^2, \quad a_{35} = \gamma_{s1}^2, \quad a_{36} = -\xi \beta_{p2}, \quad a_{37} = -\xi \eta_{p2},$$

$$a_{38} = -\xi\gamma_{p2}i, \quad a_{39} = \beta_{s2}^2, \quad a_{3,10} = -\gamma_{s2}^2, \quad a_{41} = -\beta_{p1}^2, \quad a_{42} = -\eta_{p1}^2,$$

$$a_{43} = \gamma_{p1}^2, \quad a_{44} = \xi\beta_{s1}, \quad a_{45} = \xi\gamma_{s1}i, \quad a_{46} = \beta_{p2}^2, \quad a_{47} = \eta_{p2}^2,$$

$$a_{48} = -\gamma_{p2}^2, \quad a_{49} = \xi\beta_{s2}, \quad a_{4,10} = \xi\gamma_{s2}i,$$

$$a_{51} = \mu_1(2 - a_{s1})(-\xi\beta_{p1}) - c_1[(\lambda_1 + 2\mu_1)\sigma_{p1}^2 + 2\mu_1\xi^2]\xi\beta_{p1},$$

$$a_{52} = \mu_1(2 - a_{s1})(-\xi\eta_{p1}) - c_1[(\lambda_1 + 2\mu_1)\mathfrak{I}_{p1}^2 + 2\mu_1\xi^2]\xi\eta_{p1},$$

$$a_{53} = \mu_1(2 - a_{s1})(-i\xi\gamma_{p1}) + c_1[(\lambda_1 + 2\mu_1)\tau_{p1}^2 - 2\mu_1\xi^2]i\xi\gamma_{p1},$$

$$a_{54} = \mu_1[(\xi^2 - \beta_{s1}^2 + a_{s1}\beta_{s1}^2) - c_1(\sigma_{s1}^4 - 2\xi^4)],$$

$$a_{55} = \mu_1[(\xi^2 + \gamma_{s1}^2 - a_{s1}\gamma_{s1}^2) - c_1(\tau_{s1}^4 - 2\xi^4)],$$

$$a_{56} = -\mu_2(2 - a_{s2})\xi\beta_{p2} - c_2[(\lambda_2 + 2\mu_2)\sigma_{p2}^2 + 2\mu_2\xi^2]\xi\beta_{p2},$$

$$a_{57} = -\mu_2(2 - a_{s2})\xi\eta_{p2} - c_2[(\lambda_2 + 2\mu_2)\mathfrak{I}_{p2}^2 + 2\mu_2\xi^2]\xi\eta_{p2},$$

$$a_{58} = -\mu_2(2 - a_{s2})i\xi\gamma_{p2} + c_2[(\lambda_2 + 2\mu_2)\tau_{p2}^2 - 2\mu_2\xi^2]i\xi\gamma_{p2},$$

$$a_{59} = -\mu_2[(\xi^2 - \beta_{s2}^2 + a_{s2}\beta_{s2}^2) - c_2(\sigma_{s2}^4 - 2\xi^4)],$$

$$a_{5,10} = -\mu_2[(\xi^2 + \gamma_{s2}^2 - a_{s2}\gamma_{s2}^2) - c_2(\tau_{s2}^4 - 2\xi^4)],$$

$$a_{61} = [-\lambda_1\sigma_{p1}^2 - \mu_1(2 - a_{s1})\beta_{p1}^2] - \Re_1 m_1^{(1)} - c_1[\lambda_1\sigma_{p1}^4 + 2\mu_1(\sigma_{p1}^2 + \xi^2)\beta_{p1}^2],$$

$$a_{62} = [-\lambda_1\mathfrak{I}_{p1}^2 - \mu_1(2 - a_{s1})\eta_{p1}^2] - \Re_1 m_2^{(1)} - c_1[\lambda_1\mathfrak{I}_{p1}^4 + 2\mu_1(\mathfrak{I}_{p1}^2 + \xi^2)\eta_{p1}^2],$$

$$a_{63} = [\lambda_1\tau_{p1}^2 + \mu_1(2 - a_{s1})\gamma_{p1}^2] - \Re_1 m_3^{(1)} - c_1[\lambda_1\tau_{p1}^4 + 2\mu_1(\tau_{p1}^2 - \xi^2)\gamma_{p1}^2],$$

$$a_{64} = \mu_1[(2 - a_{s1})\xi\beta_{s1} + c_1\xi\beta_{s1}(\sigma_{s1}^2 + 2\xi^2)],$$

$$a_{65} = \mu_1[(2 - a_{s1})\xi\gamma_{s1}i - c_1i\xi\gamma_{s1}(\tau_{s1}^2 - 2\xi^2)],$$

$$a_{66} = [\lambda_2\sigma_{p2}^2 + \mu_2(2 - a_{s2})\beta_{p2}^2] + \Re_2 m_1^{(2)} + c_2[\lambda_2\sigma_{p2}^4 + 2\mu_2(\sigma_{p2}^2 + \xi^2)\beta_{p2}^2],$$

$$a_{67} = [\lambda_2\mathfrak{I}_{p2}^2 + \mu_2(2 - a_{s2})\eta_{p2}^2] + \Re_2 m_2^{(2)} + c_2[\lambda_2\mathfrak{I}_{p2}^4 + 2\mu_2(\mathfrak{I}_{p2}^2 + \xi^2)\eta_{p2}^2],$$

$$a_{68} = -\{[\lambda_2\tau_{p2}^2 + \mu_2(2 - a_{s2})\gamma_{p2}^2] - \Re_2 m_3^{(2)} - c_2[\lambda_2\tau_{p2}^4 + 2\mu_2(\tau_{p2}^2 - \xi^2)\gamma_{p2}^2]\},$$

$$a_{69} = \mu_2[(2 - a_{s2})\xi\beta_{s2} + c_2\xi\beta_{s2}(\sigma_{s2}^2 + 2\xi^2)],$$

$$a_{6,10} = \mu_2[(2 - a_{s2})i\xi\gamma_{s2} - c_2i\xi\gamma_{s2}(\tau_{s2}^2 - 2\xi^2)],$$

$$a_{71} = -2ic_1\xi\beta_{p1}^2\mu_1, \quad a_{72} = -2ic_1\xi\eta_{p1}^2\mu_1, \quad a_{73} = 2ic_1\xi\gamma_{p1}^2\mu_1,$$

$$a_{74} = c_1\beta_{s1}i(\xi^2 - \beta_{s1}^2)\mu_1, \quad a_{75} = -c_1\gamma_{s1}(\xi^2 + \gamma_{s1}^2)\mu_1, \quad a_{76} = 2ic_2\xi\beta_{p2}^2\mu_2,$$

$$a_{77} = 2c_2i\xi\eta_{p2}^2\mu_2, \quad a_{78} = -2c_2\xi\gamma_{p2}^2i\mu_2, \quad a_{79} = c_2\beta_{s2}i(\xi^2 - \beta_{s2}^2)\mu_2,$$

$$a_{7,10} = -c_2\gamma_{s2}(\xi^2 + \gamma_{s2}^2)\mu_2, \quad a_{81} = c_1\beta_{p1}i(-\lambda_1\sigma_{p1}^2 - 2\mu_1\beta_{p1}^2),$$

$$a_{82} = c_1\eta_{p1}i(-\lambda_1\mathfrak{I}_{p1}^2 - 2\mu_1\eta_{p1}^2), \quad a_{83} = -c_1\gamma_{p1}(\lambda_1\tau_{p1}^2 + 2\mu_1\gamma_{p1}^2),$$

$$a_{84} = 2c_1i\mu_1\xi\beta_{s1}^2, \quad a_{85} = -2ic_1\mu_1\xi\gamma_{s1}^2, \quad a_{86} = -c_2\beta_{p2}i(\lambda_2\sigma_{p2}^2 + 2\mu_2\beta_{p2}^2),$$

$$a_{87} = -c_2\eta_{p2}i(\lambda_2\mathfrak{I}_{p2}^2 + 2\mu_2\eta_{p2}^2), \quad a_{88} = -c_2\gamma_{p2}(\lambda_2\tau_{p2}^2 + 2\mu_2\gamma_{p2}^2),$$

$$a_{89} = -2ic_2\mu_2\xi\beta_{s2}^2, \quad a_{8,10} = 2c_2\mu_2i\xi\gamma_{s2}^2, \quad a_{91} = n_1^{(1)}, \quad a_{92} = n_2^{(1)},$$

$$a_{93} = n_3^{(1)}, \quad a_{96} = -n_1^{(2)}, \quad a_{97} = -n_2^{(2)}, \quad a_{98} = -n_3^{(2)}, \quad a_{9k} = 0,$$

$$k = 4, 5, 9, 10,$$

$$a_{10,1} = \overline{T}\mathrm{i}\beta_{p1}m_1^{(1)}, \quad a_{10,2} = \overline{T}\mathrm{i}\eta_{p1}m_2^{(1)}, \quad a_{10,3} = -\overline{T}\gamma_p m_3^{(1)},$$

$$a_{10,6} = \bar{\kappa}^*\mathrm{i}\beta_{p2}m_1^{(2)}, \quad a_{10,7} = \bar{\kappa}^*\mathrm{i}\eta_{p2}m_2^{(2)}, \quad a_{10,8} = -\bar{\kappa}^*\gamma_{p2}m_3^{(2)},$$

$$a_{10,k} = 0, k = 4,5,9,10;$$

$$b_{11} = -\xi, \quad b_{21} = \beta_{p1}, \quad b_{31} = -\xi\beta_{p1}, \quad b_{41} = \beta_{p1}^2,$$

$$b_{51} = -\{\mu_1(2-a_{s1})\xi\beta_{p1} + c_1[(\lambda_1+2\mu_1)\sigma_{p1}^2 + 2\mu_1\xi^2]\xi\beta_{p1}\},$$

$$b_{61} = [\lambda_1\sigma_{p1}^2 + \mu_1(2-a_{s1})\beta_{p1}^2] + \Re_1 m_1^{(1)} + c_1[\lambda_1\sigma_{p1}^4 + 2\mu_1(\sigma_{p1}^2+\xi^2)\beta_{p1}^2],$$

$$b_{71} = 2\mathrm{i}c_1\xi_1\beta_{p1}^2\mu_1, \quad b_{81} = -c_1\beta_{p1}\mathrm{i}(\lambda_1\sigma_{p1}^2 + 2\mu_1\beta_{p1}^2),$$

$$b_{91} = -n_1^{(1)}, \quad b_{10,1} = \overline{T}\mathrm{i}\beta_{p1}m_1^{(1)};$$

$$c_{11} = \beta_{s1}, \quad c_{21} = \xi, \quad c_{31} = \beta_{s1}^2, \quad c_{41} = \xi\beta_{s1},$$

$$c_{51} = -\mu_1[(\xi^2-\beta_{s1}^2) - c_1(\sigma_{s1}^4 - 2\xi^4) + a_{s1}\beta_{s1}^2],$$

$$c_{61} = \mu_1[2\xi\beta_{s1} + c_1\xi\beta_{s1}(\sigma_{s1}^2 + 2\xi^2) - a_{s1}\xi\beta_{s1}],$$

$$c_{71} = c_1\beta_{s1}\mathrm{i}(\xi^2-\beta_{s1}^2)\mu_1, \quad c_{81} = -2\mathrm{i}c_1\mu_1\xi\beta_{s1}^2,$$

$$c_{91} = c_{10,1} = 0。$$

界面 Ⅱ

A，B 和 C 三个矩阵的前八行与界面 Ⅰ 相同，因此，此处只写出三个矩阵的最后两行，即，

$$a_{9,1} = \mathrm{i}\beta_{p1}m_1^{(1)}, \quad a_{9,2} = \mathrm{i}\eta_{p1}m_2^{(1)}, \quad a_{9,3} = -\gamma_p m_3^{(1)},$$

$$a_{9,k} = 0, \ k = 4,5,\cdots,10,$$

$$a_{10,6} = \mathrm{i}\beta_{p2}m_1^{(2)}, \quad a_{10,7} = \mathrm{i}\eta_{p2}m_2^{(2)}, \quad a_{10,8} = -\gamma_{p2}m_3^{(2)},$$

$$a_{10,k} = 0, \ k = 1,\cdots,5,9,10;$$

$$b_{9,1} = \mathrm{i}\beta_{p1}m_1^{(1)}, \quad b_{10,1} = 0;$$

$$c_{91} = c_{10,1} = 0。$$

界面 Ⅲ

A，B 和 C 三个矩阵的前八行与界面 Ⅰ 相同，因此，此处只写出三个矩阵的最后两行，即

$$a_{9,1} = -\frac{\kappa_1^*}{T_{01}}\mathrm{i}\beta_{p1}m_1^{(1)} + \frac{n_1^{(1)}}{R_c}, \quad a_{9,2} = -\frac{\kappa_1^*}{T_{01}}\mathrm{i}\eta_{p1}m_2^{(1)} + \frac{n_2^{(1)}}{R_c},$$

$$a_{9,3} = \frac{\kappa_1^*}{T_{01}}\gamma_{p1}m_2^{(1)} + \frac{n_3^{(1)}}{R_c}, \quad a_{9,6} = -\frac{n_1^{(2)}}{R_c}, \quad a_{9,7} = -\frac{n_2^{(2)}}{R_c}, \quad a_{9,8} = -\frac{n_3^{(2)}}{R_c},$$

$$a_{9,k} = 0, \quad k = 4,5,9,10,$$

$$a_{10,1} = \overline{T}\mathrm{i}\beta_{p1}m_1^{(1)}, \quad a_{10,2} = \overline{T}\mathrm{i}\eta_{p1}m_2^{(1)}, \quad a_{10,3} = -\overline{T}\gamma_{p1}m_3^{(1)},$$

$$a_{10,6} = \bar{\kappa}^*\mathrm{i}\beta_{p2}m_1^{(2)}, \quad a_{10,7} = \bar{\kappa}^*\mathrm{i}\eta_{p2}m_2^{(2)}, \quad a_{10,8} = -\bar{\kappa}^*\gamma_{p2}m_3^{(2)},$$

$$a_{10,k} = 0, k = 4,5,9,10;$$

$$b_{9,1} = -\left(\frac{\kappa_1^*}{T_{01}}\mathrm{i}\beta_{\mathrm{p}1}m_1^{(1)} + \frac{n_1^{(1)}}{R_{\mathrm{c}}}\right), \quad b_{10,1} = \overline{T}\mathrm{i}\beta_{\mathrm{p}1}m_1^{(1)};$$

$$c_{91} = c_{10,1} = 0 。$$

界面 Ⅳ

A, B 和 C 三个矩阵的前八行与界面 Ⅰ 相同,因此,此处只写出三个矩阵的最后两行,即

$$a_{9,1} = n_1^{(1)}, \quad a_{9,2} = n_2^{(1)}, \quad a_{9,3} = n_3^{(1)}, \quad a_{9,k} = 0, \ k = 4, 5, \cdots, 10,$$

$$a_{10,6} = n_1^{(2)}, \quad a_{10,7} = n_2^{(2)}, \quad a_{10,8} = n_3^{(2)}, \quad a_{10,k} = 0, \ k = 1, \cdots, 5, 9, 10;$$

$$b_{9,1} = -n_1^{(1)}, \quad b_{10,1} = 0;$$

$$c_{91} = c_{10,1} = 0 。$$

界面 Ⅴ

$$a_{11} = \mu_1(2 - a_{\mathrm{s}1})(-\xi\beta_{\mathrm{p}1}) - c_1[(\lambda_1 + 2\mu_1)\sigma_{\mathrm{p}1}^2 + 2\mu_1\xi^2]\xi\beta_{\mathrm{p}1},$$

$$a_{12} = \mu_1(2 - a_{\mathrm{s}1})(-\xi\eta_{\mathrm{p}1}) - c_1[(\lambda_1 + 2\mu_1)\mathfrak{I}_{\mathrm{p}1}^2 + 2\mu_1\xi^2]\xi\eta_{\mathrm{p}1},$$

$$a_{13} = \mu_1(2 - a_{\mathrm{s}1})(-\mathrm{i}\xi\gamma_{\mathrm{p}1}) + c_1[(\lambda_1 + 2\mu_1)\tau_{\mathrm{p}1}^2 - 2\mu_1\xi^2]\mathrm{i}\xi\gamma_{\mathrm{p}1},$$

$$a_{14} = \mu_1[(\xi^2 - \beta_{\mathrm{s}1}^2 + a_{\mathrm{s}1}\beta_{\mathrm{s}1}^2) - c_1(\sigma_{\mathrm{s}1}^4 - 2\xi^4)],$$

$$a_{15} = \mu_1[(\xi^2 + \gamma_{\mathrm{s}1}^2 - a_{\mathrm{s}1}\gamma_{\mathrm{s}1}^2) - c_1(\tau_{\mathrm{s}1}^4 - 2\xi^4)],$$

$$a_{1k} = 0, \ k = 6, \cdots, 10, \quad a_{2k} = 0, \ k = 1, \cdots, 5,$$

$$a_{26} = \mu_2(2 - a_{\mathrm{s}2})\xi\beta_{\mathrm{p}2} + c_2[(\lambda_2 + 2\mu_2)\sigma_{\mathrm{p}2}^2 + 2\mu_2\xi^2]\xi\beta_{\mathrm{p}2},$$

$$a_{27} = \mu_2(2 - a_{\mathrm{s}2})\xi\eta_{\mathrm{p}2} + c_2[(\lambda_2 + 2\mu_2)\mathfrak{I}_{\mathrm{p}2}^2 + 2\mu_2\xi^2]\xi\eta_{\mathrm{p}2},$$

$$a_{28} = \mu_2(2 - a_{\mathrm{s}2})\mathrm{i}\xi\gamma_{\mathrm{p}2} - c_2[(\lambda_2 + 2\mu_2)\tau_{\mathrm{p}2}^2 - 2\mu_2\xi^2]\mathrm{i}\xi\gamma_{\mathrm{p}2},$$

$$a_{29} = \mu_2[(\xi^2 - \beta_{\mathrm{s}2}^2 + a_{\mathrm{s}2}\beta_{\mathrm{s}2}^2) - c_2(\sigma_{\mathrm{s}2}^4 - 2\xi^4)],$$

$$a_{2,10} = \mu_2[(\xi^2 + \gamma_{\mathrm{s}2}^2 - a_{\mathrm{s}2}\gamma_{\mathrm{s}2}^2) - c_2(\tau_{\mathrm{s}2}^4 - 2\xi^4)],$$

$$a_{31} = [-\lambda_1\sigma_{\mathrm{p}1}^2 - \mu_1(2 - a_{\mathrm{s}1})\beta_{\mathrm{p}1}^2] - \Re_1 m_1^{(1)} - c_1[\lambda_1\sigma_{\mathrm{p}1}^4 + 2\mu_1(\sigma_{\mathrm{p}1}^2 + \xi^2)\beta_{\mathrm{p}1}^2],$$

$$a_{32} = [-\lambda_1\mathfrak{I}_{\mathrm{p}1}^2 - \mu_1(2 - a_{\mathrm{s}1})\eta_{\mathrm{p}1}^2] - \Re_1 m_2^{(1)} - c_1[\lambda_1\mathfrak{I}_{\mathrm{p}1}^4 + 2\mu_1(\mathfrak{I}_{\mathrm{p}1}^2 + \xi^2)\eta_{\mathrm{p}1}^2],$$

$$a_{33} = [\lambda_1\tau_{\mathrm{p}1}^2 + \mu_1(2 - a_{\mathrm{s}1})\gamma_{\mathrm{p}1}^2] - \Re_1 m_3^{(1)} - c_1[\lambda_1\tau_{\mathrm{p}1}^4 + 2\mu_1(\tau_{\mathrm{p}1}^2 - \xi^2)\gamma_{\mathrm{p}1}^2],$$

$$a_{34} = \mu_1[(2 - a_{\mathrm{s}1})\xi\beta_{\mathrm{s}1} + c_1\xi\beta_{\mathrm{s}1}(\sigma_{\mathrm{s}1}^2 + 2\xi^2)],$$

$$a_{35} = \mu_1[(2 - a_{\mathrm{s}1})\xi\gamma_{\mathrm{s}1}\mathrm{i} - c_1\mathrm{i}\xi\gamma_{\mathrm{s}1}(\tau_{\mathrm{s}1}^2 - 2\xi^2)],$$

$$a_{3k} = 0, \ k = 6, \cdots, 10, \quad a_{4k} = 0, \ k = 1, \cdots, 5,$$

$$a_{46} = [\lambda_2\sigma_{\mathrm{p}2}^2 + \mu_2(2 - a_{\mathrm{s}2})\beta_{\mathrm{p}2}^2] + \Re_2 m_1^{(2)} + c_2[\lambda_2\sigma_{\mathrm{p}2}^4 + 2\mu_2(\sigma_{\mathrm{p}2}^2 + \xi^2)\beta_{\mathrm{p}2}^2],$$

$$a_{47} = [\lambda_2\mathfrak{I}_{\mathrm{p}2}^2 + \mu_2(2 - a_{\mathrm{s}2})\eta_{\mathrm{p}2}^2] + \Re_2 m_2^{(2)} + c_2[\lambda_2\mathfrak{I}_{\mathrm{p}2}^4 + 2\mu_2(\mathfrak{I}_{\mathrm{p}2}^2 + \xi^2)\eta_{\mathrm{p}2}^2],$$

$$a_{48} = -\{[\lambda_2\tau_{\mathrm{p}2}^2 + \mu_2(2 - a_{\mathrm{s}2})\gamma_{\mathrm{p}2}^2] - \Re_2 m_3^{(2)} - c_2[\lambda_2\tau_{\mathrm{p}2}^4 + 2\mu_2(\tau_{\mathrm{p}2}^2 - \xi^2)\gamma_{\mathrm{p}2}^2]\},$$

$$a_{49} = \mu_2[(2 - a_{\mathrm{s}2})\xi\beta_{\mathrm{s}2} + c_2\xi\beta_{\mathrm{s}2}(\sigma_{\mathrm{s}2}^2 + 2\xi^2)],$$

$$a_{4,10} = \mu_2 \left[(2 - a_{s2}) i\xi\gamma_{s2} - c_2 i\xi\gamma_{s2} (\tau_{s2}^2 - 2\xi^2) \right],$$

$$a_{51} = -2ic_1\xi\beta_{p1}^2\mu_1, \quad a_{52} = -2ic_1\xi\eta_{p1}^2\mu_1, \quad a_{53} = 2ic_1\xi\gamma_{p1}^2\mu_1,$$

$$a_{54} = c_1\beta_{s1}i(\xi^2 - \beta_{s1}^2)\mu_1, \quad a_{55} = -c_1\gamma_{s1}(\xi^2 + \gamma_{s1}^2)\mu_1, \quad a_{5k} = 0, \ k = 6,\cdots,10,$$

$$a_{6k} = 0, \ k = 1,\cdots,5,$$

$$a_{66} = 2ic_2\xi\beta_{p2}^2\mu_2, \quad a_{67} = 2c_2i\xi\eta_{p2}^2\mu_2, \quad a_{68} = -2c_2\xi\gamma_{p2}^2i\mu_2,$$

$$a_{69} = c_2\beta_{s2}i(\xi^2 - \beta_{s2}^2)\mu_2, \quad a_{6,10} = -c_2\gamma_{s2}(\xi^2 + \gamma_{s2}^2)\mu_2,$$

$$a_{71} = c_1\beta_{p1}i(-\lambda_1\sigma_{p1}^2 - 2\mu_1\beta_{p1}^2), \quad a_{72} = c_1\eta_{p1}i(-\lambda_1\mathfrak{I}_{p1}^2 - 2\mu_1\eta_{p1}^2),$$

$$a_{73} = -c_1\gamma_{p1}(\lambda_1\tau_{p1}^2 + 2\mu_1\gamma_{p1}^2), \quad a_{74} = 2c_1i\mu_1\xi\beta_{s1}^2, \quad a_{75} = -2ic_1\mu_1\xi\gamma_{s1}^2,$$

$$a_{7k} = 0, \ k = 6,\cdots,10, \quad a_{8k} = 0, \ k = 1,\cdots,5,$$

$$a_{86} = -c_2\beta_{p2}i(\lambda_2\sigma_{p2}^2 + 2\mu_2\beta_{p2}^2), \quad a_{87} = -c_2\eta_{p2}i(\lambda_2\mathfrak{I}_{p2}^2 + 2\mu_2\eta_{p2}^2),$$

$$a_{88} = -c_2\gamma_{p2}(\lambda_2\tau_{p2}^2 + 2\mu_2\gamma_{p2}^2), \quad a_{89} = -2ic_2\mu_2\xi\beta_{s2}^2, \quad a_{8,10} = 2c_2\mu_2i\xi\gamma_{s2}^2,$$

$$a_{91} = n_1^{(1)}, \quad a_{92} = n_2^{(1)}, \quad a_{93} = n_3^{(1)}, \quad a_{96} = -n_1^{(2)}, \quad a_{97} = -n_2^{(2)},$$

$$a_{98} = -n_3^{(2)}, \quad a_{9k} = 0, \ k = 4,5,9,10,$$

$$a_{10,1} = \overline{T}i\beta_{p1}m_1^{(1)}, \quad a_{10,2} = \overline{T}i\eta_{p1}m_2^{(1)}, \quad a_{10,3} = -\overline{T}\gamma_p m_3^{(1)},$$

$$a_{10,6} = \bar{\kappa}^* i\beta_{p2}m_1^{(2)}, \quad a_{10,7} = \bar{\kappa}^* i\eta_{p2}m_2^{(2)}, \quad a_{10,8} = -\bar{\kappa}^* \gamma_{p2}m_3^{(2)},$$

$$a_{10,k} = 0, \ k = 4,5,9,10;$$

$$b_{11} = -\{\mu_1(2 - a_{s1})\xi\beta_{p1} + c_1[(\lambda_1 + 2\mu_1)\sigma_{p1}^2 + 2\mu_1\xi^2]\xi\beta_{p1}\}, \quad b_{21} = 0,$$

$$b_{31} = [\lambda_1\sigma_{p1}^2 + \mu_1(2 - a_{s1})\beta_{p1}^2] + \mathfrak{R}_1 m_1^{(1)} + c_1[\lambda_1\sigma_{p1}^4 + 2\mu_1(\sigma_{p1}^2 + \xi^2)\beta_{p1}^2],$$

$$b_{41} = 0, \quad b_{51} = 2ic_1\xi_1\beta_{p1}^2\mu_1, \quad b_{61} = 0, \quad b_{71} = -c_1\beta_{p1}i(\lambda_1\sigma_{p1}^2 + 2\mu_1\beta_{p1}^2),$$

$$b_{81} = 0, \quad b_{91} = -n_1^{(1)}, \quad b_{10,1} = \overline{T}i\beta_{p1}m_1^{(1)};$$

$$c_{11} = -\mu_1[(\xi^2 - \beta_{s1}^2) - c_1(\sigma_{s1}^4 - 2\xi^4) + a_{s1}\beta_{s1}^2], \quad c_{21} = 0,$$

$$c_{31} = \mu_1[2\xi\beta_{s1} + c_1\xi\beta_{s1}(\sigma_{s1}^2 + 2\xi^2) - a_{s1}\xi\beta_{s1}], \quad c_{41} = 0,$$

$$c_{51} = c_1\beta_{s1}i(\xi^2 - \beta_{s1}^2)\mu_1, \quad c_{61} = 0, \quad c_{71} = -2ic_1\mu_1\xi\beta_{s1}^2, \quad c_{81} = 0,$$

$$c_{91} = c_{10,1} = 0。$$

参 考 文 献

[1] LI Y Q, WEI P J. Reflection and transmission of plane waves at the interface between two different dipolar gradient elastic half-spaces[J]. International Journal of Solids and Structures, 2015,56-57: 194-208.

[2] LI Y Q,WEI P J,TANG Q H. Reflection and transmission of elastic waves at the interface between two gradient-elastic solids with surface energy[J]. European Journal of Mechanics-A/Solids,2015,52: 54-71.

[3] LI Y Q,WEI P J,ZHOU Y H. Band gaps of elastic waves in 1D phononic crystal with dipolar gradient elasticity[J]. Acta Mechanica,2016,227(4): 1005-1023.

[4] LI Y Q,WEI P J. Reflection and transmission through a microstructured slab sandwiched by two half-spaces[J]. European Journal of Mechanics - A/Solids,2016,57: 1-17.

[5] LI Y Q,WEI P J. Reflection and transmission of elastic waves at five types of possible interfaces between two dipolar gradient elastic half-spaces[J]. Acta Mechanica Sinica,2017, 33(1): 173-188.

[6] LI Y Q,WEI P J. Reflection and transmission of thermo-elastic waves without energy dissipation at the interface of two dipolar gradient elastic solids [J]. Journal of the Acoustical Society of America,2018,143(1): 550-562.

[7] LI Y Q,LI L,WEI P J,et al. Reflection and refraction of thermoelastic waves at an interface of two couple-stress solids based on Lord-Shulman thermoelastic theory [J]. Applied Mathematical Modelling,2018,55: 536-550.

[8] LI Y Q,WEI P J. Propagation of thermo-elastic waves at several typical interfaces based on the theory of dipolar gradient elasticity[J]. Acta Mechanica Solida Sinica,2018,31(2): 229-242.

[9] LI Y Q,WANG W L,WEI P J,et al. Reflection and transmission of elastic waves at an interface with consideration of couple stress and thermal wave effects[J]. Meccanica,2018, 53(11-12): 2921-2938.

[10] LI Y Q,WEI P J,WANG C D. Propagation of thermoelastic waves across an interface with consideration of couple stress and second sound[J]. Mathematics and Mechanics of Solids, 2019,24(1): 235-257.

[11] LI Y Q,WEI P J. Influences of interface properties on the wave propagation in the dipolar gradient elastic solid[J]. Acta Mechanica,2019,230(3): 805-820.

[12] LI Y Q,WEI P J,WANG C D. Dispersion feature of elastic waves in 1D phononic crystal with consideration of couple-stress effects[J]. Acta Mechanica,2019,230(6): 2187-2200.

[13] LI Y Q,HUANG Y S,WEI P J,et al. Dispersion and attenuation of first and second sound waves under four models of Green-Naghdi generalized thermo-elasticity[J/OL]. Waves in Random and Complex Media,Published online: 15 Jul 2019,https: //doi. org/10. 1080/17455030. 2019. 1641251.

[14] LI Y Q,WEI P J,ZHANG P,et al. Thermoelastic wave and thermal shock based on dipolar gradient elasticity and fractional order generalized thermoelasticity[J/OL]. Waves in Random and Complex Media,Published online: 1 Jul 2021,DOI: 10. 1080/17455030.

2021.1933258.

[15] ZHANG P,WEI P J,LI Y Q. Wave propagation through a micropolar slab sandwiched by two elastic half-spaces[J]. Journal of Vibration and Acoustics,2016,138(4): 041008-1-041008-17.

[16] WANG C D,Chen X J,WEI P J,et al. Reflection of elastic waves at the elastically supported boundary of a couple stress elastic half-space[J]. Acta Mechanica Solida Sinica,2017,30(2): 154-164.

[17] WANG C D,WEI P J,LI Y Q. Influences of a visco-elastically supported boundary on reflected waves in a couple-stress elastic half-space[J]. Archives of Mechanics,2017,69(2): 131-156.

[18] ZHANG P,WEI P J,LI Y Q. In-plane wave propagation through a microstretch slab sandwiched by two half-spaces[J]. European Journal of Mechanics-A/Solids,2017,63: 136-148.

[19] ZHANG P,WEI P J, LI Y Q. Reflection of longitudinal displacement wave at the viscoelastically supported boundary of micropolar half-space[J]. Meccanica,2017,52(7): 1641-1654.

[20] WANG C D,CHEN X J, WEI P J,et al. Reflection and transmission of elastic waves through a couple-stress elastic slab sandwiched between two half-spaces [J]. Acta Mechanica Sinica,2017,33(6): 1022-1039.

[21] ZHANG P, WEI P J, LI Y Q. Reflection of longitudinal micro-rotational wave at viscoelastically supported boundary of micropolar half-space[J]. Journal of Mechanics,2018,34(3): 243-255.

[22] ZHANG P,WEI P J,LI Y Q. The elastic wave propagation through the finite and infinite periodic laminated structure of micropolar elasticity[J]. Composite Structures,2018,200: 358-370.

[23] JIAO F Y,WEI P J,LI Y Q. Wave propagation through a flexoelectric piezoelectric slab sandwiched by two piezoelectric half-spaces[J]. Ultrasonics,2018,82: 217-232.

[24] JIAO F Y, WEI P J, LI Y Q. Wave propagation in piezoelectric medium with the flexoelectric effect considered[J]. Journal of Mechanics,2019,35(1): 51-63.

[25] HUANG M S,WEI P J,ZHAO L N,et al. Multiple fields coupled elastic flexural waves in the thermoelastic semiconductor microbeam with consideration of small scale effects[J]. Composite Structures,2021,270: 114104.

[26] ZHOU Y H,WEI P J,LI Y Q,et al. Continuum model of acoustic metamaterials with diatomic crystal lattice[J]. Mechanics of Advanced Materials and Structures,2017,24(13): 1059-1073.

[27] ZHOU Y H,WEI P J,LI Y Q,et al. Continuum model of two-dimensional crystal lattice of metamaterials[J]. Mechanics of Advanced Materials and Structures,2019,26(3): 224-237.

[28] MINDLIN R D. Micro-structure in linear elasticity[J]. Arch. Ration. Mech. Anal,1964,16: 51-78.

[29] MINDLIN R D,TIERSTEN H F. Effects of couple stress in linear elasticity[J]. Arch. Ration. Mech. Anal.,1962,11: 415-448.

[30] GOURGIOTIS P A, GEORGIADIS H G, NEOCLEOUS I. On the reflection of waves in half-spaces of microstructured materials governed by dipolar gradient elasticity[J]. Wave Motion, 2013, 50: 437-455.

[31] VARDOULAKIS I, GEORGIADIS H G. SH surface waves in a homogeneous gradient elastic half-space with surface energy[J]. J. Elasticity, 1997, 47: 147-165.

[32] GEORGIADIS H G, VARDOULAKIS I, LYKOTRAFITIS G. Torsional surface waves in a gradient-elastic half-space[J]. Wave Motion, 2000, 31: 333-348.

[33] YEROFEYEV V I, SHESHENINA O A. Waves in gradient elastic medium with surface energy[J]. Journal of Applied Mathematics and Mechanics, 2005, 69: 57-59.

[34] ZHANG P, WEI P J, TANG Q H. Reflection of micropolar elastic waves at the non-free surface of a micropolar elastic half-space[J]. Acta. Mech. , 2015, 226(9): 2925-2937.

[35] ZHAO Y P, WEI P J. The band gap of 1D viscoelastic phononic crystal[J]. Comp. Mater. Sci. , 2009, 46: 603-606.

[36] ZHAO Y P, WEI P J. The influence of viscosity on band gaps of 2D phononic crystal[J]. Mech. Adv. Mater. Strut. , 2010, 17(6): 383-392.

[37] ZHAN Z Q, WEI P J. Influences of anisotropy on band gaps of 2D phononic crystal[J]. Acta. Mech. Solida Sin. , 2010, 23(2): 182-188.

[38] ZHAN Z Q, WEI P J. Band gaps of three-dimensional phononic crystal with anisotropic spheres[J]. Mech. Adv. Mater. Strut. , 2014, 21: 245-254.

[39] GREEN A E, LINDSAY K A. Thermoelasticity[J]. J. Elasticity, 1972, 2: 1-7.

[40] GREEN A E, NAGHDI P M. On thermodynamics and the nature of the second law[J]. Proc. R. Soc. Lond. A. , 1977, 357: 253-270.

[41] GREEN A E, NAGHDI P M. On undamped heat waves in an elastic solid[J]. J. Therm. Stresses, 1992, 15: 253-264.

[42] GREEN A E, NAGHDI P M. Thermoelasticity without energy dissipation [J]. J. Elasticity, 1993, 31: 189-208.

[43] CHANDRASEKHARAIAH D S. Hyperbolic thermoelasticity: a review of recent literature[J]. Appl. Mech. Rev. , 1998, 51(12): 705-730.

[44] LORD H W, SHULMA Y N. A generalized dynamical theory of thermoelasticity[J]. J. Mech. Phys. Solids, 1967, 15: 299-309.

[45] GEORGIADIS H G. The mode Ⅲ crack problem in microstructured solids governed by dipolar gradient elasticity: static and dynamic analysis[J]. ASME J. Appl. Mech. , 2003, 70: 517-530.

[46] GEORGIADIS H G, VARDOULAKIS I, VELGAKI E G. Dispersive rayleigh-wave propagation in microstructured solids characterized by dipolar gradient elasticity[J]. J. Elasticity, 2004, 74: 17-45.